新型职业农民培育工程通用教材

测土配方科学施肥技术

◎ 黄 玲　曹银萍　孙好亮　主编

U0226617

中国农业科学技术出版社

图书在版编目（CIP）数据

测土配方科学施肥技术／黄玲，曹银萍，孙好亮主编 . —北京：中国农业科学技术出版社，2016.6

（新型职业农民培育工程通用教材）

ISBN 978 - 7 - 5116 - 2590 - 8

Ⅰ . ①测…　Ⅱ . ①黄…②曹…③孙…　Ⅲ . ①土壤肥力 – 测定②施肥 – 配方　Ⅳ . ①S158. 2②S147. 2

中国版本图书馆 CIP 数据核字（2016）第 084588 号

责任编辑	张志花
责任校对	马广洋

出 版 者	中国农业科学技术出版社
	北京市中关村南大街 12 号　邮编：100081
电　　话	（010）82106636（编辑室）　　（010）82109702（发行部）
	（010）82109709（读者服务部）
传　　真	（010）82106631
网　　址	http://www.castp.cn
经 销 者	各地新华书店
印 刷 者	北京昌联印刷有限公司
开　　本	850mm ×1168mm　1/32
印　　张	9. 125
字　　数	240 千字
版　　次	2016 年 6 月第 1 版　2016 年 6 月第 1 次印刷
定　　价	34. 00 元

新型职业农民培育工程通用教材

《测土配方科学施肥技术》
编 委 会

主　编　黄　玲　曹银萍　孙好亮

副主编　陶　烨　王　昊　陈菊光

　　　　袁建江　贺才明　谷云松

编　者　黄　玲　曹银萍　孙好亮

　　　　陶　烨　王　昊　陈菊光

　　　　袁建江　贺才明　谷云松

　　　　董伟杰　李　磊　权国强

　　　　李晓清　段学东

前　言

　　测土配方施肥技术以土壤测试和肥料田间试验为基础，根据作物需肥规律、土壤供肥性能和肥料效应，在合理施用有机肥料的基础上，提出氮、磷、钾及中量元素、微量元素等肥料的施用数量、施肥时期和施用方法。通俗地讲，就是在农业科技人员指导下科学施用配方肥。测土配方施肥技术的核心是调节和解决作物需肥与土壤供肥之间的矛盾。同时，有针对性地补充作物所需的营养元素，作物缺什么元素就补充什么元素，需要多少就补多少，实现各种养分的平衡供应，满足作物的需要，达到提高肥料利用率和减少用量、提高作物产量、改善农产品品质、节省劳力、节支增收的目的。

　　笔者根据自己从事科学研究、教学培训工作的实践与体会，查阅参考了大量的相关文献和书籍完成了本书的编写。本书共分5章，分别从作物需肥规律、作物配方施肥技术和作物配方施肥案例等，系统、全面地阐述了测土配方施肥技术内容、测土配方施肥技术方法、主要粮食作物配方施肥技术、主要经济作物配方施肥技术、主要蔬菜配方施肥技术和主要果树配方施肥技术。全书结构严谨，科学性、实用性强，技术先进成熟，可操作性强，技术要点明确，叙述简单清晰，语言通俗易懂，案例部分参考利用价值较高。对农业科技人员、农民朋友以及肥料生产、经营者的测土配方在生产实践中的应用具有重要指导意义。

由于笔者水平有限，书中不妥之处，敬请广大读者批评指正。

编者

2016 年 4 月 2 日

目　　录

第一章　测土配方施肥技术概论

与 20 世纪 60—70 年代相比，近年来农业生产上化肥的增产效果明显下降。造成化肥肥效降低的原因虽是多方面的，但盲目施肥、施肥量偏高或养分比例失调是一个主要原因。因此，如何经济合理施肥、提高肥料的经济效益，是当前农业生产中迫切需要解决的问题。运用科学方法确定经济施肥量是当前施肥技术的中心问题，也是配方施肥决策的一项重要内容。

测土配方施肥以土壤测试和肥料田间试验为基础，根据作物需肥规律、土壤供肥性能和肥料效应，在合理施用有机肥料的基础上，提出氮、磷、钾及中、微量元素等肥料的施用数量、施用时期和施用方法。测土配方施肥技术的核心是调节和解决作物需肥与土壤供肥之间的矛盾，有针对性地补充作物所需的营养元素，作物缺什么元素补什么元素，需多少补多少，实现各种养分的平衡供应，满足作物需要，达到提高肥料利用率和减少用量、提高作物产量、改善农产品品质、节省劳力、节支增收的目的。

在目前和未来，我国的测土配方施肥就是农业科技人员开展测土配方施肥工作，指导农户科学施用配方肥。其中既要突出测土、配方、施肥技术指导等环节的公益性，又要明确配方肥生产、供应等环节的经营性，坚持以政府为主导、科研为基础、推广为纽带、企业为主体、农民为对象的科学施肥体系。对于提高作物产量、降低成本、提高肥料利用率、保持农业生态环境、保证农产品安全，实现农业可持续发展都具有深远的影响和意义。

第一节　测土配方施肥概述

一、测土配方施肥的意义

（一）提高作物产量，保证粮食生产安全

肥料的选择和配比是农业生产的一个重要问题，通过土壤养分测定，根据作物需要，正确确定施用肥料的种类和用量，才能不断改善土壤营养状况，使作物获得持续稳定的增产，从而保证粮食生产安全。中国农业科学院在全国进行的试验示范结果表明：通过测土配方施肥，水稻平均增产 15.0%、小麦增产 12.6%、玉米增产 11.4%、大豆增产 11.2%、蔬菜增产 15.3%、水果增产 16.2%。同时通过测土配方施肥，可以有效地诊断出当地限制作物产量的养分因子。

（二）降低农业生产成本，增加农民收入

据统计我国每年用于化肥的投入约为 2 000 亿元，肥料在农业生产资料的投入中约占 50%，化肥施用总量约占全世界化肥用量的 1/3。但是我国化肥利用率却低于发达国家的肥料利用率，如氮肥的当季利用率为 30% 左右，磷肥为 20% 左右，钾肥为 40% 左右。肥料中不能被作物吸收利用的，在土壤中发生挥发、淋溶和固定。在肥料的损失中，很大程度上是因为不合理施肥。因此，提高肥料利用率，减少肥料的浪费，对降低农业生产成本、提高农业生产的效益至关重要。

（三）节约资源，保证农业可持续发展

化肥的生产是以消耗大量能源为代价的，我国氮肥合成需要天然气或原煤，磷肥生产需要磷矿，钾肥大部分依赖进口，以后资源耗竭的矛盾必然会影响肥料的生产。因此，采用测土配方施肥技术，提高肥料的利用率也是构建节约型社会的具体体现。据

测算，如果氮肥利用率提高 10%，则可以节约 $2.5 \times 10^8 m^3$ 的天然气或节约 $3.75 \times 10^6 t$ 的原煤。在能源和资源极其紧缺的时代，进行测土配方施肥具有非常重要的现实意义。

（四）减少污染，保护农业生态环境

不合理的施肥会造成肥料的大量浪费，而且浪费的肥料进入环境中，会造成大量原料和能源的浪费，生态环境的破坏，如氮、磷的大量流失会造成水体的富养分化。资料显示，我国集约化农区化肥过量施用以及有机资源浪费会导致生态环境恶化，水体污染严重，全国近 70% 的淡水湖泊达到富营养化。根据报道，我国北方集约区 20 个县 600 多个样点 45% 地下水硝酸盐含量超标。所以，使施入土壤中的化学肥料尽可能多地被作物吸收，尽可能减少在环境中的滞留，对保护农业生态环境是十分有益的。

综上所述，测土配方施肥不仅影响农业生产效益、粮食安全生产，同时也涉及资源和环境等一系列社会问题。

二、测土配方施肥的内容

测土配方施肥技术包括测土、配方、配肥、供应、施肥指导 5 个核心环节，田间试验、土壤测试、配方设计、校正试验、配方加工、示范推广、宣传培训、效果评价、技术创新 9 项重点内容。

（一）田间试验

田间试验是获得作物最佳施用量、施肥时期、施肥方法的根本途径，也是筛选、验证土壤养分测试技术、建立施肥指标体系的基本环节。通过田间试验，掌握各个施肥单元不同作物的优化施肥量，基肥和追肥的分配比例，施肥时期和施肥方法；摸清土壤养分校正系数、土壤供肥量、作物需肥参数和肥料利用率等基本数据；构建作物施肥模型，为施肥分区和肥料配方提供依据。

（二）土壤测试

土壤测试是制定肥料配方的重要依据之一。随着我国种植业结构的不断调整，高产作物品种不断涌现，施肥结构和数量发生了很大的变化，土壤养分分布也发生了明显改变。通过开展土壤养分（包括大、中、微量元素）测试，可以了解土壤供肥能力状况。

（三）配方设计

肥料配方设计是测土配方施肥工作的核心。通过总结田间试验、土壤养分数据等，划分不同区域施肥分区；同时，根据气候、地貌、土壤、耕作制度等的相似性和差异性，结合专家经验，提出不同作物的施肥配方。

（四）校正试验

为保证肥料配方的准确性，最大限度地减少配方肥批量生产和大面积应用中存在的风险，在每个施肥分区单元设置配方施肥、习惯施肥和空白不施肥 3 个处理，以当地主要作物及主栽品种为研究对象，对比配方施肥的增产效果，校验施肥参数，验证并完善肥料配方，改进测土配方施肥技术参数。

（五）配方加工

配方落实到农户田间是提高和普及测土配方施肥技术的最关键环节。目前，主要运作模式是市场化运作、工厂化加工、网络化经营。这种模式适应我国农村农民科技素质低、土地经营规模小、技物分离的现状。

（六）示范推广

通过示范让农民亲眼看到实际效果，才能使测土配方施肥技术真正落实到田间。因此，建立测土配方施肥示范区，为农民创建窗口，树立样板，全面展示测土配方施肥技术效果，是推广前要做的重要工作。

（七）宣传培训

测土配方施肥技术宣传培训是提高农民科学施肥意识、普及技术的重要手段。要利用一切措施向农民传授科学施肥的方法、技术和模式，同时还要加强对各级技术人员、肥料生产企业、肥料经销商及相关领导的系统培训，逐步建立技术人员和肥料商持证上岗制度。

（八）效果评价

农民是测土配方施肥技术的最终执行者和落实者，也是最终受益者。为了科学地评价测土配方施肥的实际效果，需要对一定区域进行动态调查，及时获得农民的反馈信息，检验测土配方施肥的实际效果，从而不断完善管理体系、技术体系和服务体系。

（九）技术创新

技术创新是保证测土配方施肥工作长效性的科技支撑。需要重点开展田间试验方法、土壤养分测试技术、肥料配制方法、数据处理方法等方面的创新研究工作，来不断地提升测土配方施肥技术水平。

三、测土配方施肥遵循的原则

经过多年的实践和我国的国情，测土配方施肥工作应遵循以下原则。

（一）有机肥与化学肥料相结合

我国农业生产中有施用有机肥的悠久历史，有机肥有许多优点，有机质含量高，养分多元化，肥效时间长，提高土壤的保肥、供肥能力，还能改善土壤结构。同时也存在养分当季利用率低，施用量大等缺点。而化学肥料见效快，养分含量高，但肥效短。而有机肥与化肥配合的培肥地力和增产效果要明显优于二者单施，具体表现：化肥可以提供为作物生长发育所需的速效养分，缓解有机肥前期养分释放较慢的不足；化肥尤其是氮肥的施用有利于降低有机肥较高的碳氮比（C/N），使之容易被微生物分解，加速了有机肥的分解利用，加强培肥土壤的效果；有机肥的施用可以提高化肥的利用率。如可促进化学氮肥的生物固定，减少无机氮的硝化及反硝化作用，从而降低氮的损失。有机肥腐解产生的有机酸能活化土壤磷，并减少磷肥和微量元素在土壤中的固定，因而提高了土壤中磷及微量元素的有效性。

（二）大量、中量、微量元素配合

根据作物营养元素的同等重要和不可替代律，在我国目前耕地高度集约利用的情况下，多种元素同时缺乏常常出现在同一田块中。因此，必须强调氮、磷、钾肥的相互配合，并补充必要的中、微量元素，才能获得高产稳产。除了氮、磷、钾肥料，人们更加重视中、微量元素肥料的配合施肥，真正做到平衡施肥。目前，我国51.1%耕地土壤缺锌，34.5%土壤缺硼，46.8%土壤缺钼。我国北方的石灰性土壤缺锌；草甸土和白浆土缺硼；黄土和黄河冲积物发育的各种石灰性土壤缺钼；南方区包括红壤、赤红壤、黄壤和紫色土等土壤严重缺硼。淋溶作用强的沙土及有机质过高的沼泽土和泥炭土缺钼。另外，我国南方地区的缺硫、缺镁耕地面积不断增加也应引起重视。

（三）用地和养地相结合，投入与产出相平衡

只有坚持用地与养地相结合，投入与产出相平衡，才能保障作物—土壤—肥料的物质和能量良性循环，才不至于破坏或消耗土壤肥力，才能保障农业再生产的可持续能力。

第二节　测土配方施肥的基本原理

测土配方施肥需要综合考虑作物、土壤和肥料之间的相互联系，为了补充发挥肥料的最大增产效益，施肥必须是选用良种、肥水管理、种植密度、耕作制度和气候变化等影响肥效的诸因素

结合，形成一套完整的施肥技术体系。因此，测土配方施肥的基本原理包括测土配方施肥的理论依据、作物的需肥规律和土壤的供肥特性3个方面。

一、测土配方施肥技术的理论

测土配方施肥是以养分归还（补偿）学说、最小养分律、同等重要律、不可代替律、肥料效应报酬递减律和因子综合作用律等为理论依据，以确定养分的施肥总量和配比为主要内容。

（一）养分归还学说

土壤虽是个巨大的养分库，每年种植农作物带走了大量的土壤养分，并不是取之不尽、用之不竭的，必须通过施肥，把某些作物带走的养分"归还"土壤，才能保持土壤有足够的养分供应容量和强度。目前，农业生产每年投入农田的主要是氮素化肥，而磷、钾素和中微量养分元素归还不足。

作物产量的形成有40%～80%的养分来自土壤，但不能把土壤看作一个取之不尽、用之不竭的"养分库"。为保证土壤有足够的养分供应容量和强度，保持土壤养分的携出与输入间的平衡，必须通过施肥这一措施来实现。依靠施肥，可以把作物吸收的养分"归还"土壤，确保土壤肥力。

（二）最小养分律

植物生长发育要吸收各种养分，但是决定作物产量的却是土壤中那个含量最小的养分，产量也在一定限度内随这个因素的增减而相对地变化。因而忽视这个限制因素的存在，即使较多地增加其他养分也难以再提高作物产量，称作最小养分率。只有增加最小养分的量，产量才能相应提高。经济合理的施肥方案，是将作物所缺的各种养分同时按作物所需比例相应提高，作物才会高产。

（三）报酬递减律

从一定土地上所得的报酬，随着向该土地投入的劳动和资本量的增大而有所增加，但达到一定水平后，随着投入的单位劳动和资本量的增加，报酬的增加却在逐步减少。在其他技术条件相对稳定的前提下，随着施肥量的逐渐增加，作物产量也随之增加，但作物的增产量却随着施肥量的增加而逐渐递减。当施肥量超过一定限度后，如再增加施肥量，不仅不能增加产量，反而会造成减产。当施肥量超过适量时，作物产量与施肥量之间的关系就不再是曲线模式，而呈抛物线模式，单位施肥量的增产会呈递减趋势。采取新的技术措施，改善生产条件，合理施肥，提高肥料的经济效益，达到增产、增收的目的。

（四）不可替代律

作物需要的各营养元素，在作物内都有一定功效，相互之间不能替代。对农作物来讲，不论大量元素或微量元素，都是同样重要缺一不可的。如缺磷不能用氮代替，缺钾不能用氮、磷配合代替。微量元素与大量元素同等重要，仍会影响某种生理功能而导致减产，不能因为需要量少而忽略。如玉米缺锌导致植株矮小而出现花白苗，水稻苗期缺锌造成僵苗，棉花缺硼使得蕾而不花。缺少什么营养元素，就必须施用含有该元素的肥料进行补充。

（五）环境因子综合作用律

作物产量高低是由影响作物生长发育的各个因子综合作用的结果，但其中必有一个起主导作用的限制因子，产量在一定程度上受该限制因子的制约。为了充分发挥肥料的增产作用和提高肥料的经济效益，一方面，施肥措施必须与其他农业技术措施密切配合，发挥生产体系的综合功能；另一方面，各种养分之间的配合作用，也是提高肥效不可忽视的问题。

施肥是农业生产中的一个重要环节，可用函数式来表达作物产量与环境因子的关系：$Y = f (N, W, T, G, L)$，Y——农作物产量，f——函数的符号，N——养分，W——水分，T——温度，G——CO_2浓度，L——光照。此式表示农作物产量是养分、水分、温度、CO_2浓度和光照的函数，要使肥料发挥其增产潜力，必须考虑到其他4个主要因子，如肥料与水分的关系，在无灌溉条件的旱作农业区，肥效往往取决于土壤水分，在一定的范围内，肥料利用率随着水分的增加而提高。五大因子应保持一定的均衡性，方能使肥料发挥应有的增产效果。

二、作物的需肥规律

作物在整个生育期中，除萌发靠种子进行营养和生育末期根部停止吸收养分外，其他生长发育过程都要从土壤中吸收养分，由于作物种类不同，各生育期生长特点不同，因此，对营养元素的种类、数量和比例等都有不同要求。

（一）作物营养临界期

这个时期是植物在生长发育过程中，某种养分缺乏或过多时对作物影响最大的时期。在这个时期，作物对养分的需要绝对数量虽然不多，但很迫切，此时期养分缺乏或过多造成的损失，即使在以后该养分供应正常时也很难弥补。如供应量不能满足植物的要求，会使生长发育受到很大影响，以后很难弥补损失。例如，水稻的磷素营养临界期是在幼苗期。掌握植物营养临界期，适时施用肥料，是使植物生长发育良好的重要措施之一。

（二）作物营养最大效率期

作物营养最大效率期是指植物生长阶段中所吸收的某种养分能发挥最大增产效能的时期。此时期一般出现在作物生长发育的旺盛期。这个时期根系吸收养分的能力最强，植株生长迅速，生长量大，需肥量最多，因此，为使作物高产，应及时补充养分。

各种作物的营养最大效率期并不一致。如甘薯在生长初期氮肥营养效果好，而块根膨大时，则磷、钾肥的效果最好。油菜的氮素最大效率期在开花期，因此，应重视花期施肥。棉花氮、磷营养最大效率期均在花铃期。玉米氮肥最大效率期在喇叭口—抽穗初期。小麦氮肥最大效率期在拔节期—抽穗期。

营养临界期和最大效率期都是施肥关键期，也是作物营养的关键期，保证这两个时期有足够的养分供应，对提高作物产量和品质具有重要作用。施肥实践中，还要考虑作物吸收养分的连续性，应施足基肥，重视种肥和注意营养最大效率期适时追肥，发挥各种肥料的相联效应，为作物生长发育创造良好的营养条件，这是获得优质高产的重要施肥措施。

三、土壤的保肥供肥特性

土壤保肥性是指土壤吸持和保存植物养分的能力。土壤中速效性养分转化为贮藏形态的养分就是土壤保肥性的表现。土壤保肥性差，施到土壤中的肥料容易淋失，造成后期脱肥，即发小苗不发老，对于这种土壤，施肥时应少量多次，防止后期脱肥。

土壤的供肥特性是指土壤供应作物所必需的有效养分的能力，它与土壤溶液中的养分浓度和土壤溶液中能被植物利用吸收的有效养分的总量密切相关。一般肥力水平高的土壤，供肥能力比较稳定，有效养分变化幅度小，测土后施肥量比常规施肥量可能会有所减少。如果土壤的供肥速度太慢，则不能满足植物生长需要，应注意补充化肥。因此，好的土壤要求既有较强的保肥能力，又有较强的供肥能力。

第三节　测土配方施肥的方法

在当前作物产量水平较高和化肥用量日趋增多的情况下，确定经济最佳施肥量尤其重要。目前在全国开展的测土配方施肥技术，经历了测土施肥、配方施肥、优化配方施肥、平衡施肥及当前的测土配方施肥5个过程。各地推广的测土配方施肥方法归纳起来有三大类6种方法：第一类是地力分区法；第二类是目标产量法，包括养分平衡法和地力差减法；第三类是田间试验法，包括肥料效应函数法，养分丰缺指标法，氮、磷、钾比例法。

一、地力分区（级）配方法

地力分区（级）配方法的做法是，按土壤肥力高低分为若干等级，将肥力均等的田块作为一个配方区，利用区域的大量土壤养分测试结果和已经取得的田间试验成果，结合群众的实践经验，估算出这一配方区内比较适宜的肥料种类及其施用量。

地力分区（级）配方法的优点是针对性强，提出的用量和措施接近当地经验，群众易于接受，推广的阻力比较小。但其缺点是，具有地区局限性，依赖于经验较多，只适用于生产水平差异小、基础较差的地区。在推行过程中，必须结合试验示范，逐步扩大科学测试手段和指导的比重。

二、目标产量配方法

目标产量配方法是根据作物产量的构成，从土壤和肥料两个方面供给养分的原理来计算施肥量。目标产量确定以后，计算作物需要吸收多少养分来决定施肥用量。目前，通用的有养分平衡法和地力差减法两种方法。

（一）养分平衡法

1. 基本原理

养分平衡法是目前国际上应用较广的一种估算施肥量的方法。其原理：在施肥条件下农作物吸收的养分来自于土壤和肥料，农作物总需肥量与土壤供肥量之差即是实现计划产量的施肥量。其计算公式如下。

$$土壤施肥量 = \frac{目标产量所需养分量 - 土壤养分供应量}{肥料中有效养分含量 \times 肥料当季利用率} =$$

$$\frac{目标产量 \times 单位产量的养分吸收量 - 土壤养分供应量}{肥料中有效养分含量 \times 肥料当季利用率}$$

从上式可看出，计算施肥量，必须有计划产量（目标产量）、单位产量的养分吸收量、土壤养分供应量、肥料有效养分含量和肥料利用率5个参数。

2. 参数的确定

（1）目标产量　即计划产量，是决定肥料需要量的原始依据。通常以空白田产量（或无肥区产量）作为土壤肥力的指标，但在推广配方施肥时，常常不能预先获得空白田产量，因此，可采用当地前3年作物的平均产量为基础，增加10%～15%的增产量作为目标产量较为切合实际。

（2）单位产量的养分吸收量　是指每生产一个单位（如每百千克）经济产量时，作物地上部养分吸收总量。一般可用下式计算。

$$单位产量养分吸收量 = \frac{作物地上部分吸收总量}{作物经济产量} \times 应用单位$$

作物地上部养分吸收总量可分别测定茎、叶、籽实的重量及其养分含量，分别计算累加获得。由于作物对养分具有选择吸收的特性，同时作物组织的化学结构也比较稳定，所以，作物单位产量养分吸收量在一定范围内变化，常常可以看作是一个常数。主要作物地上部分氮、磷、钾养分含量见表1-1，部分作物的单位产量养分吸收量列于表1-2。

表1-1 主要作物地上部分氮、磷、钾养分含量 单位:%

作物	茎			叶		
	氮（N）	磷（P_2O_5）	钾（K_2O）	氮（N）	磷（P_2O_5）	钾（K_2O）
玉米	1.465	0.726	0.634	0.748	0.943	1.519
小麦	2.16	0.847	0.51	0.565	0.153	1.536
棉花	3.92	1.438	1.105	1.167	0.561	2.077
油菜	3.966	1.555	1.483	0.782	0.341	1.807
大豆	6.272	1.456	2.056	1.289	0.396	1.544
豌豆	4.377	0.939	1.32	1.4	0.35	0.498
大麦	2.016	0.657	1.006	0.479	0.236	1.319
高粱	1.326	0.882	0.476	0.436	0.389	1.447
谷子	1.456	0.611	0.71	0.595	0.156	2.062
荞麦	1.1	0.412	0.276	0.85	0.71	2.172
蚕豆	3.959	1.223	1.32	4.16	0.229	1.322
红豆	5.850	3.321	3	1.195	1.855	0.594
马铃薯	1.167	0.414	1.511	0.987	0.197	0.802
烤烟	2.634	0.421	2.219	1.626	0.655	3.257

表1-2 不同作物形成百千克经济产量所需要的养分数量

作物	收获物	从土壤中吸取氮、磷、钾的数量（kg）[①]		
		氮（N）	磷（P_2O_5）	钾（K_2O）
春小麦	籽粒	3.00	1.00	2.50
大麦	籽粒	2.70	0.90	2.20
荞麦	籽粒	3.30	1.60	4.30
玉米	籽粒	3.57	0.86	2.14
谷子	籽粒	2.50	1.25	1.75
高粱	籽粒	2.60	1.30	3.00
马铃薯	块根	0.50	0.20	1.06

（续表）

作物	收获物	从土壤中吸取氮、磷、钾的数量（kg）[1]		
		氮（N）	磷（P$_2$O$_5$）	钾（K$_2$O）
大豆	豆粒	7.20	1.80	4.00
棉花	籽棉	5.00	1.80	4.00
油菜	菜籽	5.80	2.50	4.30
烟草	鲜叶	4.10	1.00	6.00
大麻	纤维	8.00	2.30	5.00
甜菜	块根	0.40	0.15	0.60
黄瓜	果实	0.40	0.35	0.55
茄子	果实	0.30	0.10	0.40
番茄	果实	0.45	0.50	0.50
胡萝卜	块根	0.31	0.10	0.50
萝卜	块根	0.60	0.31	0.50
甘蓝	叶球	0.41	0.05	0.38
洋葱	葱头	0.27	0.12	0.23
芹菜	全株	0.16	0.08	0.42
菠菜	全株	0.36	0.18	0.52
大葱	全株	0.30	0.12	0.40
苹果	果实	0.30	3.00	0.32
梨	果实	0.47	0.55	0.48
葡萄	果实	0.60	4.00	0.72
桃	果实	0.48	3.80	0.76

注：①包括相应的茎、叶等营养器官的养分效量；②块根、块茎、果实均为鲜重，籽粒为干重；③大豆、花生等豆科作物从土壤中吸取其所需氮素的1/3左右

（3）土壤供应养分量　确定土壤供应养分量一般有以下几种方法。

①无肥区产量法：用无肥区或不施该养分的小区的作物产量所吸收的养分量作为土壤养分供应量。在地块上设置不施肥区（CK）、施氮磷不施钾区（NP）、施氮钾不施磷区（NK）、施磷、

钾不施氮区（PK）和氮、磷、钾全施区（NPK）5 个处理，用不施肥区的产量计算土壤氮、磷、钾等养分供应量，计算方法如下。

土壤养分供应量 = CK 区作物产量 × 单位产量养分吸收量

此法一方面既直观又实用，但另一方面，空白田产量常受最小养分的制约，产量水平很低。因此，在肥力较低的土壤上，用它估计出来的施肥量往往偏高。而在肥力较高的土壤上，由于作物对土壤养分的依赖率较大（即作物一生中来自土壤的养分比例较大），据此估算出来的获得一定产量的施肥量往往偏低，这时可能出现削弱地力的情况而不易及时察觉，对此应给予注意。

为使土壤供应养分量能够接近实际，在有试验条件的情况下，应用缺素区产量来表示土壤供应养分量。因为缺素区产量是在保证除缺乏元素外其他主要养分正常供应的条件下获得的，所以，产量水平比空白田产量要高。因此，用缺素区产量表示土壤供应养分量，并以此估算的施肥量也比较合理。

例如，以 PK 区的产量计算土壤供氮量，公式表达为：

土壤供氮量 = PK 区作物产量 × 单位产量 N 养分吸收量

同理，分别以 NP 区和 NK 区的产量计算土壤供钾量和供磷量。

②建立土壤有效养分测定值与土壤养分供应量之间的数学模型：在布置 CK，NP，PK，NK 和 NPK 5 区田间试验的基础上，试验前采集供试土壤耕层混合土样，用科学方法分析土壤的有效养分含量（称为"土测值"），试验后用上法计算土壤供肥量，然后建立土测值与土壤供肥量之间的数学模型。经大量研究发现，土壤供肥量与土测值间是对数曲线关系而非直线关系。为所得数学模型达到显著以上水平，必须在同类型土壤的不同肥力水平地块上（肥力高、中、低均匀分布）多点（30 点以上）进行田间试验。一经得到该地区土测值与土壤供肥量间的显著回归方

程（针对某一作物而言），以后就可直接测定土壤有效养分含量，代入回归方程即可快速算出土壤供肥量。

③土壤养分测定值换算法：选用经研究证明作物产量与土壤养分测定值相关性很好的化学测试方法测定土壤中养分含量。土壤养分测定值（用 mg/kg 表示）在一定程度上反映出土壤中当季能被作物吸收利用的有效养分含量，因而可以更好地表示土壤养分供应量。

鉴于土壤养分测定值是一个相对值而非绝对含量，可以假设土壤速效养分有个"利用率"，只要找到了这个"利用率"，就可算出土壤养分的供应量。为不使其与"肥料利用率"相混淆，称之为"土壤养分校正系数"。于是，土壤养分供应量的计算公式就变为：

土壤养分供应量（kg/hm^2）= 土壤养分测定值 × 2.25 × 校正系数

$$土壤养分校正系数 = \frac{土壤养分供应量}{土壤养分测定值} × 2.25$$

$$= \frac{缺肥区作物养分吸收量}{土壤养分测定值} × 2.25$$

式中的 2.25 是土壤养分测定值 mg/kg 换算成 kg/hm^2（土壤中养分供应量和施肥量的单位）的乘数。若土壤中养分供应量和施肥量的单位为 kg/亩*时，这个乘数值应为 0.15。

因此，当利用土壤养分测定值来表示土壤养分供应量时，养分平衡法的计算式可改写如下：

施肥量（kg/hm^2）=

$$\frac{目标产量 × 单位产量养分吸收量 - 土壤养分值 × 2.25 × 校正系数}{肥料中有效养分含量 × 肥料当季利用率}$$

施肥量（kg/亩）=

————————————

* 1 亩 ≈ 667m²，全书同

$$\frac{目标产量 \times 单位产量养分吸收量 - 土壤养分值 \times 0.15 \times 校正系数}{肥料中有效养分含量 \times 肥料当季利用率}$$

一般来说，在贫瘠的田块上，土壤养分测定值很低，校正系数取 >1 的数值；反之，在肥沃的土壤上，土壤养分测定值很高，校正系数往往取 <1 的数值为好。

（4）肥料中养分含量　化学肥料养分含量都较稳定，一般在肥料包装袋上都有标注，也可以查肥料手册或其他资料；有机肥料养分含量不大一致，一般需采样测定其养分含量。

（5）肥料利用率　肥料当季利用率是指当季作物从所施肥料中吸收利用的养分数量占肥料中该养分总量的百分数。目前，测定肥料利用率有两种方法。

①同位素肥料示踪法：例如，将 ^{32}P 化学磷肥施入土壤，成熟时分析测定作物所吸收利用 ^{32}P 的数量，就可计算出该磷肥的当季利用率。此法准确，但一般单位无法采用。

②田间差减法：在田间布置不同肥料处理的试验，用施肥区作物对该养分的吸收量减去不施该养分区的作物吸收量，其差值除以所施养分总量，即为肥料利用率。公式表达为：

肥料利用率（%）=

$$\frac{全肥区作物吸收该养分量 - 不施该养分区作物吸收该养分量}{肥料施用量 \times 肥料中的有效养分(\%)} \times 100$$

如在田间布置 CK，NP，PK，NK 和 NPK 5 区试验，则氮肥利用率的计算式是：

$$氮肥利用率（\%）= \frac{NPK 区作物吸 N 量 - PK 区作物吸 N 量}{氮肥施用量 \times 氮肥含氮量} \times 100$$

同理，可计算磷肥利用率和钾肥利用率。

影响肥料利用率的因素很多，除与作物种类、土壤类型、气候条件、栽培技术等有关外，在很大程度上还取决于肥料品种和施用技术。水田的氮肥利用率一般为 20%~50%，旱地为40%~60%。磷肥的利用率在 10%~25%，一般禾谷类作物和棉花对磷肥的利用率较低，而豆科作物和绿肥作物对磷肥的利用率较高。钾肥利用率一般为 50% ~ 60%。有机肥中氮元素利用率一般为 10% ~ 30%，磷元素利用率一般为 30% ~ 50%，钾元素利用率一般为 60% ~ 90%。同样的肥料，施用方法不同，其利用率也不同。如碳铵深施覆土时利用率可提高到 40% 左右，而表施仅为 25% 左右；尿素深施利用率为 40% ~ 60%，表施为 30% 左右。对旱作土壤来说，土壤水分含量对肥料利用率的影响极大，在一定的田间持水量范围内，肥料利用率随土壤水分减少而降低。因此，在可预测的特殊年份的干旱或多雨情况下，对肥料利用率应做相应调整。不同肥料的当季利用率列于表 1 – 3，供参考。

表 1 – 3　不同肥料的当季利用率

肥料名称	利用率（%）	肥料名称	利用率（%）	肥料名称	利用率（%）
一般圈粪	20 ~ 30	氨　水	40 ~ 50	过磷酸钙	20 ~ 25
土圈粪	15 ~ 25	硫酸铵	50 ~ 60	钙镁磷肥	20 ~ 25
堆沤肥	25 ~ 30	硝酸铵	50 ~ 65	磷矿粉	10
坑　肥	30 ~ 40	氯化铵	40 ~ 50	硫酸钾	50 ~ 60
人粪尿	40 ~ 60	碳　铵	40 ~ 55	氯化钾	50 ~ 60
新鲜绿肥	30 ~ 40	尿　素	40 ~ 50	草木灰	30 ~ 40

有两点值得注意：一是肥料的施用量要适当，过量施肥必然导致肥料利用率降低；二是栽培管理要能保证作物生长发育正常，否则易出现营养生长过旺，引起经济产量不高而造成肥料利用率偏低的问题。为使这一参数准确可靠，最好在当地土壤肥力条件下通过试验获得第一手资料。

3. 方法评价

养分平衡法的优点是概念清楚，容易掌握，一般不必做田间试验，就能估算出施肥量，比较省事。缺点是由于土壤具有缓冲性能，土壤养分常处于动态平衡之中，土壤养分测定值只是一个相对量，不能直接换算出绝对的土壤供肥量，需要用校正系数加以调整，而校正系数变异较大，很难准确求出。此法的精确度受各个参数的影响较大，所以，计算出的施肥量仅是一个概数。如果各项参数都比较合理可靠，此法在配方施肥中有其实用价值。

（二）地力差减法

地力差减法是根据目标产量和土壤生产的产量差值与肥料生产的产量相等的关系来计算肥料的需要量，进行配方施肥的方法。所谓地力就是土壤肥力，在这里用产量作为指标。作物的目标产量等于土壤生产的产量加上肥料生产的产量。土壤生产的产量是指作物在不施任何肥料的情况下所得到的产量，即空白田产量，它所吸收的养分全部采自于土壤，从目标产量中减去空白田产量，就是施肥后所增加的产量。肥料的需要量可按下列公式计算。

$$施肥量 = \frac{作物单位产量养分吸收量 \times (目标产量 - 空白田地产量)}{肥料中有效养分含量 \times 肥料当季利用率}$$

地力差减法的优点是不需要进行土壤测试，避免了养分平衡法每季都要测定土壤养分的麻烦，计算也比较简便。但前面已经提到，空白田产量是决定产量诸因子的综合结果，它不能反映土壤中若干营养元素的丰缺状况和哪一种养分是限制因子，只能根据作物吸收量来计算需要量。一方面，不可能预先知道按产量计算出来的用肥量，其中某些元素是否满足或已造成浪费；另一方面，空白田产量占目标产量中的比重，即产量对土壤的依赖率，是随着土壤肥力的提高而增加的，土壤肥力越高时，得到的空白田产量也越高，而施肥增加的产量就越低，从这个产量计算出来的施肥水平也就越低。因此，作物产量越高，通过施肥归还到土壤中的养分越少，特别是氮肥用量不足最容易出现地力亏损而使土壤肥力下降，而在生产实践的短期内往往不易被察觉，应引起注意。

下面举 2 个例子说明如何应用地力差减法来确定肥料施用量。

例 1. 某块地经试验得知不施肥（空白区）玉米产量为 350kg，计划目标产量为 600kg，问需要施多少氮、磷、钾养分？

解：先查有关资料，得知生产 100kg 玉米籽粒需要的养分为氮（N）2.6kg、磷（P_2O_5）0.9kg、钾（K_2O）2.1kg。又查得当地的氮、磷、钾肥当季利用率分别为 30%，25% 和 40%。

根据地力差减法公式计算肥料需要量，分别计算如下：

$$需要施氮（N）量 = \frac{2.6 \times (600 - 350)}{100 \times 0.3} = 21.7（kg）$$

$$需要施磷（P_2O_5）量 = \frac{0.9 \times (600 - 350)}{100 \times 0.25} = 9.0（kg）$$

$$需要施钾（K_2O）量 = \frac{2.1 \times (600 - 350)}{100 \times 0.4} = 13.1（kg）$$

例 2. 如果每亩施用有机肥 2 000kg，其含氮（N）0.4%，含磷（P_2O_5）0.2%，含钾（K_2O）0.8%，利用率分别为 20%，15%，20%。那么在上例需要施多少尿素、过磷酸钙和氯化钾？

解：一般来说，有机肥中的氮作为补偿地力考虑。有机肥当季可提供的磷、钾养分为：

磷（P_2O_5）= 2 000 × 0.2% × 15% = 0.6（kg）

钾（K_2O）= 2 000 × 0.8% × 20% = 3.2（kg）

因此，应补施化肥的数量分别为：应补施氮（N）= 21.7kg，磷（P_2O_5）= 9 - 0.6 = 8.4kg，钾（K_2O）= 13.1 - 3.2 = 9.9kg

从肥料袋上查得尿素含氮（N）46%，过磷酸钙含磷（P_2O_5）16%，氯化钾含钾（K_2O）60%，可计算需要补施的尿素为 47.2kg、过磷酸钙 52.5kg、氯化钾 16.5kg。

三、田间试验法

田间试验法可通过简单的对比试验或应用肥料用量试验，甚至正交、回归等试验设计，进行多点田间试验，从而选出最优的处理，确定肥料的施用量，主要有以下 3 种方法。

（一）肥料效应函数法

此法的基本原理是以田间试验为基础，采用先进的回归设计，将不同处理得到的产量进行数理统计，求得在供试条件下产量与施肥量之间的数量关系，即肥料效应函数或称肥料效应方程式。从肥料效应方程式中不仅可以直观地看出不同肥料的增产效应和两种肥料配合施用的交互效应，而且还可以计算最高产量施肥量（即最大施肥量）和经济施肥量（即最佳施肥量），以作为配方施肥决策的重要依据。

（二）养分丰缺指标法

1. **基本原理**

利用土壤养分测定值与作物吸收养分之间存在的相关性，对不同作物通过田间试验，把土壤养分测定值以作物相对产量的高低分等级，制成土壤养分丰缺指标及相应施肥量的检索表。当取得某一土壤的养分值后，就可以对照检索表了解土壤中该养分的丰缺情况和施肥量的大致范围。

2. **指标的确定**

养分丰缺指标是土壤养分测定值与作物产量之间相关性的一种表达形式。确定土壤中某一养分含量的丰缺指标时，应先测定土壤速效养分，然后在不同肥力水平的土壤上进行多点试验，取得全肥区和缺素区的相对产量，用相对产量的高低来表达养分丰缺状况。

例如，确定氮、磷、钾的丰缺指标时，可安排 NPK、PK、NK、NP 4 个处理。除施肥不同外，其他栽培管理措施与大田相同。确定磷的丰缺指标时，则用缺磷（NK）区的作物产量占全肥（NPK）区的作物产量的份额表示磷的相对产量，其余类推。从多点试验中，取得一系列不同含磷水平土壤的相对产量后，以相对产量为纵坐标，以土壤养分测定值为横坐标，制成相关曲线图。

在取得各试验土壤养分测定值和相对产量的数据后，以土壤速效养分测定值为横坐标（x），以相对产量为纵坐标（y）作图以表达两者的相关性（一般拟合 $y = a + blgx$ 或 $y = x/b + ax$ 方程）。为使回归方程达显著以上水平，需在 30 个以上不同土壤肥力水平（即不同土壤养分测得值）的地块上安排试验，且高、中、低的土壤肥力尽量分布均匀，其他栽培管理措施应一致。不同的作物有各自的丰缺指标，在配方施肥中，最好能通过试验找出当地作物丰缺指标参数，这样指导施肥才科学有效。

由于制订养分丰缺指标的试验设计只用了一个水平的施肥量，因此，此法基本上还是定性的。在丰缺指标确定后，尚需在施用这种肥料有效的地区内，布置多水平的肥料田间试验，从而进一步确定在不同土壤测定值条件下的肥料适宜用量。

3. 方法评价

此法的优点是直观性强、定肥简捷方便，缺点是精确度较差。由于土壤氮的测定值与作物产量之间的相关性较差，所以，该法一般只适用于确定磷、钾和微量元素肥料的施用量。

（三）氮、磷、钾比例法

通过田间试验（多因子或单因子）得出氮、磷、钾的最适用量，然后计算出三者之间的比例关系，这样就可确定其中一种养分的定量，再按各种养分之间的比例关系来确定其他养分的肥料用量，这种方法称为氮、磷、钾比例法。例如，以氮定磷、定钾，以磷定氮等。利用此法，根据不同土壤类型和肥力水平，可以制订出氮、磷、钾适宜配方表，使农民易于掌握应用。

这种方法的优点是减少了工作量，也易为群众所掌握，推广起来比较方便迅速。缺点是存在地区和时效的局限性。因此，要针对不同作物和不同土壤，必须预先做好田间试验，对不同土壤条件和不同作物相应地制订出符合客观要求的肥料氮、磷、钾比例。特别要注意的是不要把作物吸收氮、磷、钾的比例与作物应施氮、磷、钾肥料的比例混淆；否则，确定的施肥量就不正确。

　　例1. 某县试验得出春小麦施用氮、磷、钾肥料的适宜比例为 $1:0.47:0.66$。问目标产量500kg时需施氮、磷、钾的化肥各是多少？

　　解：用氮、磷、钾比例法计算施肥量，可以氮定磷、钾，也可以磷、钾定氮。

　　①以氮定磷、定钾：先用养分平衡法把应施的氮量确定下来，然后按比例换算成磷、钾肥用量。应施氮素为：

　　$N = 500 \times 0.18 = 9$（kg），折合尿素（含 N 46%）19.6kg

　　根据施肥比例，磷、钾肥用量分别为：

　　$P_2O_5 = 9 \times 0.47 = 4.23$（kg），折合过磷酸钙（含 P_2O_5 16%）26.4kg

　　$K_2O = 9 \times 0.66 = 5.94$（kg），折合硫酸钾（含 K_2O 48.5%）12.2kg

　　②以磷定氮、定钾：先用田间试验法或丰缺指标法把磷肥用量确定下来，然后按比例求氮肥或钾肥用量。

　　例2. 测得土壤有效磷含量 10mg/kg，可施磷（P_2O_5）3kg，应施含氮17%的碳酸氢铵多少千克？应施含 K_2O 48.5%的硫酸钾多少千克？

　　解：根据上述比例关系，得1kg P_2O_5 应配施 1/0.47kg N，1kg P_2O_5 应配施 0.66/0.47 的 K_2O，则应施碳酸氢铵：$3 \times (1/0.47) \div 17\% = 37.5$（kg）；应施硫酸钾：$3 \times (0.66/0.47) \div 48.5\% = 8.7$（kg）。

四、配方施肥中有机肥的计量使用

配方施肥必须走有机和无机相结合的施肥道路，在施用有机肥保持土壤肥力不断增长的前提下，配合施用化肥。

(一) 有机肥料的最低用量

要保持土壤肥力不下降，必须补充种植一季作物矿化而消耗的土壤有机质，或用有机肥补充作物从土壤中吸收的养分量（以氮元素计）。据研究，土壤有机质的年矿化率约为3%，若有机质含量为2%的土壤，则每年每亩矿化消耗有机质为 $150\,000 \times 2\% \times 3\% = 90$（kg）。再将这个数字用有机肥料的腐殖化系数换算成实物量。

例1. 猪厩肥腐殖化系数为36%，含水量为80%，则补充每亩土壤消耗有机质应施猪厩肥为 $90 \div (36\% \times 20\%) = 1\,250$（kg）。这就是保持每亩土壤有机质不下降的有机肥最低用量。

$$有机肥最低用量（kg）= \frac{土壤有机质含量（\%）\times 有机质矿化率（\%）}{机肥腐殖化系数（\%）\times (1 - 有机肥含水量)}$$

要保持土壤肥力不下降，有机肥料最低施用量应该使有机肥残留的养分量等于土壤供给作物所消耗的养分量（以氮计）。研究发现，禾谷类作物的土壤供氮量约为吸收量的1/2，果树的土壤供氮量约为吸收量的1/3。据此，禾谷类作物每亩土壤的有机肥料最低用量应为：

$$有机肥最低用量（kg）= \frac{土壤供给养分量 N}{有机肥含 N \times 1 - 有机肥 N 素利用率}$$

$$= \frac{作物目标产量所需养分量（N）\times 1/2}{有机肥含（N）\times (1 - 有机肥 N 素利用率)}$$

例2. 每亩小麦目标产量设计为350kg，问应最少施用多少优质有机肥（含氮0.3%，利用率30%），才能维持土壤肥力不减？

还应施多少化学氮肥？

解：首先查得每生产 100kg 小麦需吸 N 3kg，则每亩土壤有机肥最低用量为：

$$有机肥最低用量（kg）= \frac{\left(350 \times \dfrac{3}{100} \times \dfrac{1}{2}\right)}{0.3\% \times 1 - 30\%} = 2\,500（kg）$$

每亩施用 2 500kg 优质有机肥能为小麦提供氮素为 2 500 × 0.3% ×30% =2.25（kg/亩）。

由于土壤提供了目标产量吸氮量的 1/2，即 350 ÷ 100 × 3 × 1/2 = 5.25（kg），所以，每亩还应施化学氮（N）量为 350 ÷ 100 × 3 - 5.25 - 2.25 = 3（kg）。

（二）有机肥和无机肥的分配与换算

在确定肥料总用量以后，有时需合理分配无机肥和有机肥的用量，一般有机肥和无机肥的换算方法有以下 3 种。

1. 同效当量法

由于有机肥和无机肥的当季利用率不同。通过试验，先计算出某种有机肥料所含的养分相当于几个单位的化肥所含养分的肥效，这个系数称为"同效当量"。

以氮元素为例，在磷、钾满足的情况下，用等量的有机、无机氮进行试验，以不施氮为对照，得出产量后，用下式计算。

$$同效当量 = \frac{有机氮处理的产量 - 无氮处理的产量}{无机氮处理的产量 - 无氮处理的产量}$$

如果计算得同效当量为 0.63，那么就是说 1kg 有机氮相当于 0.63kg 无机氮。

例 1. 厩肥含氮 0.5%，1 000kg 则共含氮为 1 000 ×0.5% =5（kg）。5kg 有机氮的肥效相当于 5 ×0.63 =3.15（kg）无机氮。

2. 产量差减法

先通过试验，取得某一种有机肥料单位施用量能增加多少产量，然后从目标产量中减去有机肥能增产部分，就得应施无机肥才能得到的产量。

例2. 1 500kg厩肥（含氮7.5kg）可比不施氮肥的空白田增产104kg，那么每100kg厩肥可增产稻谷为104÷1 500×100 = 6.93（kg）。有一块田，要求通过施肥增产稻谷220kg，在施用900kg厩肥后，问通过施无机肥增加的产量是多少？

解：900kg厩肥可增产稻谷为900÷100×6.93 = 62.37（kg）

通过无机肥增加的稻谷产量为220 − 62.37 = 157.63（kg）。

3. 养分差减法

在掌握各种有机肥料利用率的情况下，可先计算有机肥料中的养分含量，同时计算出当季能利用多少，然后从需肥总量中减去有机肥能利用的部分，剩下的就是无机肥应施的量。

$$无机肥施用量 = \frac{总需肥量 - 有机肥用量 \times 养分含量 \times 有机肥当季利用率}{化肥养分含量 \times 无机肥当季利用率}$$

例3. 总需肥量氮元素为8kg，计划施用厩肥1 000kg，厩肥的当季利用率为25%，问应施尿素多少千克（尿素当季利用率为40%）？

$$应施尿素量 = \frac{8 - 1\,000 \times 0.5\% \times 25\%}{46\% \times 40\%} = 36.7（kg）$$

在配方施肥中，有机肥与无机肥的换算，根据有机肥本身氮元素含量的多少来定。一般土杂肥、秸秆、厩肥等含氮量和当季利用率都较低，几经折算可吸收的氮量不多。因此，一般作为补偿地力，不再计算。配方施肥所计算的用氮量，多指无机肥的用量。而绿肥中氮素的利用率比厩肥高1倍，当绿肥一次施用量在2 000kg以上时，可按绿肥中含氮量的50%计算，然后再在总用量中减去这一部分。

第四节　测土配方施肥方案的制订和实施

一、测土配方施肥方案的制订

测土配方施肥的主要工作可分为 4 个步骤。

（一）土壤肥料的测试

通过对项目区的土壤和使用的肥料进行检测，了解土壤和作物养分状况，确定各种肥料及配方的数量和比例，为科学施肥提供依据。其中测土是工作重点，就是在农产采集土壤样品，并测定土壤中有机质、pH 值、氮、磷、钾、钙、镁和必需的微量元素含量，以了解土壤肥力状况。

（二）肥料试验与施肥推荐

在充分利用已有的技术成果基础上，开展肥料试验、示范，进行资料分析汇总，以建立各个土壤区域内各种农作物科学施肥模型，得出各种元素的最佳经济施肥量，整理探索各地区、各种作物的科学施肥方法、时期和次数，以建立系统的、科学的肥料数据库和专家咨询系统，达到微机化、网络化、快速化和专家咨询化。

（三）专用肥的配制

根据研究开发的各作物高效配方，加工出针对性强、技术含量高的专用肥，直接供应给农户，把技术、物质融为一体，做到"测土、配方、生产、供肥、技术指导"一条龙服务。

（四）推荐施肥技术

推荐施肥技术就是将配方施肥与推广先进的配套施肥方法结合起来，以求取得更好的施肥效果。例如，与化肥深施技术、微量元素肥料配施，有机肥及无机肥配施及施肥时期方法等的配合。

二、测土配方施肥方案的实施

主要围绕加强技术指导服务，建立和完善技术指标体系，提高测土配方技术覆盖率和配方肥施用率，探索构建测土配方施肥长效机制等开展9个方面的工作。

1. 实行"整建制"推进

实行整村、整乡的整建制推进测土配方施肥的有效模式和工作机制，建立"定地、定时、定作物、定化肥量"的科学施肥示范区，发挥示范带动作用，提高肥料利用率。通过树立示范典型、探索服务模式、创新工作机制，切实提高农民科学施肥水平和肥料利用效率。

2. 强化农企合作，扩大配方肥应用面积

继续加强农业技术推广服务部门与肥料生产企业、区域配肥站的配合和衔接。农技推广部门提供辖区土壤测试数据，建立县域测土配方施肥专家咨询？"触摸屏"系统，并装配到配方肥经销服务网点，向农民现场提供配肥供肥服务。

3. 探索农化服务，帮助农民施肥到田

积极探索农化服务有效组织形式，引导肥料企业、基层经销商、农民专业合作社等组建农化服务队，面向农民开展统测、统配、统供、统施等"四统一"专业化服务，促进供肥到户、施肥到田。

4. 应用节能环保肥料，改进施肥方式

根据我市实际，大力推广硫包衣缓释尿素、大豆根瘤菌等肥料品种。结合深松整地、分层施肥等技术，开发推广施肥器械，在有滴灌、喷灌条件的地块上，示范推广水肥一体化等水肥耦合技术，提高肥料利用率。按照基肥、追肥统筹分配的原则，指导农民适时追肥，推广应用机械追肥技术，确保农作物全生育期养分需求。

5. 狠抓"配方肥"下地

加快构建配方肥产、供、施网络,逐步形成以科学配方引导肥料生产、以连锁配送方便农民购肥、以规范服务指导农民施肥的机制。引导建立乡村配肥站点,向农民提供数字化、智能化的配肥供肥服务,指导农民科学施用掺混式配方肥。省级农业部门要科学制订并发布区域性的作物施肥配方信息,引导企业按配方生产,同时加强技术指导服务。县级农业部门要及时发布面向农民的施肥配方信息,因地、因时、因苗制订科学施肥技术方案,大力推进按农户、按地块测土、配肥,为农民提供个性化服务。

6. 强化"示范片"到村

结合本地作物、土类、耕作制度等,合理布局示范地点,细化示范片建设内容,以科学施肥技术为核心,配套农艺农机措施,实现高产高效和经济环保的目的。村级示范片要做到"四有",即有包片指导专家、有科技示范户、有示范对比田、有醒目标示牌,其中标牌要明确标明作物品种、目标产量、施肥结构、施肥数量、施肥时期、施肥方式。

7. 引领"培训班"进田

千方百计推进科学施肥技术进村入户到田,结合村级示范片建设,举办农民田间学校和现场观摩活动,在关键农时季节,开展田间巡回指导和现场指导服务,加强田间实际操作技能和肥水管理技术培训,提高农民科学施肥技术水平。加强对基层肥料经销商、农技人员和科技示范户的技术培训,提高技术服务水平。

8. 实施"建议卡"上墙

结合当地实际,采取适合农村、贴近农民、喜闻乐见的形式,推动测土配方施肥技术普及工作。在村民集中活动场所和肥料经销网点,积极推进测土配方信息、施肥指导方案和科普标语上墙,方便农民了解掌握科学施肥知识,直接"按方"购肥施肥。

9. 加强 "信息宣传" 引导

利用广播、电视、报刊、互联网等媒体, 广泛进行宣传培训, 增强农民科学施肥意识, 丰富科学施肥知识, 提高科学施肥技能, 营造科学施肥氛围, 争取社会各界的关心与支持。

10. 提升 "基础工作" 水平

开展个性化测土服务, 免费接受农民主动送样测试, 满足农民个性化测土服务需求。实行县域周期性测土, 每年原点周期性采集分析耕层土样 300 个以上。根据需要因地制宜开展补充性肥料田间试验, 优化施肥结构与运筹比例。建立完善施肥指标体系, 做好化验室维护及数据库管理, 科学制定发布配方和施肥指导方案, 提升测土配方施肥总体水平。

11. 加强数据库维护

对外业调查、农户施肥状况调查、化验室测试分析、田间试验示范和动态监测等数据进行有效管理和利用, 逐步建立自上而下的测土配方施肥数据管理系统和数据管理中心, 为耕地质量动态变化预测预警体系提供基础支撑, 更好地为科学施肥提供服务。

第二章　主要粮食作物测土配方施肥技术

第一节　小麦配方施肥技术

在我国，小麦是仅次于水稻的第二大粮食作物。据统计，我国小麦年播种面积约为 $2.88 \times 10^4 \mathrm{hm}^2$，占粮食作物总播种面积的 27%。总产量约为 $1.14 \times 10^{11} \mathrm{kg}$，占粮食总产量的 22.5%，其种植面积和总产量均居世界之首。目前，我国小麦的平均单产约为 $3\,750 \mathrm{kg/hm}^2$，在山东、河南等省份已经出现小麦产量超过 $9\,000 \mathrm{kg/hm}^2$ 的超高产情况，除了品种改良，科学合理施肥也是实现小麦高产的重要途径。

一、小麦的需肥规律

小麦生长发育需要氮、磷、钾、钙、镁、硫、硼、锰等营养元素。其氮元素临界期在分蘖期和幼穗分化的四分体期，最大效率期在拔节前至孕穗期。小麦吸收氮肥有两个高峰期，一是冬前分蘖盛期，占总吸收量的 12% ~ 14%；另一个是拔节—孕穗期，占总吸收量的 35% ~ 40%。磷元素的营养临界期在小麦的三叶期，最大效率期在抽穗期至扬花期。小麦对磷肥吸收高峰期出现在拔节—扬花期，占磷总吸收量的 60% ~ 70%。钾元素的临界期在拔节期，最大效率期在孕穗期。小麦对钾的吸收在拔节前一般不超过总量的 10%，在拔节孕穗期吸收钾可达总量的 60% ~ 70%。

小麦植株中氮、磷主要集中于籽粒，分别约占总量的76%和82%；钾主要集中于茎叶，约占总量的78%。冬小麦和春小麦吸收的氮、磷、钾比例接近。每生产100kg小麦籽粒，一般需吸收氮（N）2.8～3.2kg、磷（P_2O_5）1.0～1.5kg、钾（K_2O）2.0～4.0kg，$N : P_2O_5 : K_2O$的比例为1.8 : 1.1 : 2.1。从低产到高产，小麦的需氮量先增加后降低，高产以后，随着产量进一步提高，小麦对氮的需求量下降，对磷和钾的需求量增加。

二、小麦的配方施肥技术

（一）小麦的施肥量

小麦的施肥量需要根据土壤肥力、肥料种类、小麦品种、栽培条件和气候条件等综合考虑。一般由于土壤肥力不同，不施肥情况下当季每公顷小麦的产量相差750～2 250kg。目前，我国化肥当季利用率大致如下：N 30%～40%，P_2O_5 10%～20%，K_2O 50%～60%。通过土壤养分测定了解土壤养分状况，在施肥时可以根据计划产量指标来拟定施肥方案，可以更合理地对小麦推荐施肥。表2-1、表2-2、表2-3分别显示了根据ASI方法土壤测定的养分分级范围以及不同小麦产量水平的推荐施肥量。同样，小麦施氮量还需根据土壤速效氮（铵态氮＋硝态氮）水平（表2-4）在表2-1的基础上进行调整。

表2-1　基于土壤有机质水平的小麦施氮推荐量（纯N）

单位：kg/亩

目标产量 （kg/亩）	土壤有机质含量（g/kg）			
	<10	10～20	20～30	>30
<300	9	6	4	0
300～400	10	8	6	4
400～500	11	9	8	6

（续表）

目标产量 （kg/亩）	土壤有机质含量（g/kg）			
	< 10	10 ~ 20	20 ~ 30	> 30
500 ~ 600	12	11	10	8
> 600	14	12	11	9

表 2 – 2　基于土壤速效磷分级的小麦施磷推荐量（P₂O₅）

单位：kg/亩

目标产量 （kg/亩）	土壤速效磷含量（mg/L）					
	0 ~ 7	7 ~ 12	12 ~ 24	24 ~ 40	40 ~ 60	> 60
< 300	6	4	2	0	0	0
300 ~ 400	8	6	4	2	0	0
400 ~ 500	10	8	5	4	2	0
500 ~ 600	11	9	6	5	3	2
> 600	11	12	7	6	4	3

表 2 – 3　基于土壤速效钾分级的小麦施钾推荐量（K₂O）

单位：kg/亩

目标产量 （kg/亩）	土壤速效钾含量（mg/L）					
	0 ~ 40	40 ~ 60	60 ~ 80	80 ~ 100	100 ~ 140	> 140
< 300	6	4	2	0	0	0
300 ~ 400	7	5	3	2	0	0
400 ~ 500	8	6	5	3	2	0
500 ~ 600	9	7	6	4	3	2
> 600	10	8	7	5	4	2

表2-4 基于土壤速效氮含量的氮素推荐调整系数

速效氮含量（mg/L）	<20	20~35	35~50	50~100	>30
调整系数（%）	20	10	0	-10	-20

（二）冬小麦配方施肥技术

小麦普遍的施肥原则是增加有机肥用量，稳定氮肥用量，适当降低磷肥用量，增加钾肥用量，合理施用中量和微量元素肥料。根据小麦的生育规律和营养特性，建议重施基肥和早施追肥。对肥力较差、播种迟、冬前分蘖少、生长较弱的麦田，早施或重施返青肥。对于一般中高产田应将追肥时间后移到拔节期。追肥也可分为前轻后重两次进行，冬前分蘖粗壮的麦田，一般不宜追返青肥；拔节期按照"看苗追肥"的原则，合理掌握用量。冬小麦全生育期化肥和有机肥的施用量可参照表2-5。

1. 种肥

在小麦播种时，适量的化肥作种肥能促进小麦生根发苗，促进有效分蘖增加，有利于培育壮苗，在生育后期能促进增产。一般每公顷施用磷酸二铵22.5~37.5kg，尿素45~60kg或硫酸铵60~75kg。

2. 基肥

小麦的基肥应以农家肥为主，配合施用化肥。一般施用农家肥2 000~5 000kg/亩（15亩=1hm²；1亩≈667m²。全书同），将全部磷肥、钾肥以及微肥作为基肥。在土壤肥力高的地块，可用1/3的氮肥用做基肥。每亩施碳铵15~20kg或尿素5~10kg；肥力中等的地块，可用1/2的氮肥用做基肥，每亩施碳铵25~40kg或尿素7.5~15kg，每亩施用过磷酸钙30~50kg或磷酸二铵30~60kg。肥力低的地块，则将2/3的氮肥用做基肥，每亩施碳铵30~50kg或尿素10~17kg。一般在土壤速效磷低于20mg/kg的麦田，应增施磷肥，每亩施过磷酸钙或钙镁磷肥30~50kg。

3. 追肥

小麦需肥高峰一般在中期偏后小麦生育期一般追肥 1~3 次，在越冬前（或返青后）、拔节期和抽穗后进行追肥。

（1）返青肥　对于土壤肥力低、基肥不足或播期较迟的麦田，应早追或重追返青肥，和返青水结合肥效更佳，可巩固冬前分蘖和增加年后有效分蘖。一般可每亩施用过磷酸钙 9~10kg、碳酸氢铵 15~20kg 或尿素 5~10kg，施肥方式可采取开沟深施。

（2）拔节肥　冬小麦分蘖后施用拔节肥有助于小花分化，提高成穗率。在施用时要综合考虑麦苗生长和前期施肥情况。对苗情较好的麦田，可少施氮肥，配施适量磷、钾肥，结合灌拔节水，每亩施氯化钾 3~5kg、过磷酸钙 3~5kg、尿素 3~5kg。对分蘖少、长势弱的麦田，可多施速效性氮肥，每亩施用 10~15kg 尿素。

（3）根外追肥　在小麦抽穗后，可采取根外追肥（叶面喷施）的办法，补充生育后期所需养分，能取得明显的增产效果。在抽穗期至乳熟期，若麦田叶色发黄，可喷施尿素 1.0%~1.5%；若麦田叶色浓绿，可喷施磷酸二氢钾 0.2%~0.3%，一般喷肥 2~3 次，间隔一周左右喷施。可以与防治病虫害的药剂结合一起使用。

表 2-5 是冬小麦配方施肥方法：北方地区将氮肥的 50% 做基肥，另 50% 分 1~2 次做追肥施用。磷肥或钾肥全部与基肥同时施下。南方地区一般将磷、钾肥做基肥施入，施肥分 2~3 次做追肥施用。

表中的配方 1~70 方案适用于北方（包括华北、东北、西北）各省、自治区冬小麦区使用。这些地区在目前生产水平条件下，施用化肥以氮、磷肥为主，暂不施钾肥，故配方方案中无钾肥。71~89 方案主要适合南方冬小麦种植地区选用。相对目前的小麦产量水平，土壤速效钾含量在 120 ~ 250mg/kg，可不施钾肥。但随着小麦产量的提高，过多施用氮、磷肥而引起养分失调，就需要以钾肥来调节养分间的平衡。配方方案中氮、磷配比中有低氮高磷、高氮低磷、高氮高磷和氮、磷、钾各种不同配比，在选样配方时就要根据作物产量和土壤养分供应状况进行选择。一般情况下，中、低产麦田每亩产 200 ~ 300kg 的，选择养分总用量多的配方方案；每亩产 300 ~ 400kg 的麦田用肥可适当减少。

表 2 – 5　冬小麦配方施肥中氮、磷、钾用量与比例

配方号	养分总用量（kg/亩）	纯养分用量（kg/亩）			比例（N：P：K）
		N	P_2O_5	K_2O	
1	17.0	12.0	5.0	0.0	1：0.42：0
2	17.0	10.0	7.0	0.0	1：0.7：0
3	18.0	11.0	7.0	0.0	1：0.64：0
4	16.0	10.0	6.0	0.0	1：0.6：0
5	15.5	9.5	6.0	0.0	1：0.63：0
6	16.5	9.5	7.0	0.0	1：0.74：0
7	16.3	9.8	6.5	0.0	1：0.66：0
8	19.0	10.5	8.5	0.0	1：0.81：0
9	17.3	10.8	6.5	0.0	1：0.6：0
10	18.3	10.8	7.5	0.0	1：0.69：0
11	22.4	11.4	11.0	0.0	1：0.96：0
12	21.0	10.5	10.5	0.0	1：1：0
13	18.9	14.1	4.8	0.0	1：0.34：0
14	11.0	5.5	5.5	0.0	1：1：0
15	14.0	7.5	6.5	0.0	1：0.87：0
16	10.0	4.5	5.5	0.0	1：1.22：0
17	15.0	7.0	8.0	0.0	1：1.14：0
18	16.6	7.6	9.0	0.0	1：1.18：0
19	10.5	8.0	2.5	0.0	1：0.31：0

（续表）

配方号	养分总用量（kg/亩）	纯养分用量（kg/亩）			比例（N∶P∶K）
		N	P₂O₅	K₂O	
20	12.5	8.0	4.5	0.0	1∶0.56∶0
21	16.0	8.0	8.0	0.0	1∶1∶0
22	15.7	9.8	5.9	0.0	1∶0.6∶0
23	15.2	9.3	5.9	0.0	1∶0.63∶0
24	11.9	8.0	3.9	0.0	1∶0.48∶0
25	13.0	8.5	4.5	0.0	1∶0.53∶0
26	12.0	5.5	6.5	0.0	1∶1.18∶0
27	11.0	6.0	5.0	0.0	1∶0.83∶0
28	21.0	10.0	11.0	0.0	1∶1.1∶0
29	22.0	10.5	11.5	0.0	1∶1.1∶0
30	24.5	13.5	11.0	0.0	1∶0.8∶0
31	25.6	13.8	11.8	0.0	1∶0.85∶0
32	24.8	10.0	13.0	0.0	1∶0.8∶0
33	17.5	15.0	7.5	0.0	1∶0.75∶0
34	22.5	14.0	7.5	0.0	1∶0.5∶0
35	21.0	15.0	7.0	0.0	1∶0.5∶0
36	25.0	16.0	10.0	0.0	1∶0.67∶0
37	23.0	20.0	7.0	0.0	1∶0.43∶0
38	27.5	4.5	7.5	0.0	1∶0.37∶0
39	8.0	5.5	3.5	0.0	1∶0.78∶0
40	11.0	5.5	5.5	0.0	1∶1∶0
41	9.0	5.5	3.5	7.5	1∶0.64∶0
42	12.5	8.0	4.5	0.0	1∶0.56∶0
43	12.5	8.5	4.0	0.0	1∶0.47∶0

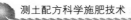

（续表）

配方号	养分总用量（kg/亩）	纯养分用量（kg/亩）			比例（N：P：K）
		N	P₂O₅	K₂O	
44	14.0	9.0	5.0	0.0	1：0.31：0
45	10.5	8.0	2.5	0.0	1：0.78：0
46	11.5	8.5	3.0	0.0	1：0.35：0
47	14.0	9.5	4.5	0.0	1：0.47：0
48	13.5	10.0	3.5	0.0	1：0.35：0
49	14.5	11.0	3.5	0.0	1：0.34：0
50	15.4	11.5	4.0	0.0	1：0.35：0
51	15.5	12.0	3.5	0.0	1：0.24：0
52	14.0	6.5	7.5	0.0	1：1.15：0
53	8.5	5.0	3.5	0.0	1：0.7：0
54	10.0	5.5	4.5	0.0	1：0.82：0
55	9.5	6.0	3.5	0.0	1：0.58：0
56	10.5	7.0	3.5	0.0	1：0.5：0
57	11.5	7.0	4.5	0.0	1：0.64：0
58	11.0	6.0	5.0	0.0	1：0.83：0
59	11.0	8.0	3.0	0.0	1：0.38：0
60	12.0	8.0	4.0	0.0	1：0.5：0
61	13.0	10.0	3.0	0.0	1：0.3：0
62	14.0	10.0	4.0	0.0	1：0.4：0
63	9.0	6.0	3.0	0.0	1：0.5：0
64	10.0	6.0	4.0	0.0	1：0.67：0
65	17.0	12.0	5.0	0.0	1：0.42：0
66	18.0	12.0	6.0	0.0	1：0.5：0
67	14.1	7.7	6.4	0.0	1：0.83：0

（续表）

配方号	养分总用量 （kg/亩）	纯养分用量（kg/亩）			比例 （N：P：K）
		N	P_2O_5	K_2O	
68	15.1	7.9	7.2	0.0	1：0.91：0
69	12.2	9.5	2.7	0.0	1：0.28：0
70	10.8	5.8	5.0	0.0	1：0.86：0
71	14.5	8.9	5.6	0.0	1：0.63：0
72	15.3	9.0	6.3	0.0	1：0.7：0
73	18.2	9.5	8.7	0.0	1：0.92：0
74	15.2	9.5	5.7	0.0	1：0.6：0
75	14.3	9.5	4.8	0.0	1：0.45：0
76	30.0	10.0	10.0	10.0	1：1：1
77	25.0	10.0	10.0	5.0	1：1：0.5
78	25.0	10.0	5.0	10.0	1：0.5：1
79	15.0	10.0	5.0	0.0	1：0.5：0
80	15.0	10.0	0.0	5.0	1：0：0.5
81	18.0	10.0	3.0	5.0	1：0.3：0.5
82	8.2	5.7	2.5	0.0	1：0.43：0
83	9.0	6.5	2.5	0.0	1：0.38：0
84	10.5	7.0	3.5	0.0	1：0.5：0
85	12.5	8.5	4.0	0.0	1：0.47：0
86	13.3	8.8	4.5	0.0	1：0.51：0
87	13.8	9.0	4.8	0.0	1：0.53：0
88	18.0	11.5	6.5	0.0	1：0.56：0
89	18.5	11.5	7.0	0.0	1：0.6：0

（三）春小麦配方施肥技术

春小麦是早春播种，生长期短，从播种到成熟仅需 100～120 天，因此，春小麦的施肥技术与冬小麦有一定差异。据生产得出每生产 100kg 小麦籽粒，需要吸收氮 2.5～3.0kg，磷 0.78～1.17kg，钾 1.9～4.2kg，三者的比例约为 1∶0.36∶1.13。根据春小麦的生育规律，应重施基肥和早施追肥。也有的春小麦产区采取一次性施肥法。

1. 基肥

结合春翻地和秋翻地施 2 次肥，基肥施用为每亩有机肥 2 000～4 000kg，碳铵 25～40kg，过磷酸钙 30～40kg、尿素 10～30kg。根据地力，在播种时加一些种肥后，每亩基施有机肥 1 000kg，碳铵 10kg，过磷酸钙 15～25kg，或者施氮、磷复合肥 10～20kg。

2. 种肥

通常每亩施用磷酸二铵 10～20kg、过磷酸钙 15～25kg 或硫酸铵 5～7kg。

3. 追肥

春小麦第一次追肥应放在三叶期进行，重施占追肥量的2/3，施用尿素 15～20kg/亩，在拔节期进行第二次追肥，施用尿素7～10kg/亩。

表 2-6 是适合春小麦的配方指导，春小麦主要分布在我国东北和西北几个省、自治区，产量低于冬小麦，由于灌溉条件所限，施肥量相对少些。为争取高产亦可选择用肥量多些的方案，一般施用氮、磷肥为主，不施用钾肥，钾肥主要靠施用农家肥供应。试验表明，春小麦地区由于干旱和土壤水分的影响，施用氮肥要比磷肥效果好。可以选择氮元素高的配方方案。

表 2 –6　春小麦配方施肥中氮、磷、钾用量与比例

配方号	养分总用量（kg/亩）	纯养分用量（kg/亩）			比例（N：P：K）
		N	P₂O₅	K₂O	
1	12.0	6.5	5.5	0.0	1：0.85：0
2	11.5	6.5	5.0	0.0	1：0.77：0
3	12.0	7.0	5.0	0.0	1：0.71：0
4	11.0	7.0	4.0	0.0	1：0.57：0
5	11.5	7.5	4.0	0.0	1：0.53：0
6	12.5	7.5	5.0	0.0	1：0.67：0
7	12.0	8.0	4.0	0.0	1：0.5：0
8	13.0	8.0	5.0	0.0	1：0.63：0
9	6.0	3.5	2.5	0.0	1：0.71：0
10	6.5	4.0	2.5	0.0	1：0.62：0
11	7.5	4.5	3.0	0.0	1：0.67：0
12	8.5	5.0	3.5	0.0	1：0.7：0
13	8.5	5.5	3.0	0.0	1：0.54：0
14	10.0	7.0	3.0	0.0	1：0.43：0
15	12.0	8.0	4.0	0.0	1：0.5：0
16	12.5	9.0	3.5	0.0	1：0.37：0
17	14.5	10.0	4.5	0.0	1：0.45：0
18	15.5	11.0	4.5	0.0	1：0.41：0
19	17.0	11.5	5.5	0.0	1：0.48：0
20	8.6	4.0	4.6	0.0	1：1.15：0
21	10.7	5.7	5.0	0.0	1：0.88：0
22	14.2	6.7	7.5	0.0	1：1.28：0
23	14.3	6.8	7.5	0.0	1：1.1：0
24	16.3	7.5	8.8	0.0	1：1.17：0
25	18.0	9.5	8.5	0.0	1：0.89：0
26	20.0	10.0	10.0	0.0	1：1：0
27	21.5	11.5	10.0	0.0	1：0.87：0

(四) 强筋小麦配方施肥技术

强筋小麦在生育后期对氮的需求较大，因此，每亩基肥有机肥施用 4 000 ~ 5 000kg，纯氮 23.3 ~ 26.7kg，过磷酸钙 50 ~ 53.3kg。钾肥施用可根据土壤含钾量酌情增减。一般地力麦田和旱地小麦应重施基肥，土壤肥力高的麦田可基肥和追肥并重。中筋小麦：基蘖肥和拔节穗肥运筹比例为 6∶4，拔节穗肥分别在倒三叶与倒二叶时均施；弱筋小麦：基蘖肥和拔节孕穗肥运筹比例为 7∶3，拔节孕穗肥在倒三叶时施用。弱筋小麦穗肥应控制氮肥使用。

三、小麦配方施肥案例

(一) 绩溪县上庄镇旺川村配方施肥

1. 测定土壤养分含量

试验田土壤类型为扁石泥田，质地为重壤，耕层厚度 17cm，土壤有机质含量 37.4g/kg，全氮 2.07g/kg，有效磷 9.9mg/kg，速效钾 55mg/kg，pH 值 7.2，有效锌 0.68mg/kg。

2. 品种与肥料

选择当地重点推广品种。氮肥为尿素（含 N 46%），小麦配方肥（18 - 10 - 12，≥40%），复合肥（15 - 15 - 15，≥45%）。

3. 施肥方案（表 2 - 7）

表 2 - 7 小麦配方施肥方案

处理	养分总用量（kg/亩）			基肥（kg/200m^2）	追施尿素（kg/200m^2）	
	纯 N	P$_2$O$_5$	K$_2$O		苗期	拔节期
空白	0	0	0	0	0	0
常规	10.35	3.75	3.75	（15 - 15 - 15）≥45% 复合肥 7.5	1.8	2.5
配方	13.10	2.5	3.0	（18 - 10 - 12）≥40% 小麦配方肥 7.5	1.8	2.5

4. 产量和经济效益分析（表2-8）

表2-8　小麦配方施肥产量和经济效益

处理	产量（kg/亩）	产值（元/亩）	肥料投入（元/亩）	纯收入（元/亩）	增加纯收入（元/亩）	产投比
空白	94.6	208.12	0	208.12		
常规	242.7	533.94	113.64	420.30	212.18	1.87
配方	275.3	605.66	106.14	499.52	291.40	2.75

注：肥料价格为40%配方肥2.80元/kg、45%复合肥3.10元/kg、尿素2.52元/kg，小麦价格以2.20元/kg计算

（二）河南省黄泛区农场配方施肥

1. 测定土壤养分含量

试验田土壤类型为土质沙壤，有机质含量为14.00g/kg，纯氮含量为0.82g/kg，有效磷含量为6.97mg/kg，有效钾含量为122.39mg/kg，pH值为8.3。该地块前茬作物为大豆，未施有机肥及化肥，产量为150kg/亩。

2. 品种与肥料

选择当地重点推广品种。氮肥为尿素（含N 46%），磷肥为过磷酸钙（含P_2O_5 17%），钾肥为硫酸钾（含K_2O 12%）。磷肥和钾肥做基肥一次施入，氮肥基追比为6:4。

3. 施肥方案

小麦配方肥、复合肥全部做基肥，尿素全部做追肥。第一次在越冬前追施，第二次在开春后拔节期追施。

4. 产量和经济效益分析（表2-9）

表2-9　小麦配方施肥产量和经济效益

处理	产量（kg/亩）	产值（元/亩）	肥料投入（元/亩）	纯收入（元/亩）	增加纯收入（元/亩）	产投比
空白	345.8	657	0	657		

（续表）

处理	产量 （kg/亩）	产值 （元/亩）	肥料投入 （元/亩）	纯收入 （元/亩）	增加纯收入 （元/亩）	产投比
常规	640.3	1 216.6	171	1 045.6	388.6	2.27
配方	650.2	1 235.4	156.2	1 079.2	422.2	2.70

注：肥料价格按市场价格计算

第二节 水稻配方施肥技术

水稻是我国的主要粮食作物，在南北方都有种植。播种面积近5亿亩，占全国粮食作物种植面积的29.1%，占我国粮食总产量的43.7%。由于种植地区气候、土壤等条件的差异，因此，在水稻配方施肥技术上也具有一定差异。

一、水稻的需肥规律

水稻生育期中有2个需肥高峰：一是分蘖期，二是幼穗形成至孕穗期。双季早晚稻生育期较短，往往在移栽后2～3周内形成吸肥高峰。氮元素一般在返青至分蘖期营养效率最高，磷和钾在拔节期营养效率最大；单季稻生育期较长，对氮、磷、钾的吸肥高峰在分蘖期和幼穗分化后期。一般来说，从移栽到分蘖终期，早稻对氮、磷、钾的吸收量高于晚稻，尤其是氮。从出穗至结实成熟期，晚稻氮吸收量增加很快，早稻吸收氮、磷、钾有所下降，晚稻后期对养分的吸收高于早稻。中稻从移栽到分蘖停止时，氮、磷、钾吸收量均已接近总吸收量的50%，在幼穗分化至抽穗期和分蘖期是养分吸收高峰期。杂交水稻在分蘖至孕穗期是养分高峰期，占总吸收量的60%～70%，且对氮的吸收在分蘖期高于幼穗形成期，对磷、钾的吸收则以幼穗形成期最多。杂交稻在齐穗至成熟期对养分需求较多，占20%～30%。

每生产稻谷 100kg，一般需吸收氮（N）1.8 ~ 2.5kg、磷（P_2O_5）0.8 ~ 1.3kg、钾（K_2O）1.8 ~ 3.2kg，N：P_2O_5：K_2O 的比例为 1.8：1.1：2.1。

二、水稻的配方施肥技术

（一）水稻的施肥量

水稻对氮、磷、钾等营养元素的吸收受品种、土壤、气候及耕作等条件影响，其当季养分需求来自土壤和施肥，各约占一半。合理的施肥量是根据各养分的分级范围、相应的作物及其目标产量来确定。常见的氮、磷、钾的施肥推荐参考表 2 - 10 至表 2 - 12。

表 2 - 10 基于土壤有机质水平的水稻施氮推荐量（纯 N）

单位：kg/亩

目标产量（kg/亩）	土壤有机质含量（g/kg）			
	< 10	10 ~ 20	20 ~ 30	> 30
< 300	8	6	3	0
300 ~ 400	10	8	5	3
400 ~ 500	12	10	8	6
500 ~ 600	14	12	11	8
> 600	17	15	13	10

表 2 - 11 基于土壤速效磷分级的水稻施磷推荐量（P_2O_5）

单位：kg/亩

目标产量（kg/亩）	土壤速效磷含量（mg/L）					
	0 ~ 7	7 ~ 12	12 ~ 24	24 ~ 40	40 ~ 60	> 60
< 300	6	3	2	0	0	0
300 ~ 400	7	4	3	2	0	0
400 ~ 500	8	6	4	3	0	0
500 ~ 600	10	8	6	5	4	2
> 600	12	10	8	6	5	3

表 2 – 12　基于土壤速效钾分级的水稻施钾推荐量（K_2O）

单位：kg/亩

目标产量（kg/亩）	土壤速效钾含量（mg/L）					
	0 ~ 40	40 ~ 60	60 ~ 80	80 ~ 100	100 ~ 140	> 140
< 300	6	4	2	0	0	0
300 ~ 400	7	5	3	2	0	0
400 ~ 500	8	6	4	3	0	0
500 ~ 600	10	8	6	5	3	0
> 600	11	9	7	6	4	2

（二）水稻的配方施肥技术

水稻高产的施肥时期一般可分为基肥、分蘖肥、穗肥、粒肥4 个时期。在施肥上一般要做到重施基肥、中追肥、轻后补，肥田前重中补后控，前重，要重施底肥和返青肥，轻施穗肥，补施粒肥。底肥磷、钾肥施入 90% 左右，氮肥占总氮肥量 60%，返青肥氮肥占总氮量的 35%，穗肥和粒肥占氮肥总量 5%，根据长相施用磷、钾肥和氮肥，在生长后期控制化肥使用量，防止贪青倒伏及晚熟。

1. 基肥

水稻基肥一般以有机肥为主，每亩施优质腐熟农家肥1 000 ~ 2 000kg，配合适量化肥，其中磷、钾肥可作为基肥一次施入，速效氮肥总量的 30% ~ 50% 可以作为基肥施用，一般结合最后一次耙田施用。

2. 分蘖肥

分蘖肥分 2 次施用，一次在返青后，在施足基肥的基础上早施分蘖肥，用量占氮肥的 25% 左右，目的在于促蘖；另一次分蘖盛期作为调整肥，用量在 10% 左右。目的在于保证全田生长整齐，并起到促蘖成穗的作用。后一次的调整肥施用与否主要看群体长势来决定。

3. 穗肥

根据追肥的时期和所追肥料的作用，可分为促花肥和保花肥，促花肥是在穗轴分化期至颖花分化期施用，此期施氮具促进枝梗和颖花分化的作用，增加每穗颖花数。保花肥是在花粉细胞减数分裂期稍前施用，具防止颖花退化，增加茎鞘贮藏物积累的作用。在生产实践中，穗肥一般不分促花肥和保花肥，而在移栽后 40 ~ 50 天时施用。

4. 粒肥

水稻后期施用粒肥可以提高籽粒成熟度，增加千粒重，减少空秕粒的作用。尤其要控制好粒肥施用量和施肥方式。特别是群体偏小的稻田及穗型大、灌浆期长的品种，施用粒肥显得更有意义。

三、不同类型水稻的配方施肥技术

1. 双季早稻

双季早稻大田营养生长期短，秧苗小，移栽时温度低，肥料分解慢，后期温度提高，分解加快，在只施用有机肥做基肥、化肥全做追肥的情况下，前期土壤养分较难满足早稻早生快发的要求，而后期则容易出现贪青晚熟；若不施有机肥或基肥多追肥少，则后期容易发生脱肥现象。所以基追比例应分配适当。早稻早期需要速效氮肥的程度比单季稻和后季稻更为迫切。氮肥一般以一次全耕层做基肥较好，但在后劲较差的田块上则应适当施保花肥，而在肥力高和晚发田上，基肥用量应适当控制，稳肥则一般不宜施用。一次全耕层施肥法在保肥力较好的土壤上较适用；在高温多雨地区及土层瘠薄、保肥力差的田地应重视穗肥的施用，且穗肥以保花肥为主。另外，早稻还应重视施足磷肥，基肥不宜施过深而以混施全耕层为宜。

其施肥要点概括如下：一是要重施基肥，二是要早施分蘖肥，三是要适施穗肥，四是要酌施粒肥。其中，有机肥、磷肥及中微量元素肥料全做基肥，化学氮肥施用比例为基肥：分蘖肥：穗肥：粒肥＝6：2：1：1，化学钾肥施用比例为基肥：分蘖肥：穗肥：粒肥＝4：2：2：1。

2. 双季晚稻

双季晚稻的特点是秧龄长，秧苗大，插秧深，故氮肥以深翻到耕作层下层最好；另外，早稻收割时是一年中土壤速效钾含量最低的时期，故双季晚稻应重视钾肥的施用。将早稻秸秆切断还田，不仅可提供养分，尤其能供应较多的钾，又起到松土、改土作用。施氮要采取"控"的策略，即多施钾肥、少施磷肥、控氮并早施。在早稻施足磷肥的稻田，晚稻可以少施磷肥或不施磷肥。如果用复合肥做追肥，可选用氮钾二元复合肥。如每亩追施25%复混肥25～30kg加氯化钾5kg，其肥效接近于20～25kg的45%复合肥，而前者的施肥成本比后者低1/3以上。对于20%氮钾复混肥，可每亩施30～35kg。也可用尿素15～20kg，氯化钾10～15kg追施。如果底肥施了碳铵或复合肥，则追肥一般使用单质肥，每亩用尿素10～15kg，钾肥5～15kg。前作是玉米、早稻等耗肥作物，则晚稻要保证适当的施氮水平，每亩追施氮肥折尿素15～20kg，不要盲目减氮；前作是西瓜、辣椒等蔬菜，一般每亩用尿素7.5～10kg；前作是黄豆、花生等豆科作物的晚稻可少施氮肥，一般每亩施尿素5～7.5kg。

对稻草还田的，尤其要注意早施速效氮肥，以防止微生物夺氮引起土壤暂时缺氮现象，一般在晚稻插（抛）后5天左右追施氮肥，并与钾肥一并施用。

3. 常规单季稻

常规单季稻的特点是生长期比较长，施肥主要是基肥和穗肥相结合，基肥应以有机肥为主，配合适量速效化肥，适时适量施用穗肥是单季稻稳产高产的关键。到圆秆拔节期叶色转淡时施用适量促花肥（5～7kg 尿素/亩），开花时再施相同数量的保花肥，如抽穗后叶色明显落黄，则应补施 2～3kg 尿素亩做粒肥。

4. 杂交水稻

杂交水稻生产单位数量稻谷所吸收的氮、磷量，比一般品种稍少，而吸钾量则显著增加。因此，对杂交水稻要注意增施钾肥，提高钾氮比；在施肥方法上，则应以基肥为主（占施肥总量的 70%～75%），有机肥化肥相配合深施。产量高的稻田都需采用重前期（基肥、蘖肥），保后期（穗肥、粒肥），控中期的施肥技术。

表 2-13 列出的双季稻（包括早稻、中稻、晚稻）的 57 个配方，施用方法需因地制宜使用。一般中、低产稻田用量可以高些，高产稻田用量适当低些。福建、广东、广西自治区等省、自治区稻田土壤普遍缺钾，宜选择 1～22 配方方案；云南、贵州、湖南、湖北、四川等省土壤普遍缺磷又缺钾，宜选择 23～45 方案，施用磷、钾肥都有增产效果；浙江、江苏、上海、安徽等省、市施用氮肥对增产非常重要，宜选择 46～57 方案，应多施氮肥，再配合适量的磷、钾肥。双季稻产量为 6 750 kg/hm^2（450kg/亩），需施氮肥 150～190kg/hm^2（10～12.67kg/亩），$N-P_2O_5-K_2O$ 的平均施肥量为 180-90-135kg/hm^2（12-6-14 kg/亩）；单季稻产量为 8 250kg/hm^2（550kg/亩），需施氮肥（N）180～240kg/hm^2（12～16kg/亩），$N-P_2O_5-K_2O$ 的平均施肥量为 210-135-105kg/hm^2（14-9-7kg/亩）。

表 2-13　双季稻配方施肥中氮、磷、钾用量与比例

配方号	养分总用量（kg/亩）	纯养分用量（kg/亩）			比例（N∶P∶K）
		N	P$_2$O$_5$	K$_2$O	
1	18.8	7.8	5.0	6.0	1∶0.64∶0.77
2	18.0	7.7	4.0	6.3	1∶0.52∶0.82

（续表）

配方号	养分总用量 （kg/亩）	纯养分用量（kg/亩）			比例 （N：P：K）
		N	P_2O_5	K_2O	
3	17.0	7.8	2.7	6.5	1：0.35：0.83
4	14.0	6.0	3.0	5.0	1：0.50：0.83
5	15.0	6.5	2.7	5.8	1：0.42：0.89
6	16.1	6.8	3.0	6.3	1：0.44：0.92
7	16.5	7.0	3.2	6.0	1：0.50：0.85
8	20.5	10.5	3.5	6.5	1：0.28：0.62
9	21.7	11.7	3.0	7.0	1：0.25：0.60
10	28.5	15.5	4.5	8.5	1：0.29：0.55
11	13.0	7.5	5.5	0.0	01：13.7
12	13.8	7.8	6.0	0.0	01：16.8
13	13.5	8.0	5.5	0.0	01：09.7
14	11.0	6.0	5.0	0.0	01：23.8
15	10.5	5.5	5.0	0.0	01：30.9
16	16.5	7.0	3.5	6.0	1：0.50：0.85
17	19.5	8.5	4.0	7.0	1：0.47：0.82
18	23.5	10.0	5.0	8.5	1：0.50：0.80
19	25.0	11.5	5.0	8.5	1：0.43：0.74
20	14.5	7.5	2.5	5.0	1：0.33：0.66
21	17.0	8.5	3.0	5.5	1：0.35：0.64
22	21.0	10.5	4.0	6.5	1：0.38：0.62
23	12.0	8.0	4.0	0.0	1：05：0
24	12.0	8.0	0.0	4.0	1：0：0.5
25	16.0	8.0	4.0	4.0	1：0.5：0.5
26	20.0	8.0	8.0	4.0	1：1：0.5

（续表）

配方号	养分总用量（kg/亩）	纯养分用量（kg/亩）			比例（N：P：K）
		N	P₂O₅	K₂O	
27	20.0	8.0	4.0	8.0	1：0.5：1
28	14.0	7.0	3.5	3.5	1：0.5：0.5
29	17.5	7.0	3.5	7.0	1：0.5：1
30	15.0	10.0	5.0	0.0	1：0.5：0
31	20.0	10.0	5.0	5.0	1：0.5：0.5
32	25.0	10.0	5.0	10.0	1：0.5：1
33	16.0	12.0	4.0	0.0	1：0.3：0
34	16.0	8.0	4.0	4.0	1：0.5：0.5
35	20.0	8.0	4.0	8.0	1：0.5：1
36	16.5	10.0	2.5	4.0	1：0.25：0.40
37	20.0	10.0	2.0	8.0	1：0.2：0.8
38	18.0	11.0	3.0	4.0	1：0.27：0.36
39	23.0	11.0	3.5	8.5	1：0.32：0.77
40	20.0	10.0	5.0	5.0	1：0.5：0.5
41	22.5	10.0	5.0	7.5	1：0.5：0.75
42	12.0	8.0	4.0	0.0	1：0.50：0
43	13.5	8.5	5.0	0.0	1：0.59：0
44	13.5	9.0	4.5	0.0	1：0.50：0
45	16.0	10.0	6.0	0.0	1：0.60：0
46	18.2	8.0	6.2	4.0	1：0.77：0.50
47	18.5	8.0	4.0	6.5	1：0.5：0.8
48	12.0	8.0	0.0	4.0	1：0：0.5
49	16.0	8.0	4.0	4.0	1：0.5：0.5
50	20.0	8.0	8.0	4.0	1：1：0.5

（续表）

配方号	养分总用量（kg/亩）	纯养分用量（kg/亩）			比例（N:P:K）
		N	P$_2$O$_5$	K$_2$O	
51	20.0	8.0	4.0	8.0	1:0.5:1
52	15.0	10.0	5.0	0.0	1:0.5:0
53	15.0	10.0	0.0	5.0	1:0:0.5
54	20.0	10.0	5.0	5.0	1:0.5:0.5
55	18.0	10.0	3.0	5.0	1:0.3:0.5
56	25.0	10.0	10.0	5.0	1:1:0.5
57	25.0	10.0	5.0	10.0	1:0.5:1

　　单季稻生长期长，施肥的重心在基肥和穗肥，基肥以有机肥为主；拔节期叶色淡时酌施促花肥；抽穗后若叶色落黄，施粒肥。该配方表（表2－14）主要针对北方单季稻种植区，这些地区水稻施肥多数以氮、磷化肥为主，钾肥施用量不多。随着水稻产量不断提高，氮肥施用量增加，而造成养分间失衡，从而降低了氮肥的利用率。为了解决氮、磷、钾元素相互协调，在此配方方案中可选择二元或三元配方方案。在每亩产水稻500kg以上的地方，选择氮、磷、钾配方方案，对增加水稻产量和改善稻米质量是有明显效果的。选择配方应注意钾肥施用，可选用29～40方案进行施用。

表2－14　单季稻配方施肥中氮、磷、钾用量与比例

配方号	养分总用量（kg/亩）	纯养分用量（kg/亩）			比例（N:P:K）
		N	P$_2$O$_5$	K$_2$O	
1	14.6	11.6	3.0	0.0	1:0.26:0
2	14.0	10.0	4.0	0.0	1:0.4:0
3	15.7	12.3	3.4	0.0	1:0.28:0

（续表）

配方号	养分总用量（kg/亩）	纯养分用量（kg/亩）			比例（N∶P∶K）
		N	P_2O_5	K_2O	
4	18.3	12.8	5.5	0.0	1∶0.43∶0
5	19.6	9.6	10.0	0.0	1∶1.04∶0
6	15.6	9.6	6.0	0.0	1∶0.63∶0
7	18.6	12.6	6.0	0.0	1∶0.48∶0
8	14.0	10.0	4.0	0.0	1∶0.4∶0
9	15.0	7.0	8.0	0.0	1∶1.14∶0
10	20.0	10.0	10.0	0.0	1∶1∶0
11	14.0	9.0	5.0	0.0	1∶0.56∶0
12	15.0	10.0	5.0	0.0	1∶0.5∶0
13	17.0	10.0	7.0	0.0	1∶0.7∶0
14	16.0	11.0	5.0	0.0	1∶0.45∶0
15	16.0	12.0	4.0	0.0	1∶0.33∶0
16	18.0	12.0	6.0	0.0	1∶0.5∶0
17	17.0	13.0	4.0	0.0	1∶0.31∶0
18	18.0	13.0	5.0	0.0	1∶0.38∶0
19	19.0	13.0	6.0	0.0	1∶0.46∶0
20	20.0	13.0	7.0	0.0	1∶0.54∶0
21	18.0	14.0	4.0	0.0	1∶0.29∶0
22	19.0	14.0	5.0	0.0	1∶0.36∶0
23	20.0	14.0	6.0	0.0	1∶0.43∶0
24	21.0	15.0	7.0	0.0	1∶0.5∶0
25	19.0	15.0	4.0	0.0	1∶0.27∶0
26	20.0	15.0	5.0	0.0	1∶0.33∶0
27	21.0	15.0	6.0	0.0	1∶0.4∶0

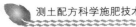

（续表）

配方号	养分总用量（kg/亩）	纯养分用量（kg/亩）			比例（N：P：K）
		N	P_2O_5	K_2O	
28	22.0	9.0	7.0	0.0	1：0.47：0
29	19.5	9.0	4.5	6.0	1：0.5：0.67
30	19.0	9.0	4.0	6.0	1：0.44：0.67
31	22.0	10.0	5.0	8.0	1：0.56：0.89
32	18.0	10.0	4.0	4.0	1：0.4：0.4
33	19.0	10.0	4.0	5.0	1：0.4：0.5
34	19.0	11.0	5.0	4.0	1：0.5：0.4
35	19.0	11.0	4.0	4.0	1：0.36：0.36
36	20.0	11.0	5.0	4.0	1：0.45：0.36
37	21.0	12.0	6.0	4.0	1：0.55：0.36
38	20.0	12.0	4.0	4.0	1：0.33：0.33
39	21.0	12.0	5.0	4.0	1：0.42：0.33
40	22.0	11.0	6.0	4.0	1：0.50：0.33

　　表2-15配方施肥方案适合江西、浙江、四川等省种植杂交水稻的地区选择使用。杂交水稻（晚稻）需钾肥较多，施用钾肥有较好的增产效果。在施用氮肥或者施用氮、磷肥的基础上施用适量的钾肥都有不同程度的增产效果。浙江省研究材料表明杂交晚稻，由于施用有机肥料缺少，施用适量钾肥效果较好，特别是那些长期渍水田，土壤速效钾在60mg/kg以下的缺钾地区，施钾肥可以获得较好效果。

表2-15　杂交水稻配方施肥中氮、磷、钾用量与比例

配方号	养分总用量（kg/亩）	纯养分用量（kg/亩）			比例（N：P：K）
		N	P_2O_5	K_2O	
1	12.0	8.0	4.0	0.0	1：0.5：0
2	12.0	8.0	0.0	4.0	1：0：0.5
3	16.0	8.0	4.0	4.0	1：0.5：0.5
4	20.0	12.0	4.0	4.0	1：0.3：0.3
5	20.0	8.0	8.0	4.0	1：1：0.5
6	14.3	6.8	4.0	3.5	1：0.58：0.51
7	15.0	7.5	4.0	3.5	1：0.53：0.5
8	16.5	8.0	4.0	4.5	1：0.5：0.56
9	16.0	8.5	4.0	3.5	1：0.47：0.41
10	24.0	8.0	8.0	8.0	1：1：1
11	20.0	8.0	8.0	4.0	1：1：0.5
12	20.0	8.0	4.0	8.0	1：0.5：1
13	16.0	8.0	4.0	4.0	1：0.5：0.5
14	12.0	8.0	4.0	0.0	1：0.5：0
15	12.0	8.0	0.0	4.0	1：0：0.5
16	14.5	8.0	2.5	4.0	1：0.3：0.5
17	30.0	10.0	10.0	10.0	1：1：1
18	25.0	10.0	5.0	10.0	1：0.5：1
19	20.0	10.0	5.0	5.0	1：0.5：0.5
20	15.0	10.0	5.0	0.0	1：0.5：0
21	15.0	10.0	0.0	5.0	1：0：0.5
22	18.0	10.0	3.0	5.0	1：0.3：0.5
23	36.0	12.0	12.0	12.0	1：1：1
24	30.0	12.0	12.0	6.0	1：1：0.5

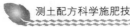

（续表）

配方号	养分总用量（kg/亩）	纯养分用量（kg/亩）			比例（N∶P∶K）
		N	P₂O₅	K₂O	
25	30.0	12.0	6.0	12.0	1∶0.5∶1
26	24.0	12.0	6.0	6.0	1∶0.5∶0.5
27	22.0	12.0	4.0	6.0	1∶0.3∶0.5
28	18.0	12.0	0.0	6.0	1∶0∶0.5
29	21.5	12.0	3.5	6.0	1∶0.29∶0.50
30	18.0	10.0	4.5	3.5	1∶0.45∶0.35
31	18.5	10.5	4.5	3.5	1∶0.43∶0.33
32	21.0	11.0	4.5	5.5	1∶0.41∶0.50
33	21.5	11.0	5.0	5.0	1∶0.45∶0.45
34	23.5	12.5	5.5	5.5	1∶0.44∶0.44

四、水稻配方施肥案例

以安徽省郎溪县水稻配方施肥为例，介绍如下。

1. 测定土壤养分含量

试验田土壤类型为扁石泥田，有机质21.685g/kg，全氮1.27g/kg，有效磷4.25mg/kg，速效钾83mg/kg，铜3.57mg/kg，锌2.17mg/kg，铁50.85mg/kg，锰30.07mg/kg，硫49.3mg/kg，pH值5.29。

2. 品种与肥料

选择当地重点推广品种两优6326，在当地正常产量为7 500kg/hm²（500kg/亩）。氮肥为尿素（含N 46%），钾肥（含K₂O 60%），配方肥（15-12-18）、三元复合肥（15-15-15）。

3. 施肥方案（表2-16）

表2-16　水稻配方施肥方案

处理	养分总用量（kg/亩）			基肥（kg/亩）	追施尿素和钾肥（kg/亩）	
	纯N	P_2O_5	K_2O		苗期	拔节期
空白	0	0	0	0	0, 0	0, 0
常规	14.4	7.5	7.5	（15-12-18）≥45% 复合肥50	15, 0	0, 0
配方	12.5	5.4	9.9	（15-15-15）≥45% 水稻配方肥45	5, 3	7.5, 0

　　磷肥、小麦配方肥、复合肥全部做基肥，氮肥的基追比为5:2:3，钾肥基追比7:0:3。第一次苗期追施，第二次在拔节期追施。

4. 产量和经济效益分析（表2-17）

表2-17　水稻配方施肥产量和经济效益

处理	产量（kg/亩）	产值（元/亩）	肥料投入（元/亩）	纯收入（元/亩）	增加纯收入（元/亩）	产投比
空白	240	624	0	624		
常规	460	1 196	116.7	1 079.3	455.3	3.90
配方	584	1 518.4	108.02	1 410.38	786.38	7.28

　　注：水稻单价2.6元/kg，纯N、P_2O_5、K_2O单价分别为4.3元/kg、4.0元/kg、3.3元/kg

第三节　玉米配方施肥技术

　　玉米是一种高产、稳产的粮食作物，其播种面积和总产量仅次于水稻和小麦，是世界第三大粮食作物。我国玉米的种植面积和产量在世界上居第二位，占世界总产量的 1/5 左右。其中，70% ~ 80% 的籽粒主要作为精饲料及配合饲料，15% ~ 20% 作为加工工业的原料，仅 10% ~ 15% 被人们直接食用。

一、玉米的需肥规律

玉米从出苗到拔节，吸收氮 2.5%、有效磷 1.1%、有效钾 3%；从拔节到开花，吸收氮素 51.2%、有效磷 63.8%、有效钾 97%；从开花到成熟，吸收氮 46.4%、有效磷 35.1%、有效钾 0。玉米磷元素营养临界期在三叶期，氮元素临界期则比磷推后。玉米大喇叭口期是养分吸收最快、最大的时期。这期间需要养分量较大，吸收速度也最快，此时合理施肥，玉米增产效果最明显。

每生产 100kg 玉米籽粒，一般需吸收氮（N）3.0 ~ 4.0kg、磷（P_2O_5）1.2 ~ 1.6kg、钾（K_2O）4.5 ~ 5.5kg，$N : P_2O_5 : K_2O$ 为 3.5 : 1.4 : 5.0 或 1 : 0.4 : 1.43。

二、玉米的配方施肥技术

（一）玉米的施肥量

东北地区的春玉米主产区，多为一年一熟制种植，生长期 120 天左右，产量为 7 500 ~ 10 500 kg/hm² （500 ~ 700kg/亩）；华北地区的夏玉米主产区，多为一年二熟制的小麦—玉米轮作制，生育期 100 天左右，产量为 4 500 ~ 7 500 kg/hm² （300 ~ 500kg/亩）。如果产量为 9 000 kg/hm² （600kg/亩），需要吸收 $N - P_2O_5 - K_2O$ 为 315 - 120 - 450kg。如果产量为 6 000 kg/hm² （400kg/亩），需要吸收 $N - P_2O_5 - K_2O$ 为 150 - 75 - 210kg。在增产量相同的情况下，春玉米比夏玉米多吸收 35% 的氮素和 43% 的钾素。表 2 - 18 至表 2 - 20 为基于 ASI 方法土壤测定的养分分级以及不同玉米产量水平的春玉米的推荐施肥量，表 2 - 21 至表 2 - 23 为夏玉米的推荐施肥量。

表2-18 基于土壤有机质水平的春玉米施氮推荐量（纯N）

单位：kg/亩

目标产量	土壤有机质含量（g/kg）			
（kg/亩）	< 10	10 ~ 20	20 ~ 30	> 30
< 400	8	5	3	0
400 ~ 500	10	8	6	4
500 ~ 600	13	11	9	7
600 ~ 700	15	13	11	9
> 700	16	15	13	12

表2-19 基于土壤速效磷分级的春玉米施磷推荐量（P_2O_5）

单位：kg/亩

目标产量	土壤速效磷含量（mg/L）					
（kg/亩）	0 ~ 7	7 ~ 12	12 ~ 24	24 ~ 40	40 ~ 60	> 60
< 400	105	75	60	30	0	0
400 ~ 500	120	105	75	60	30	0
500 ~ 600	135	120	90	60	30	0
600 ~ 700	165	135	105	75	45	30
> 700	180	150	120	90	60	45

表2-20 基于土壤速效钾分级的春玉米施钾推荐量（K_2O）

单位：kg/亩

目标产量	土壤速效钾含量（mg/L）					
（kg/亩）	0 ~ 40	40 ~ 60	60 ~ 80	80 ~ 100	100 ~ 140	> 140
< 400	9	7	5	3	0	0
400 ~ 500	10	8	6	4	2	0
500 ~ 600	11	9	7	6	4	2
600 ~ 700	12	11	9	7	5	3
> 700	13	12	10	8	7	5

表 2 – 21 　基于土壤有机质水平的夏玉米施氮推荐量（纯 N）

单位：kg∕亩

目标产量 （kg/hm²）	土壤有机质含量（g/kg）			
	< 10	10 ~ 20	20 ~ 30	> 30
< 300	8	6	3	0
300 ~ 400	9	7	4	0
400 ~ 500	11	9	7	6
500 ~ 600	13	11	9	7
> 600	15	13	13	9

表 2 – 22 　基于土壤速效磷分级的夏玉米施磷推荐量（P_2O_5）

单位：kg∕亩

目标产量 （kg/hm²）	土壤速效磷含量（mg/L）					
	0 ~ 7	7 ~ 12	12 ~ 24	24 ~ 40	40 ~ 60	> 60
< 300	60	45	30	0	0	0
300 ~ 400	90	60	30	0	0	0
400 ~ 500	105	90	75	45	30	0
500 ~ 600	120	105	75	45	60	0
> 600	150	120	90	60	45	30

表 2 – 23 　基于土壤速效钾分级的夏玉米施钾推荐量（K_2O）

单位：kg∕亩

目标产量 （kg/hm²）	土壤速效钾含量（mg/L）					
	0 ~ 40	40 ~ 60	60 ~ 80	80 ~ 100	100 ~ 140	> 140
< 300	7	5	3	2	0	0
300 ~ 400	8	6	4	2	0	0
400 ~ 500	9	7	6	4	2	0
500 ~ 600	10	8	6	5	3	2
> 600	11	10	8	6	4	2

表 2－24 中的 1～21 配方方案适用于我国东北地区黑龙江、吉林、辽宁三省的各类黑土和白疆土玉米区。这类地区土壤有机质含量高，施用化肥仍然以氮、磷肥为主，氮肥用量可以酌情少施，化肥总养分用量可适当减少，钾肥可不施。配方 22～43 适用于华北、西北等玉米高产品种种植区，土壤肥力种地占多数，土壤中氮、磷相对缺乏，施肥量可相应增加。配方 44～65 适用于江苏、安徽北部地区和南方种夏玉米的地区，这些种植区土壤偏酸性，雨量充沛，土壤养分流失严重，土壤中氮、磷、钾易缺乏。因此，施用氮、磷、钾配合肥，比单施化肥增产效果好。在玉米产量达到 400kg 以上，施钾肥增产效果更为明显。

表 2－24　玉米配方施肥中氮、磷、钾用量与比例

配方号	养分总用量 (kg/亩)	纯养分用量 (kg/亩)			比例 (N：P：K)
		N	P_2O_5	K_2O	
1	17.6	9.6	8.0	0.0	1：0.83：0
2	19.0	9.0	10.0	0.0	1：1.11：0
3	22.5	12.5	10.0	0.0	1：0.8：0
4	22.8	12.8	10.0	0.0	1：0.78：0
5	12.4	9.9	2.5	0.0	1：0.25：0
6	17.0	11.5	5.5	0.0	1：0.46：0
7	17.1	10.4	6.7	0.0	1：0.64：0
8	16.5	13.5	2.8	0.0	1：0.20：0
9	17.9	12.0	5.9	0.0	1：0.49：0
10	21.4	11.5	9.9	0.0	1：0.86：0
11	15.9	10.4	5.5	0.0	1：0.53：0
12	20.8	11.8	9.0	0.0	1：0.76：0
13	23.0	12.5	10.5	0.0	1：0.68：0
14	21.0	13.5	7.5	0.0	1：0.56：0

测土配方科学施肥技术

（续表）

配方号	养分总用量（kg/亩）	纯养分用量（kg/亩）			比例（N∶P∶K）
		N	P_2O_5	K_2O	
15	26.0	15.5	10.5	0.0	1∶0.56∶0
16	17.7	10.8	6.9	0.0	1∶0.64∶0
17	17.6	9.8	7.8	0.0	1∶0.8∶0
18	16.4	9.7	6.7	0.0	1∶0.69∶0
19	17.0	10.0	7.0	0.0	1∶0.7∶0
20	19.7	12.0	7.7	0.0	1∶0.64∶0
21	17.4	10.7	6.7	0.0	1∶0.63∶0
22	15.5	9.5	6.0	0.0	1∶0.63∶0
23	15.0	10.0	5.0	0.0	1∶0.5∶0
24	12.0	8.0	4.0	0.0	1∶0.5∶0
25	17.0	11.0	6.0	0.0	1∶0.55∶0
26	25.0	16.0	9.0	0.0	1∶0.56∶0
27	16.0	16.0	10.0	0.0	1∶0.63∶0
28	15.0	10.0	5.0	0.0	1∶0.5∶0
29	17.0	12.0	5.0	0.0	1∶0.42∶0
30	22.0	13.0	9.0	0.0	1∶0.69∶0
31	9.7	4.9	4.8	0.0	1∶0.98∶0
32	16.2	9.3	6.9	0.0	1∶0.74∶0
33	16.9	11.5	5.4	0.0	1∶0.47∶0
34	17.8	11.8	6.0	0.0	1∶0.5∶0
35	23.2	12.6	10.6	0.0	1∶0.84∶0
36	20.2	13.6	6.6	0.0	1∶0.49∶0
37	17.9	15.4	2.5	0.0	1∶0.16∶0
38	21.7	16.0	5.7	0.0	1∶0.35∶0

（续表）

配方号	养分总用量（kg/亩）	纯养分用量（kg/亩）			比例（N∶P∶K）
		N	P_2O_5	K_2O	
39	10.0	7.0	3.0	0.0	1∶0.43∶0
40	17.0	9.0	8.0	0.0	1∶0.89∶0
41	12.0	6.5	5.5	7.5	1∶0.85∶0
42	14.5	8.0	6.5	0.0	1∶0.81∶0
43	15.5	8.0	7.5	0.0	1∶0.94∶0
44	11.5	6.7	4.8	0.0	1∶0.72∶0
45	13.0	9.5	3.5	0.0	1∶0.37∶0
46	15.3	9.4	5.9	0.0	1∶0.63∶0
47	14.3	10.5	3.8	0.0	1∶0.36∶0
48	12.7	10.7	2.0	0.0	1∶0.19∶0
49	15.1	12.0	3.1	0.0	1∶0.26∶0
50	15.4	12.3	3.1	0.0	1∶0.25∶0
51	19.0	14.5	4.5	0.0	1∶0.31∶0
52	19.5	12.0	7.5	0.0	1∶0.63∶0
53	17.6	12.6	5.0	0.0	1∶0.4∶0
54	23.2	15.8	7.4	0.0	1∶0.47∶0
55	26.9	16.3	10.6	0.0	1∶0.65∶0
56	28.0	17.4	10.6	0.0	1∶0.6∶0
57	19.5	12.0	7.5	0.0	1∶0.63∶0
58	26.7	19.4	7.3	0.0	1∶0.37∶0
59	30.0	10.0	10.0	10.0	1∶1∶1
60	40.0	20.0	10.0	10.0	1∶0.5∶0.5
61	36.0	20.0	6.0	10.0	1∶0.3∶0.5
62	20.0	10.0	5.0	5.0	1∶0.5∶0.5

（续表）

配方号	养分总用量 （kg/亩）	纯养分用量（kg/亩）			比例 （N∶P∶K）
		N	P_2O_5	K_2O	
63	24.0	13.0	6.0	5.0	1∶0.46∶0.38
64	25.5	14.5	6.5	4.5	1∶0.45∶0.31
65	24.5	15.0	5.5	4.0	1∶0.36∶0.27

（二）玉米的配方施肥技术

玉米的施肥以增施氮肥为主，配合施用磷、钾肥。总的施肥原则为施足基肥，轻施苗肥，重施拔节肥和穗肥，巧施粒肥。

1. 基肥

可以结合耕种或浅耕灭茬进行，可以利用冬小麦的有机肥和磷肥的后效，或者用小麦根茬秸秆还田的办法来弥补玉米基肥的不足。基肥占总肥量的50%左右。通常施用2 000~3 000kg/亩有机肥，过磷酸钙30~40kg，氯化钾5~10kg。基肥一般采取条施或穴施的方法。混作或间作玉米应重视种肥作用，播种时施适量的化学氮肥做种肥，对壮苗有良好的效果。微量元素肥料用于拌种。用硫酸锌拌种时，每千克种子用2~4g。

2. 追肥

应根据其需肥特点追施1~2次，分次进行。第一次在拔节后10~15天（7~8片叶），追施总肥量的1/3，促进茎生长和幼穗分化。第二次在玉米抽雄穗前10~15天（10~11片叶，大喇叭口期）追施总肥量的2/3，促穗大粒多。如果夏玉米只进行1次追肥，应在小喇叭口期（8~9片叶）进行，不能太晚。追肥时应刨埯深施或耧播耩施，肥与苗的距离7~10cm，施肥后封严，以提高肥效。追施的穗肥一般应重施，但必须根据具体情况合理运筹拔节肥和穗肥的比重。

（1）苗肥　应早施、轻施和偏施，以氮素化肥为主。在基肥中未搭配速效肥料或未施种肥的田块，早施、轻施可弥补速效养分不足，有促根壮苗的作用。

（2）穗肥　一般在抽雄前 10～15 天，玉米出现大喇叭口时施用。对基肥不足、苗势差的田块，穗肥应提早施用。穗肥用量应根据苗情、地力和拔节肥施用情况而定，一般每亩施碳铵15～20kg 或者尿素 5～8kg。一般土壤肥力较高、基肥足、苗势较好的，可以稳施拔节肥，重施穗肥；反之，可以重施拔节肥，少施穗肥。

（3）粒肥　一般在果穗吐丝时施用为好，这样能使肥效在灌浆乳熟期发挥作用。粒肥用量不宜过多，每亩穴施碳铵 3～5kg 即可，也可用 1%～2% 的尿素和磷酸二氢钾混合液做叶面喷施，每亩喷液量 50kg 左右。

三、不同类型玉米的施肥技术

1. 春玉米施肥技术

春玉米需肥可分为 2 个关键时期，一是拔节至孕穗期，二是抽雄至开花期。春玉米拔节期到授粉期吸收的氮占总量最大，接近 65%；磷约占总磷量的 48.8%；授粉至成熟期，吸收的氮占总氮量的 25.9%，磷约占总磷量的 46.9%。拔节前钾的累积量仅占总钾量的 11%；拔节后吸收量急剧上升，拔节到授粉期累积量占总钾量的 85.1%。籽粒形成期钾的吸收处于停止状态。

春玉米生长期长，植株高大，对土壤养分的消耗较多，对养分的需求量较大。一般每亩施优质有机肥 3 000kg 以上。没有灌溉条件的地区，为了蓄墒保墒，可在冬前把有机肥送到地中，均匀撒开翻到地下；有灌溉条件的地区既可冬前施入有机肥，也可在春耕时施入有机肥。磷、钾肥可全部用做底肥。苗期施氮占全生育期总施氮量的 20% ~30% 做底肥；拔节孕穗或大喇叭口期施氮占全生育期总施氮量的 70% ~80% 追施。

2. 夏玉米施肥技术

由于播种农时要求，夏玉米大部分采用免耕直接播种，一次夏玉米的追肥十分重要，追肥宜采用前重后轻的方式。据生产试验证明，前重后轻的方式比前轻后重的追肥方式正常 12.8%。追肥总量的 2/3 在拔节前期施入，大喇叭口期施入 1/3，着重满足玉米雌穗分化所需要的养分。如夏玉米产量为 5 250 ~6 750kg/hm²，施用尿素 450 ~600kg/hm²，按前重后轻的追肥方式，在拔节期施入 300 ~375kg/hm²，大喇叭口期施入 150 ~225kg/hm²。

四、玉米的配方施肥案例

以新乡市辉县赵固乡赵东村、北云门乡姜姚固村、峪河乡孔庄村、常村乡北陈马村和孟庄乡高村为例，介绍如下。

1. 测定土壤养分含量

试验田土壤类型前 3 试点为黄潮土类二合土，后 2 试点为褐土类壤黄土，前茬作物均为小麦，有机质 18.0 ~26g/kg，全氮 0.97 ~1.56g/kg，有效磷 5.0 ~17.5mg/kg，速效钾 60 ~138mg/kg。

2. 品种与肥料

选择玉米品种浚单 20，氮肥为尿素（含 N 46%），磷肥为过磷酸钙（含 P_2O_5 16%），钾肥为氯化钾（含 K_2O 60%）。

3. 施肥方案（表 2 –25）

磷、钾肥作为基肥一次施用，氮肥 2/3 作为基肥，喇叭口期追施 1/3；农民常规施肥于拔节期一次施入；对照区不施任何化学肥料。

表 2 - 25 玉米配方施肥方案（kg/亩）

处理	不施肥			常规施肥			配方施肥		
	纯 N	P_2O_5	K_2O	纯 N	P_2O_5	K_2O	纯 N	P_2O_5	K_2O
赵东村	0	0	0	14	4	3	16	3	4
姚固村	0	0	0	28	3	3	16	2.4	3
孔庄村	0	0	0	15	0	0	16	2.4	3.5
北陈马	0	0	0	18.5	0	0	12.5	2.4	3
高村	0	0	0	18.5	0	0	13	3	3

4. 产量和经济效益

测土配方施肥处理玉米产量较不施肥处理的增产幅度为132～280kg/亩，增产率变幅 22.15%～32.3%；较农民习惯施肥处理增产玉米 37～85.2kg/亩，增产率 0.78%～64.52%，增收 80.9～185.4元/亩；产投比除姜姚固测土配方施肥比常规施肥处理高出 6 个百分点外，其余各试点相应两种不同施肥方式下的产投比几乎相当。测土配方施肥在 5 个不同试点表现均为既增产又增益（注：单价 N 4.4元/kg，P_2O_5 7.5 元/kg，K_2O 5.0 元/kg，玉米 2.25 元/kg）。

第四节 马铃薯配方施肥技术

马铃薯作为全球第四大重要的粮食作物，仅次于小麦、水稻和玉米，与小麦、水稻、玉米、高粱并成为世界五大作物。中国马铃薯种植面积和产量均占世界 1/4 左右，已成为生产和消费第一大国。马铃薯是人类重要的粮食、蔬菜和工业原料。2015 年，我国已启动马铃薯主粮化战略，推进把马铃薯加工成馒头、面条、米粉等主食，马铃薯将成水稻、小麦、玉米外的又一主粮。

一、马铃薯的需肥特点规律

马铃薯吸收氮、磷、钾的数量和比例随生育期的不同而变化，苗期是营养生长期，吸收的氮、磷、钾分别为全生育总量的18%、14%、14%。块茎形成期（孕薯至开花初期）是营养生长和生殖生长并进时期，对养分的需求明显增多，吸收的氮、磷、钾已分别占到总量的35%、30%、29%，而且吸收速度快，此期供肥好坏将影响结薯产量多少。茎叶生长在块茎增长期（开花初期到茎叶衰老期）减慢或停止，主要以块茎生长为主，植株吸收的氮、磷、钾分别占总量的35%、35%、43%，养分需要量最大，吸收速率仅次于块茎形成期。在淀粉积累期，茎叶中的养分向块茎转移，茎叶逐渐枯萎，养分吸收减少，植株吸收氮、磷、钾养分分别占总量的12%、21%、14%，此时，供应一定的养分，防止茎叶早衰，对块茎的形成与淀粉积累有着重要意义。

一般每生产 1 000kg 马铃薯，需吸收氮（N）3.5~5.5kg、磷（P_2O_5）1.8~2.2kg、钾（K_2O）10.6~12.0kg，N：P_2O_5：K_2O 为 1：0.47：2.51。

二、马铃薯的配方施肥技术

（一）马铃薯的施肥用量

春薯和夏薯吸收的氮、磷、钾比例相近，总趋势为钾最多、氮次之、磷最少。生产实验表明，马铃薯在南方和北方产区的氮、磷、钾化肥适宜比例不同，北方地区 N：P_2O_5：K_2O 的养分比例为 1：（0.45~0.55）：（0.45~0.55）为宜，平均为 1：0.5：0.5。南方地区 N：P_2O_5：K_2O 的养分比例为 1：（0.25~0.35）：（0.85~0.95）为宜，平均为 1：0.3：0.9。如马铃薯产量为 22 500kg/hm^2（1 500kg/亩），需要吸收 N－P_2O_5－K_2O 为 105－45－255kg，需要

施氮（N）120~180kg/hm^2（8~12 kg/亩），北方地区 N – P$_2$O$_5$ –
K$_2$O 的施肥量为 150 – 75 – 75kg/hm^2（10 – 5 – 5kg/亩），南方地区
为 150 – 45 – 135kg/hm^2（10 – 3 – 9kg/亩）。施用有机肥较多，氮
肥可按施氮下限施用，施用有机肥较少时，可按施氮上限施用。
在满足充分灌溉的基础上，可增加化肥施用量。表 2 – 26 至表 2 –
28 是根据 ASI 土壤养分测试结果提出的推荐施肥量，在实际操作
中可以根据实际土壤养分含量来合理施肥。

表 2 – 26　基于土壤有机质水平的马铃薯施氮推荐量（纯 N）

单位：kg/亩

目标产量 （kg/亩）	土壤有机质含量（g/kg）			
	< 10	10 ~ 20	20 ~ 30	> 30
< 1 500	7	6	4	0
1 500 ~ 2 000	9	8	7	4
2 000 ~ 3 000	13	12	10	8
> 3 000	16	14	12	9

表 2 – 27　基于土壤速效磷分级的马铃薯施磷推荐量（P$_2$O$_5$）

单位：kg/亩

目标产量 （kg/亩）	土壤速效磷含量（mg/L）					
	0 ~ 7	7 ~ 12	12 ~ 24	24 ~ 40	40 ~ 60	> 60
< 1 500	6	5	3	0	0	0
1 500 ~ 2 000	8	6	4	2	0	0
2 000 ~ 3 000	10	8	6	4	2	0
> 3 000	12	10	8	6	4	2

表2-28 基于土壤速效钾分级的马铃薯施钾推荐量（K$_2$O）

单位：kg/亩

目标产量	土壤速效钾含量（mg/L）					
（kg/亩）	0~40	40~60	60~80	80~100	100~140	>140
<1 500	10	9	7	5	3	0
1 500~2 000	12	10	8	6	4	2
2 000~3 000	16	14	12	10	8	5
>3 000	20	18	16	14	11	7

表2-29 马铃薯、甘薯配方施肥中氮、磷、钾用量与比例

配方号	养分总用量（kg/亩）	纯养分用量（kg/亩）			比例（N:P:K）
		N	P$_2$O$_5$	K$_2$O	
1	17.0	5.0	4.5	7.5	1:0.9:1.5
2	18.0	5.5	5.0	7.5	1:0.91:1.36
3	18.5	6.0	5.0	7.5	1:0.83:1.25
4	19.5	6.5	5.0	8.0	1:0.77:1.23
5	19.0	7.0	5.0	7.0	1:0.71:1
6	21.0	7.5	5.5	8.0	1:0.73:1.07
7	22.8	7.5	6.9	8.5	1:0.91:1.13
8	20.0	8.0	5.0	7.0	1:0.63:0.88
9	22.0	8.0	5.5	8.5	1:0.69:1.06
10	23.5	9.0	6.0	8.5	1:0.67:0.94
11	23.0	9.0	5.0	9.0	1:0.56:1
12	25.0	10.0	5.0	10.0	1:0.5:1
13	26.0	10.0	6.0	10.0	1:0.6:1

马铃薯施肥时，磷、钾肥做基肥施入，氮肥在开花前分1~2次追肥施用。增施磷、钾肥是马铃薯获得高产的保证，可选用配方表中的磷、钾比例高的配方方案（表2-29）。

（二）马铃薯的配方施肥技术

马铃薯的施肥，一般以"有机肥为主，化肥为辅，重施基肥，早施追肥"为原则。

1. 种肥

在播种薯块时施用，用过磷酸钙或配施少量氮肥作种肥。但要注意，氮、磷肥不能直接接触种薯。许多地区有用种薯蘸草木灰播种的习惯，草木灰除起防病作用外，兼起种肥作用。

2. 基肥

以有机肥为主，一般用量为 1 500 ~ 3 000 kg/亩。施用方法依有机肥的用量及质量而定，量少（1 000 kg/亩）质优的有机肥可顺播种沟条施或穴施在种薯块上，然后覆土。粗肥量多时应撒施，随即耕翻入土。磷、钾化肥也应做基肥施用。

3. 追肥

马铃薯大多是用氮素化肥，其用量因土壤肥力、前茬作物、灌溉、密度及磷肥施用水平而有所不同。在不施有机肥条件下旱作时，氮肥做追肥效果较差，以做基肥为宜，施氮量一般为 4 kg/亩。如果现蕾期能浇一次水，则提高到 6 kg/亩，浇水前开穴深施。对甜菜、高粱之后种植的马铃薯应适当增加氮肥用量到 7 kg/亩；密度增大或配施磷肥时，氮肥用量应增加到 9 kg/亩。总之，马铃薯的氮肥用量是根据条件施用 4 ~ 9 kg/亩纯氮，在马铃薯开花之前施下。开花后一般不再追施氮肥。在后期，为了预防早衰，可根据植株生长情况喷施 0.5% 尿素溶液和 0.2% 磷酸二氢钾溶液做根外追肥。

三、马铃薯的配方施肥案例

（一）贵州铜仁市万山区茶店镇马铃薯配方施肥

1. 种植地概况

试验田土壤类型为小黄泥土，肥力中等，有机质 25.3 g/kg，全氮 1.66g/kg，碱解氮 128mg/kg，有效磷 7.7mg/kg，速效钾 220mg/kg，pH 值 6.1，前茬作物为花生。

2. 品种与肥料

选择当地重点推广品种脱毒米拉，尿素（含 N 46%），过磷酸钙（含 P_2O_5 12%），硫酸钾（含 K_2O 50%），复合肥（10-8-7）。

3. 施肥方案（表 2-30）

表 2-30　马铃薯配方施肥方案

处理	单位面积总用量（kg/亩）			基肥（kg/亩）	追肥（NPK）（kg/亩）	
	纯 N	P_2O_5	K_2O		齐苗后	苗后 25 天
空白	0	0	0	0	0	0
常规	14.4	7.5	7.5	（10-8-7）复合肥 46.7	复合肥 33.3	
配方	12.0	8.0	18.0	N：7.2，P_2O_5：6.4，K_2O：10.8	3.6，1.6，5.4	1.2，0，1.8

4. 产量和经济效益分析（表 2-31）

表 2-31　马铃薯配方施肥产量和经济效益

处理	产量（kg/亩）	产值（元/亩）	肥料投入（元/亩）	纯收入（元/亩）	比空白增纯收入（元/亩）	产投比
空白	596	596	0	596		
常规	1 577	1 577	160	1 417	821	5.13
配方	2 170	2 170	226	1 944	1 348	5.96

注：马铃薯单价 1.00 元/kg，尿素 2.00 元/kg、过磷酸钙 0.6 元/kg、硫酸钾 4.00 元/kg、复合肥 2.00 元/kg

（二）甘肃省渭源县马铃薯配方施肥

1. 种植地概况

试验田土壤类型为黑土，含有机质 29.4g/kg，碱解氮 125

mg/kg,有效磷 26.9mg/kg,速效钾 166mg/kg,pH 值 8.3。

2. 品种与肥料

选择当地重点推广品种陇薯 3 号,供试氮肥为尿素(含 N 46%),由中国石油兰州化学工业公司生产;磷肥为普通过磷酸钙(含 P_2O_5 12%),由白银虎豹磷肥厂生产;钾肥为硫酸钾(含 K_2O 33%),由白银丰宝农化科技有限公司生产。

3. 施肥方案

按氮肥(N)4.2 元/kg、磷肥(P_2O_5)3.7 元/kg、钾肥(K_2O)6.1 元/kg、马铃薯 0.6 元/kg 计算:

获得最大效益时施 N 126kg/hm^2(8.4kg/亩)、P_2O_5 59.85kg/hm^2(4kg/亩)、K_2O 125.4kg/hm^2(8.4kg/亩),此时产量为 50 221.35kg/hm^2(3 348kg/亩),N:P_2O_5:K_2O 为 1:0.47:1;获得最高产量时施 N 132.6kg/hm^2(8.8kg/亩)、P_2O_5 56.55kg/hm^2(3.77kg/亩)、K_2O 140.4kg/hm^2(9.36kg/亩),此时产量可达 50 328.3kg/hm^2(3 355kg/亩)。

第五节　谷子配方施肥技术

谷子是起源于我国的古老作物,具有抗旱、耐瘠、生育期短的特点。在 20 世纪 60 年代,我国谷子处于农作物播种面积的首要地位。在 70 年代后谷子播种面积逐渐减少。现在在旱情不断发展、水资源短缺、全球饥饿问题严重的现实背景下,谷子的生产和消费逐渐有了新的发展。同时,谷子含有丰富的蛋白质、叶酸、维生素 E、类胡萝卜素及硒,作为营养均衡和环境友好型的作物,谷子又受到广泛重视。

一、谷子的需肥规律

谷子在不同生育期对氮、磷、钾吸收量不同,在拔节期至抽穗期，谷子对氮素吸收率最大，为全生育期的 60% ~ 80%。其次是开花至灌浆期。出苗到拔节，吸收的氮占整个生育期需氮量的 4% ~ 6%；拔节到抽穗期，吸收的氮占整个生育期需氮量的 45% ~ 50%；籽粒灌浆期，吸收的氮占整个生育期需氮量的 30%。幼苗期吸钾量较少，拔节到抽穗前是吸钾高峰，抽穗前吸钾占整个生育期吸钾量的 50.7%，抽穗后又逐渐减少。

低产谷子和高产谷子在抽穗前吸氮量分别占总吸收量的 76.5% 和 63.5%，低产田在生育前期吸氮量较大，在孕穗期吸磷强度较大；中高产田在生育后期对磷吸收量较大。谷子对钾的吸收最大积累强度在拔节期至抽穗期最大，约占生育期吸收总量的 50.7%。

每生产 100kg 谷子，一般需吸收氮（N）2.70 ~ 3.10kg、磷（P_2O_5）1.15 ~ 1.35kg、钾（K_2O）3.40 ~ 3.70kg，$N : P_2O_5 : K_2O$ 的比例为 1 :（0.55 ~ 0.65）:（0.30 ~ 0.40）为宜。

二、谷子的配方施肥技术

（一）谷子的施肥用量

谷子具有耐寒、耐瘠的特点，对肥料较为敏感，因此，施肥对谷子增产效果明显（表 2 - 32，表 2 - 33）。夏谷需求的养分低于春谷。

表 2 - 32　基于土壤有机质水平的春谷施氮推荐量（纯 N）

单位：kg/亩

目标产量	土壤有机质含量（g/kg）			
（kg/亩）	<10	10 ~ 15	15 ~ 20	>20
200	7	5	4	0
300	9	7	6	3
400	14	12	7	4

表 2 – 33　基于土壤速效磷分级的春谷施磷推荐量（P$_2$O$_5$）

单位：kg/亩

目标产量 （kg/亩）	土壤速效磷含量（mg/L）				
	0 ~ 5	5 ~ 10	10 ~ 20	20 ~ 40	>40
200	90	60	30	0	0
300	110	80	50	0	0
400	120	90	60	30	0

　　谷子一般情况下产量相对较低，在配方方案中氮磷比例较为接近（表 2 – 34）。

表 2 – 34　谷子配方施肥中氮、磷、钾用量与比例

配方号	养分总用量 （kg/亩）	纯养分用量（kg/亩）			比例 （N：P：K）
		N	P$_2$O$_5$	K$_2$O	
1	10.0	5.0	5.0	0.0	1：1：0
2	12.0	5.0	7.0	0.0	1：1.4：0
3	12.0	6.0	6.0	0.0	1：1：0
4	12.0	8.0	4.0	0.0	1：0.5：0
5	14.0	8.0	6.0	0.0	1：0.75：0
6	11.5	8.0	3.5	0.0	1：0.44：0
7	15.0	8.0	7.0	0.0	1：0.88：0
8	14.0	7.0	7.0	0.0	1：1：0
9	16.0	9.0	7.0	0.0	1：0.78：0
10	16.0	10.0	6.0	0.0	1：0.6：0
11	13.5	6.5	7.0	0.0	1：1.08：0
12	11.0	7.0	4.0	0.0	1：0.57：0
13	12.0	7.0	5.0	0.0	1：0.71：0
14	13.0	7.0	6.0	0.0	1：0.86：0

（二）谷子的配方施肥技术

谷子的施肥包括基肥、种肥和追肥。

1. 种肥

氮肥作种肥施用时用量不宜过多，每亩硫酸铵 2.5kg 或尿素 0.75～1.0kg。如农家肥和磷肥做种肥，增产效果也好。

2. 基肥

谷子多在旱地种植，施用有机肥做基肥，应在耕地时一次施入。一般有机肥用量 1 000～2 000kg/亩，过磷酸钙 40～50kg。

3. 追肥

追肥增产作用最大的时期是抽穗前 15～20 天的孕穗期，一般施纯氮 5kg/亩为宜。氮肥较多时，分别在拔节期追施"坐胎肥"，孕穗期追施"攻粒肥"。在谷子生育后期，叶面喷施磷酸二氢钾和微肥，可促进开花结实和籽粒灌浆。

三、谷子的配方施肥案例

以甘肃省会宁县谷子配方施肥为例，介绍如下。

1. 种植地概况

试验田土壤类型为黑垆土，肥力中等，地力均匀，含有机质 26.85g/kg，碱解氮 84.5mg/kg，有效磷 37.6mg/kg，速效钾 277.9 mg/kg，前茬作物为小麦。

2. 品种与肥料

选择当地地方品种良谷，供试氮肥为尿素（含 N 46%），由中国石油兰州化学工业公司生产；磷肥为普通过磷酸钙（含 P_2O_5 12%），由白银虎豹磷肥厂生产；钾肥为硫酸钾（含 K_2O 33%），由白银丰宝农化科技有限公司生产。

3. 施肥方案及经济效益

按氮肥（N）4.62 元/kg、磷肥（P_2O_5）6.5 元/kg、钾肥（K_2O）6.1 元/kg、谷子 2.00 元/kg 计算。

获得最大效益时施 N 24.9kg/hm^2（1.66kg/亩）、P$_2$O$_5$ 42.8 kg/hm^2（2.85kg/亩）、K$_2$O 62.3kg/hm^2（4.15kg/亩），此时产量为 6 271.2kg/hm^2（418kg/亩），N：P$_2$O$_5$：K$_2$O 为 1：1.72：2.5；获得最高产量时施 N 30.8kg/hm^2（2.05kg/亩）、P$_2$O$_5$ 44.1kg/hm^2（2.94kg/亩）、K$_2$O 67kg/hm^2（4.47kg/亩），此时产量可达 6 287.6 kg/hm^2（419kg/亩）。

第六节　荞麦配方施肥技术

荞麦作为一种传统作物在全世界广泛种植，但在粮食作物中的比重很小。中国的荞麦种植面积和产量均居世界第二位，过去主要作为救灾补种、高寒作物对待，耕作粗放，产量低，产销脱节，商品率很低，加之农业生产的发展和高产作物的推广，播种面积逐年减少。近年来，农业、医学及食品营养学等方面的研究表明，荞麦特别是苦荞麦，其营养价值居所有粮食作物之首，籽粒蛋白质、脂肪、维生素、微量元素普遍高于大米、小麦和玉米。不仅营养成分丰富、营养价值高，而且含有其他粮食作物所缺乏和不具有的特种微量元素及药用成分，其籽粒、茎叶含有丰富的生物类黄酮芦丁、槲皮素等，具有扩张冠状血管和降低血管脆性、止咳平喘祛痰等防病、治病作用。对现代"文明病"及几乎所有中老年心脑血管疾病有预防和治疗功能，因而受到各国的重视。在现代农业中，荞麦作为特种医用作物，对于发展中西部地方特色农业和帮助贫困地区农民脱贫致富有着特殊的作用，在区域经济发展中占有重要地位。

一、荞麦的需肥规律

荞麦对养分的要求，一般以吸收磷、钾较多。施用磷、钾肥对提高荞麦产量有显著效果；氮肥过多，营养生长旺盛，"头重脚轻"，后期容易引起倒伏。荞麦对土壤的要求不太严格，只要气候适宜，任何土壤，包括不适于其他禾谷类作物生长的瘠薄、带酸性或新垦地都可以种植，但以排水良好的砂质土壤为最适合。酸性较重的和碱性较重的土壤改良后可以种植。

据研究，每生产100kg荞麦籽粒，需要从土壤中吸收纯氮4.01~4.06kg，磷1.66~2.22kg，钾5.21~8.18kg，吸收比例为1∶（0.41~0.45）∶（1.3~2.02）。

二、荞麦的配方施肥技术

（一）荞麦的施肥量

荞麦是一种需肥较多的作物。要获得高产，必须供给充足的肥料。其吸收氮、磷、钾的比例和数量与土壤质地、栽培条件、气候特点及收获时间有关。对于干旱瘠薄地和高寒山地，增施肥料，特别是增施氮、磷肥，它们是荞麦丰产的基础。荞麦施肥应掌握"基肥为主，种肥为辅，追肥进补""有机肥为主，无机肥为辅""氮、磷配合"的原则。

（二）荞麦的配方施肥技术

合理的施肥是荞麦丰收的保障。施肥的基本原则是基肥为主、种肥为辅、追肥为补，有机肥为主、无机肥为辅。施用量应根据地力基础、产量指标、肥料质量、种植密度、品种和当地气候特点科学掌握。

1. 基肥

基肥是荞麦的主要肥料，一般应占总施肥量的50%~60%。充足的优质基肥，是荞麦高产的基础。基肥一般以有机肥为主，也可配合施用基肥无机肥。一般每亩施充分腐熟的农家肥2 000~3 000kg。通常是每亩800~1 000kg农家肥配合过磷酸钙40~50kg、尿素10~15kg、硫酸钾20~30kg作为基肥，在播前整地深耕时一次施入。荞麦田基肥施用有秋施、早春施和播前施。秋施在前作收获后，结合秋深耕施基肥，它可以促进肥料熟化分解，能蓄水，培肥，高产，效果最好。

2. 种肥

栽培荞麦以每亩施30kg磷肥做种肥定为荞麦高产的主要技术指标。常用作种肥的无机肥料有过磷酸钙、钙镁磷肥、磷酸二铵、硝酸铵和尿素等。过磷酸钙、钙镁磷肥或磷酸二铵做种肥，每亩用量3.3~5.3kg，一般可与荞麦种子搅拌混合使用；硝酸铵和尿素做种肥时一般不能与种子直接接触，避免"烧苗"现象发生，所以要远离种子5~10cm，用量1.3~2kg。

3. 追肥

地力差，基肥和种肥不足的，出苗后20~25天，封垄前必须追肥；苗情长势健壮的可不追或少追；弱苗应早追苗肥。追肥一般宜用尿素等速效氮肥，用量不宜过多，每亩以5~8kg为宜。无灌溉条件的地方追肥要选择在阴雨天气进行。此外，在有条件的地方，用硼、锰、锌、钼、铜等微量元素肥料作根外追肥，也有增产效果。"促蕾肥"一般看苗每亩追施尿素3~6kg。开花期是荞麦需要养分最多的时期，对生长较一般的应注意及时供给尿素等速效氮肥，以提高健花率和结实率。"促花肥"一般看苗每亩可追施尿素3~6kg。施肥最好选择阴天或早晚进行。另外，对中后期肥力不足或表现脱肥的，可配合施用1~2次叶面喷肥，一般每亩可用0.2%的磷酸二氢钾溶液50kg均匀喷遍茎叶。

三、荞麦的配方施肥案例

以甘肃省定西县荞麦配方施肥为例，介绍如下。

1. 种植地概况

试验田土壤类型为黄绵土，质地为中壤，肥力均匀，含有机质13.1g/kg，碱解氮15.4mg/kg，有效磷21.3mg/kg，速效钾202mg/kg，pH值为8.1，前茬作物马铃薯。

2. 品种与肥料

选择当地地方品种定甜荞 1 号，供试氮肥为尿素（含 N 46%），磷肥为普通过磷酸钙（含 $P_2O_5$16%），钾肥为硫酸钾（含 K_2O 50%）。

3. 施肥方案

按氮肥（N）2.00 元/kg、磷肥（P_2O_5）0.8 元/kg、钾肥（K_2O）6.1 元/kg、荞麦 2.40 元/kg 计算：

产量高于 3 000 kg/hm² 的施肥方案：施氮量 152.5 ～ 180.8 kg/hm²（10.2 ～ 12.1kg/亩），施磷量 139.1 ～ 172.0kg/hm²（9.27 ～ 11.5kg/亩），施钾量 91.6 ～ 133.4kg/hm²（6.1 ～ 8.9 kg/亩）；纯收益大于 2 250 元/hm² 的施肥方案：施氮量 156.5 ～ 191.5kg/hm²（10.4 ～ 12.7kg/亩），施磷量 76.3 ～ 148.7kg/hm²（5.1 ～ 9.9kg/亩），施钾量 2.9 ～ 20.2kg/hm²（0.2 ～ 1.3kg/亩）。

第七节　高粱配方施肥技术

高粱是世界上的一种重要粮食作物，随着人们生活水平提高和对健康的追求，对粗粮的需求越来越高，高粱除了作为粗粮，在酿酒和饲料上也具有广泛的用途。我国高粱的分布主要有 4 个栽培区，以黄河中下游地区和东北地区最为集中。现如今全国种植面积约为 9.0×10^5hm²，总产量占全世界的 6.7%；单产平均为 267kg/亩，我国高粱平均单产比发达国家低 20.1% ～ 37.3%，具有较大的增产潜力。

一、高粱的需肥规律

高粱在各生育阶段需肥量不同，从出苗到拔节，吸收的氮占总生育期需氮量的 12.4%、磷占总生育期需磷量的 6.5%、钾占总生育期需钾量的 7.5%；拔节到开花期，吸收的氮占 62.5%、磷占 2.9%、钾占 65.4%；开花到成熟期，吸收的氮占 25.1%、磷占 40.6%、钾占 27.1%。

据研究，每生产 100kg 高粱需吸收氮（N）2～4kg、磷（P_2O_5）1.5～2kg、钾（K_2O）3～4kg，N：P_2O_5：K_2O 为 1：0.5：1.2。

二、高粱的配方施肥技术

（一）高粱的施肥用量

高粱植株高大，根系发达，吸肥力强。一般高粱产量为 6 000～7 500kg/hm² （400～500kg/亩），需要施用 450kg 复合肥、375kg 尿素、3 000～4 000 kg 有机肥；高粱产量 7 500～9 000kg/hm²（4 500～600kg/亩），需要施用 600kg 复合肥、450kg 尿素、4 000～5 000kg 有机肥。

表 2－35　高粱配方施肥中氮、磷、钾用量与比例

配方号	养分总用量（kg/亩）	纯养分用量（kg/亩）			比例（N：P：K）
		N	P_2O_5	K_2O	
1	10.0	5.0	5.0	0.0	1：1：0
2	12.0	5.0	7.0	0.0	1：1.4：0
3	12.0	6.0	6.0	0.0	1：1：0
4	12.0	8.0	4.0	0.0	1：0.5：0
5	14.0	8.0	6.0	0.0	1：0.75：0
6	11.5	8.0	3.5	0.0	1：0.44：0
7	15.0	8.0	7.0	0.0	1：0.88：0
8	14.0	7.0	7.0	0.0	1：1：0
9	16.0	9.0	7.0	0.0	1：0.78：0
10	16.0	10.0	6.0	0.0	1：0.6：0
11	13.5	6.5	7.0	0.0	1：1.08：0

（续表）

配方号	养分总用量（kg/亩）	纯养分用量（kg/亩）			比例（N：P：K）
		N	P₂O₅	K₂O	
12	11.0	7.0	4.0	0.0	1：0.57：0
13	12.0	7.0	5.0	0.0	1：0.71：0
14	13.0	7.0	6.0	0.0	1：0.86：0

高粱施肥适当提高磷肥比例，可按以上配方方案（表 2 - 35）选择。

（二）高粱的配方施肥技术

高粱对土壤适应性广，吸肥力强，在有机质丰富、肥力较高的砂质壤土上种植，较易获高产。施肥以重施底肥（约占全部用肥量的 70%）、早施追肥（约占全部用肥量的 20%）、拔节前施完所有肥料。

1. 种肥

播种时亩施有机肥 1 500kg 或少量氮素化肥做种肥，有利全苗壮苗，提高产量。每公顷一般施用尿素 18～38kg。

2. 基肥

基肥的施用量一般为 2 000～2 500kg/亩有机肥，肥力低的缺磷地块，应配合施入过磷酸钙 20～33kg，钾肥 10～20kg 等做基肥。基肥施用有撒施和条施两种方法，撒施多在播前结合耕耙田地，撒施基肥。条施则在播种前后起垄开沟施用。撒施基肥后要深耕整地，蓄水保墒。

3. 追肥

追肥时期主要是拔节期和孕穗期，一般以拔节期追肥效果更好。追肥量一般 5～10kg/亩尿素。如生育期长，需肥量大或后期易脱肥的地块，可分 2 次施用，应掌握"前重后轻"的原则，即拔节肥占追肥量的 2/3，剩下的 1/3 在孕穗期追施，可采取根外追肥。

三、高粱的配方施肥案例

以甘肃省武威市凉州区高粱配方施肥为例，介绍如下。

1. 种植地概况

试验田土壤类型为黄绵土，质地为中壤，肥力均匀，含有机质 13.1g/kg，碱解氮 154mg/kg，有效磷 21.3mg/kg，速效钾 202mg/kg，pH 值为 8.1，前茬作物马铃薯。

2. 品种与肥料

选择当地地方品种饲用型甜高粱 BJ0603，供试氮肥为尿素（含 N 46.4%），甘肃刘化（集团）有限责任公司生产；普通过磷酸钙（含 P_2O_5 16%），云南金星化工有限公司生产；硫酸钾（含 K_2O 33%），山西钾肥有限责任公司生产。供试地膜幅宽 140cm、厚 0.008mm。

3. 施肥方案

按氮肥（N）4.9 元/kg、磷肥（P_2O_5）7.5 元/kg、钾肥（K_2O）8 元/kg、高粱 0.26 元/kg 计算如下。

最高产量为 132.96t/hm² (8.86t/亩) 的最佳施肥量施肥方案：施氮量 562.5kg/hm²（37.5kg/亩），施磷量 150kg/hm²（10kg/亩），施钾量 120kg/hm²（8kg/亩）；最高产量为 133.48 t/hm²（9.0t/亩）的最大施肥量施肥方案：施氮量 613.2kg/hm²（40.9kg/亩），施磷量 153.9kg/hm²（10.3kg/亩），施钾量 133.8kg/hm²（8.9kg/亩）。

第三章 主要经济作物测土配方施肥技术

第一节 棉花配方施肥技术

一、棉花的需肥规律

棉花整个生育期的需肥总趋势呈现"少—多—少"的动态变化规律，不同生育期吸收养分的数量不同。苗期吸收 N、P、K 的数量分别占全期总量的 5%、3%、3% 左右；从现蕾到初花期分别为 11%、7%、9%；从初花期到盛花期达到高峰分别是 56%、24%、36%；从盛花到始絮分别是 23%、52%、42%；吐絮后显著下降，分别为 5%、14%、10%。棉花吸肥高峰期在花铃期，氮肥吸收高峰在前（始花期至盛花期），磷、钾肥吸收高峰在后（盛花期至吐絮期），这有利于磷、钾营养应用于多结铃，促早熟上。

据研究，每生产 50kg 皮棉，棉花约从土壤中吸收氮 13.35kg、磷 4.65kg、钾 13.35kg，氮、磷、钾比例为 1：0.3：1；每亩产 100kg 籽棉从土壤中吸收氮 5kg、磷 1.8kg、钾 4.6kg。

二、棉花的配方施肥技术

（一）棉花需肥量

棉花的施肥量需要根据棉花品种、土壤肥力、肥料性质、栽培条件和气候条件等综合考虑。由于土壤肥力和产量目标不同，施肥量一般不同。对每亩产皮棉 75～100kg 高肥力棉田，土壤有机质含量大于 1.35%，速效氮含量大于 75mg/kg，速效磷含量大于 25mg/kg，速效钾含量大于 100mg/kg。在施用足量有机肥的基础上，每亩施纯氮 12～14kg（折合尿素 26～30kg）。P_2O_5 10～12kg（折合二铵 20～25kg），氯化钾 10～15kg。硼砂 0.5～1kg。对亩产皮棉 50～75kg 的中低肥力棉田，土壤有机质含量 1.1%～1.35%，速效氮含量 50～75mg/kg，速效磷含量小于 15～25 mg/kg，速效钾含量 70～100mg/kg。在施用足量有机肥的基础上，每亩施纯氮 10～12kg（折合尿素 22～26kg），P_2O_5 8～10kg（折合二铵 18～22kg），氯化钾 10～15kg，硼砂 0.5～1kg。

表 3－1　棉花配方施肥中氮、磷、钾用量与比例

配方号	养分总用量 （kg/亩）	纯养分用量（kg/亩）			比例 （N：P：K）
		N	P_2O_5	K_2O	
1	16.0	10.0	6.0	0.0	1：0.6：0
2	16.9	10.1	6.8	0.0	1：0.67：0
3	17.4	10.4	7.0	0.0	1：0.67：0
4	17.0	11.0	6.0	0.0	1：0.55：0
5	18.0	11.0	7.0	0.0	1：0.64：0
6	18.5	11.5	7.0	0.0	1：0.61：0
7	17.0	12.0	5.0	0.0	1：0.42：0
8	18.0	12.0	6.0	0.0	1：0.5：0
9	19.0	12.0	7.0	0.0	1：0.58：0
10	19.0	12.5	6.5	0.0	1：0.52：0
11	20.0	12.5	7.5	0.0	1：0.6：0
12	25.5	8.5	7.0	10.0	1：0.82：1.18
13	21.0	9.5	6.5	5.0	1：0.68：0.53

（续表）

配方号	养分总用量 （kg/亩）	纯养分用量（kg/亩）			比例 （N：P：K）
		N	P₂O₅	K₂O	
14	23.0	10.5	5.5	7.0	1：0.52：0.67
15	26.0	11.5	6.5	8.0	1：0.57：0.7
16	27.0	11.5	7.0	8.5	1：0.61：0.74
17	28.5	11.5	8.0	9.0	1：0.7：0.78
18	26.0	12.0	7.0	7.0	1：0.58：0.58
19	29.0	12.0	8.0	9.0	1：0.67：0.75
20	26.0	12.0	6.5	7.5	1：0.54：0.63
21	19.6	8.7	3.2	7.7	1：0.36：0.88
22	28.2	10.8	6.6	10.5	1：0.64：0.97
23	24.7	10.7	3.3	10.7	1：0.31：1
24	31.0	13.4	4.6	13.0	1：0.34：0.9
25	37.1	15.9	5.3	15.9	1：0.33：1
26	16.5	8.5	8.0	0.0	1：0.94：0
27	18.3	9.3	9.0	0.0	1：0.95：0
28	19.5	9.5	10.0	0.0	1：1.05：0
29	22.0	10.0	12.0	0.0	1：1.2：0
30	25.0	11.0	14.0	0.0	1：1.27：0
31	22.5	12.5	10.0	0.0	1：0.8：0
32	24.0	13.0	11.0	0.0	1：0.85：0
33	26.0	14.0	12.0	0.0	1：0.86：0
34	36.0	15.0	6.0	15.0	1：0.4：1
35	28.0	13.0	7.0	8.0	1：0.54：0.62
36	28.5	13.0	6.5	9.0	1：0.5：0.69
37	28.0	13.0	5.0	10.0	1：0.38：0.77

（续表）

配方号	养分总用量（kg/亩）	纯养分用量（kg/亩）			比例（N：P：K）
		N	P_2O_5	K_2O	
38	30.5	13.5	7.0	10.0	1：0.52：0.74
39	29.5	14.0	6.5	9.0	1：0.46：0.64
40	30.0	14.0	7.0	9.0	1：0.5：0.64
41	30.5	14.0	6.5	10.0	1：0.46：0.71
42	32.0	15.0	7.0	10.0	1：0.47：0.67
43	30.0	15.0	6.0	9.0	1：0.4：0.6
44	31.5	15.0	6.5	10.0	1：0.43：0.67
45	31.0	14.0	5.0	15.0	1：0.36：1.07

棉花配方（表3-1）中，有低氮高磷，低氮高磷、钾和高氮低磷、钾3种不同的方案。配方1~33适合北方棉区选用，配方34~45适合南方棉区选用，也适用于高产棉区（每亩产皮棉100kg以上）。

（二）棉花的配方施肥技术

棉花的施肥原则是以基肥为主、追肥为辅，有机肥料为主、化学肥料为辅。传统施肥技术是在施足基肥的基础上，根据棉花不同生育时期的需肥特点，按照"轻施苗肥、稳施蕾肥、重施花铃肥、补施盖顶肥"的原则，简化施肥技术则省去苗肥、蕾肥和盖顶肥，施肥措施为"施足底肥，重施花铃肥"。

1. 基肥

基肥应以有机肥为主，一般每亩施优质农家肥4 000kg左右、饼肥50kg左右、磷肥50~70kg、碳铵30kg、氯化钾15~20kg，锌、硼各1kg可与有机肥掺匀撒施，也可施52%棉花专用配方肥20kg。

2. 追肥

（1）苗肥　棉苗移栽缓苗后，视底肥情况，追施一定量的化肥对促进壮苗早发有一定好处。苗期一般以氮肥为主，每亩追施尿素 2.5kg、饼肥 25kg 左右。

（2）蕾肥　棉花现蕾后对养分的要求开始增加，蕾期吸收氮、磷、钾分别占整个生育期的 11%、7%、9%，蕾期应追施一定数量的以尿基复合肥为主的三元复合肥，可满足棉株发棵的需要，但要防止肥多而引起徒长，故应掌握稳施、巧施。一般可在棉花现蕾初期每亩追施氮、磷、钾各含 15% 的三元复合肥 20～25kg。据试验，壮苗少施蕾肥比多施蕾肥增产 6.4%，弱苗多施蕾肥比少施增产 8.4%，旺苗施蕾肥比不施减产 10%，这说明蕾肥施与不施、施多施少非常关键。

（3）重施花铃期　花铃肥是棉花需要养分最多的时期，重施花铃肥对争取"三桃"有显著作用。追肥数量应占全生育期追肥总量的一半或更多一些。一般在棉花单株已结 1～2 个棉铃时，每亩追施 52% 棉花专用肥 25～30kg、尿素 10～15kg。施肥与棉株根部的距离以棉花果枝的长度而定，一般在离棉株主茎 40cm 远的地方开沟深施并盖土。对地力肥、长势旺的棉田要适当晚施。对地力差、基肥少、长势弱的棉田要适当早施，但此期以 80% 以上棉株开花、并有 1～2 个幼铃时追施为宜。

（4）补施盖顶肥　施盖顶肥主要防止棉花后期缺肥而早衰，争取多结秋桃和增加铃重。此时补施肥料一般不采取根部追肥，多采用根外追肥。对缺氮棉田每亩可喷施 1%～1.5% 尿素溶液 50～75kg，5～7 天 1 次，连喷 2～3 次。

（三）我国不同棉区施肥指导

1. 黄淮海棉区

在每亩产皮棉 70～90kg 的条件下，施优质有机肥 2 000kg，氮肥（N）11～13kg，磷肥（P_2O_5）5～7kg，钾肥（K_2O）5～

7kg。对于硼、锌缺乏的棉田，注意补施硼、锌肥，硼、锌肥用量每亩用量 1 ~ 2kg，叶片喷施则浓度为 2g/L，在现蕾—开花期进行。氮肥 25% ~ 30% 用做基肥，25% ~ 30% 用在初花期，25% ~ 30% 用在盛花期，10% ~ 25% 用作盖顶肥；15% 磷肥做种肥，85% 磷肥做基肥；钾肥全部用做基肥或基追（初花期）各半。从盛花期开始，对长势弱的棉田，结合施药混喷 0.5% ~ 1.0% 尿素和 0.3% ~ 0.5% 磷酸二氢钾溶液 50 ~ 75kg/亩，每隔 7 ~ 10 天喷 1 次，连续喷施 2 ~ 3 次。

2. 长江中下游棉区

在每亩产皮棉 90 ~ 110kg 的条件下，施用优质有机肥 2 000kg，氮肥（N）13 ~ 16kg，磷肥（P_2O_5）6 ~ 7kg，钾肥（K_2O）10 ~ 12kg。对于硼、锌缺乏的棉田，注意补施硼砂 1.0 ~ 2.0 kg/亩和硫酸锌 1.5 ~ 2.0kg/亩。氮肥 25% ~ 30% 做基施，25% ~ 30% 用作初花期追肥，25% ~ 30% 用作盛花期追肥，15% ~ 20% 用作铃期追肥；磷肥全部作为基肥；钾肥 60% 用作基施，40% 用作初花期追肥。从盛花期开始对长势较弱的棉田，喷施 0.5% ~ 1.0% 尿素和 0.3% ~ 0.5% 磷酸二氢钾溶液 50 ~ 75kg/亩，每隔 7 ~ 10 天喷 1 次，连续喷施 2 ~ 3 次。高肥力棉田和低产田适当调低施肥量 20% 左右。

3. 西北地区棉区

（1）膜下滴灌棉田　在每亩产 120 ~ 150kg 皮棉的条件下，施用棉籽饼 50 ~ 75kg，氮肥（N）20 ~ 22kg，磷肥（P_2O_5）8 ~ 10kg，钾肥（K_2O）5 ~ 6kg。每亩产皮棉在 150 ~ 180kg 的条件下，每亩施用棉籽饼 75 ~ 100kg，氮肥（N）22 ~ 24kg，磷肥（P_2O_5）10 ~ 12kg，钾肥（K_2O）6 ~ 8kg。对于硼、锌缺乏的棉田，补施水溶性好的硼肥 1.0 ~ 2.0kg/亩，硫酸锌 1.5 ~ 2.0kg/亩。硼肥适宜叶面喷施，锌肥可以做基肥施用。氮肥基肥占总量 25% 左右，追肥占 75% 左右（现蕾期 15%，开花期

20%，花铃期30%，棉铃膨大期10%）；磷肥、钾肥基肥占50%左右，其他做追肥。全生育期追肥8次左右，前期氮多磷少，中后期磷多氮少，结合滴灌系统实行灌溉施肥。提倡选用全水溶性肥料做追肥，选用磷酸一铵等做追肥需配合1.5倍以上尿素追肥。

（2）常规灌溉（淹灌或沟灌）棉田 在每亩产90～110kg条件下，施用棉籽饼50kg或优质有机肥1 000～1 500kg，氮肥（N）18～20kg，磷肥（P₂O₅）7～8kg，钾肥（K₂O）2～3kg。每亩产皮棉在110～130kg条件下，施用棉籽饼75～100kg或优质有机肥1 500～2 000kg，氮肥（N）20～23kg，磷肥（P₂O₅）8～10kg，钾肥（K₂O）3～6kg。对于硼、锌缺乏的棉田，注意补施硼、锌肥。

地面灌棉田：45%～50%的氮肥用作基施，50%～55%做追肥施用（30%的氮肥用在初花期，20%～25%的氮肥用在盛花期）；50%～60%的磷、钾肥用做基肥，40%～50%的磷、钾肥用做追肥。

三、棉花的配方施肥案例

（一）甘肃省敦煌市棉花配方施肥

1. 种植地概况

试验田土壤类型为土壤为灌淤土，地势平坦，土壤肥力中等，灌溉方便。含有机质11g/kg，碱解氮126.9mg/kg，有效磷7mg/kg，速效钾126mg/kg，pH值为8.2。

2. 品种与肥料

选择指示棉花品种新陆早33号，供试氮肥为尿素（含N 46%），新疆维吾尔自治区的乌鲁木齐石化有限责任公司生产；普通过磷酸钙（含P₂O₅16%），云南个旧化肥厂生产；硫酸钾（含K₂O 33%），青海中信国安科技发展有限公司生产。

3. 施肥方案

在敦煌绿洲灌溉条件下，N、P、K 肥配施比例适当时能提高棉花产量和纯收益，按氮肥（N）1.875 元/kg、磷肥（P_2O_5）0.9 元/kg、钾肥（K_2O）2.6 元/kg、棉花（籽棉）10.750 元/kg 计算。

以施 N 270.00kg/hm^2（18kg/亩）、K_2O 105.00kg/hm^2（7kg/亩）且不施磷肥的产量和产值最高，分别为 6 790.0kg/hm^2（452.7kg/亩）、72 992.50元/hm^2（4 866元/亩）；

纯收益以施 N 135.00kg/hm^2（9kg/亩）、P_2O_5 135.00kg/hm^2（9kg/亩）、K_2O 52.50kg/hm^2（3.5kg/亩）的最高，为 71 125.25元/hm^2（4 741.7元/亩）。

（二）安徽省固镇县湖沟镇棉花配方施肥

1. 种植地概况

试验田土壤类型为土壤为砂浆黑土，含有机质 8.1g/kg，碱解氮 50mg/kg，有效磷 4mg/kg，速效钾 70mg/kg，pH 值为 6.8，前茬作物为玉米农大 108。

2. 品种与肥料

选择棉花品种 9901，供试氮肥为加拿大尿素（含 N 46%），湖北宜昌普钙（含 P_2O_5 12%），俄罗斯钾肥（含 K_2O 60%）。

3. 配方设计和经济效益

对照区不施肥；习惯性施肥区面积 300m^2，施尿素 250.5kg/hm^2、普钙 390.0kg/hm^2、钾肥 165.0kg/hm^2；配方施肥区面积 200m^2，施尿素 135kg/hm^2、普钙 255kg/hm^2、氯化钾 108 kg/hm^2。不同施肥方案的棉花产量和经济效益如表 3－2 所示。

表 3 – 2　棉花配方施肥产量和经济效益

处理	籽棉产量（kg/亩）	产值（元/亩）	肥料投入（元/亩）	纯收入（元/亩）	增加纯收入（元/亩）	投产比
空白	160	800	0	800		
常规	220	1 100	148	952	152	1：7.43
配方	225	1 125	132.8	992	192	1：8.47

第二节　大豆配方施肥技术

　　大豆是中国重要粮食作物之一，其种子含有丰富植物蛋白质的作物。不仅是重要的食用油和蛋白食品原料，而且是重要的饲料蛋白来源。大豆最常用来做各种豆制品、榨取豆油、酿造酱油和提取蛋白质。豆渣或磨成粗粉常用于禽畜饲料。豆油是我国第一大食用油，约占我国食用植物油消费的 40%；豆粕是重要的饲用蛋白原料，约占国内饲用蛋白原料的 60%。大豆产业链条涉及种植业、加工业、饲料业和养殖业和食品工业等众多领域，是关系国计民生的重要产业。

一、大豆的需肥规律

　　大豆吸收肥料的特点：大豆一生分为 3 个时期，种子萌发到始花之前为前期，始花至终花为中期，终花至成熟为后期。大豆吸氮高峰在开花盛期，吸磷高峰在开花到结荚期，但幼苗期对磷十分敏感，吸收钾的高峰在结荚期。大豆整个生育期对氮肥的吸收是"少、多、少"，而对磷的吸收是"多、少、多"。因此，必须重视花期供氮，而磷肥以做基肥和种肥为好。大豆是喜磷作物，从出苗到初花期，吸收量占总吸收量的 15% 左右；但此时缺磷会使大豆营养器官受到严重抑制，后期无法弥补。开花至结荚期占 65%；结荚至鼓粒期占 20% 左右；鼓粒至成熟对磷吸收很少。大豆对钾的吸收主要在幼苗期至开花结荚期，生长后期植株茎叶的钾则迅速向荚、粒中转移。在幼苗期，大豆吸钾量多于氮、磷量；开花结荚期吸钾速度加快，结荚后期达到顶峰；鼓粒期吸收速度降低。

生产试验表明，每生产 150kg 大豆需氮元素 10kg，五氧化二磷 2kg，氧化钾 4kg。依据大豆养分需求，氮、磷、钾（N－P_2O_5－K_2O）施用比例在高肥力土壤为 1：1.2：（0.3~0.5）；在低肥力土壤可适当增加氮钾用量，氮、磷、钾施用比例为 1：1：（0.3~0.7）。

二、大豆的配方施肥技术

（一）大豆的需肥量

目标产量 130~150kg/亩，氮肥（N）2~3kg/亩、磷肥（P_2O_5）2~3kg/亩、钾肥（K_2O）1~2kg/亩。

目标产量 150~175kg/亩，氮肥（N）3~4kg/亩、磷肥（P_2O_5）3~4kg/亩、钾肥（K_2O）2~3kg/亩。

目标产量大于 175kg/亩，氮肥（N）3~4kg/亩、磷肥（P_2O_5）4~5kg/亩、钾肥（K_2O）2~3kg/亩。在低肥力土壤可适当增加氮钾用量，氮、磷、钾施用量：氮肥（N）4~5kg/亩、磷肥（K_2O）5~6kg/亩、钾肥（K_2O）2~3kg/亩。

高产区或土壤钼、硼缺乏区域，应补施硼肥和钼肥；在缺乏症状较轻地区，可采取微肥拌种的方式，提倡施用大豆根瘤菌剂。

表 3-3 中配方 1~18 适于大豆、花生选用。配方中有 2 种配比，一种是氮、磷，另一种是氮、磷、钾。其配方中磷、钾比例都高，是根据大豆、花生对磷、钾的需要而制订的。

表 3-3 大豆配方施肥中氮、磷、钾用量与比例

配方号	养分总用量（kg/亩）	纯养分用量（kg/亩）			比例（N：P：K）
		N	P_2O_5	K_2O	
1	8.0	3.0	5.0	0.0	1：1.67：0
2	8.1	3.6	4.5	0.0	1：1.25：0
3	9.0	4.0	5.0	0.0	1：1.25：0
4	9.5	5.0	4.5	0.0	1：0.9：0
5	10.0	5.0	5.0	0.0	1：1：0
6	10.0	3.0	7.0	0.0	1：2.33：0
7	10.0	4.0	6.0	0.0	1：1.5：0
8	11.0	4.0	7.0	0.0	1：1.75：0
9	11.0	5.0	6.0	0.0	1：1.2：0
10	15.5	4.0	5.0	6.5	1：1.26：1.63
11	16.3	6.8	4.5	5.0	1：0.66：0.74
12	17.0	4.0	5.0	8.0	1：1.25：2
13	17.0	8.0	5.0	4.0	1：0.63：0.5
14	16.5	5.5	4.5	6.5	1：0.82：1.18
15	19.0	7.0	5.0	7.0	1：0.71：1
16	21.8	7.5	6.3	8.0	1：0.84：1.07
17	21.5	5.7	7.3	8.5	1：1.28：1.49
18	21.9	6.8	8.6	6.5	1：1.26：0.96

（二）大豆的配方施肥技术

1. 基肥

大豆氮肥可做基肥、种肥或追肥，磷肥以一次做基肥或种肥施用，钾肥多做基肥施用。在肥力中等或较低的地块，施腐熟有机肥 1 000～1 500kg/亩；肥力较高的地块，每公顷施腐熟有机肥 5 000～10 000kg/亩，与化肥充分混拌后施用。以化肥为基肥

时，以磷肥为主，每亩施磷酸二铵 8 ~ 10kg、硫酸钾 10kg。

2. 种肥

种肥在未施基肥或基肥数量较少条件下施用。一般每亩施过磷酸钙 10 ~ 15kg 和硝酸铵 3 ~ 5kg，或磷酸铵 5kg 左右。施肥深度 8 ~ 10cm，距离种子 6 ~ 8cm 为好。

3. 追肥

可在初花期施少量氮肥，一般肥力的地块，在大豆初花期，每亩追施尿素 3 ~ 5kg 或硫酸铵 6 ~ 10kg。将肥料撒于大豆植株一侧，追肥时应与大豆植株保持距离 10cm 左右。随后结合中耕培土及时将其掩埋。土壤缺磷时在追肥中还应补施磷肥，在土壤肥力水平较高的地块，不要追施氮肥。根外追肥可在盛花期或终花期。多用尿素和钼酸铵。尿素每亩施 1 ~ 2kg，磷酸二氢钾 75 ~ 100g，加水 40 ~ 50kg。肥力较高、种肥充足的地块，如大豆长势繁茂，可不追施氮肥，适当追施磷、钾肥，以促熟、抗倒伏；地力瘠薄、种肥施量少、豆苗细弱的地块，应进行苗期追肥，每公顷施磷酸二铵 120 ~ 150kg。

三、大豆的配方施肥案例

（一）甘肃会宁旱地覆膜穴播大豆配方施肥

1. 种植地概况

试验田土壤类型为黑垆土，肥力中等，地力均匀，含有机质 26.85g/kg，碱解氮 84.5mg/kg，有效磷 37.6mg/kg，速效钾 277.9mg/kg，前茬作物为小麦。

2. 品种与肥料

选择品种为中黄 30 号，供试氮肥为尿素（含 N 46%），由中国石油兰州化学工业公司生产；磷肥为普通过磷酸钙（含 P_2O_5 12%），由白银虎豹磷肥厂生产；钾肥为硫酸钾镁（含 K_2O 21%），由白银丰宝农化科技有限公司生产。

3. 施肥方案

按氮肥（N）4.24 元/kg、磷肥（P_2O_5）4.67 元/kg、钾肥（K_2O）10.74 元/kg、大豆 4.00 元/kg 计算：

全膜大豆最大效益时施 N 4.47kg/亩、P_2O_5 2.52kg/亩、K_2O 1.91kg/亩，此时产量为 1 920kg/hm^2（128kg/亩），相应氮、磷、钾配比 N：P_2O_5：K_2O 为 1：0.56：0.43。

全膜大豆最高产量时施 N 5.12kg/亩、P_2O_5 3.97kg/亩、K_2O 2.81kg/亩，此时产量可达 1 950kg/hm^2（130kg/亩），相应氮、磷、钾配比 N：P_2O_5：K_2O 为 1：0.78：0.55。

如无钾肥投入时施 N 6.31kg/亩、P_2O_5 2.48kg/亩，氮、磷比为 1：0.39 即可获得最大产量；施纯 N 5.28kg/亩、P_2O_5 1.51kg/亩，氮、磷比为 1：0.29 较为经济合理。

（二）辽宁省台安县大豆配方施肥

1. 种植地概况

试验田土壤类型为耕型壤质草甸土，有机质 17.8g/kg，碱解氮 83mg/kg，有效磷 18.2mg/kg，速效钾 101mg/kg。

2. 品种与肥料

选择品种为铁丰 29，氮肥尿素（含 N 46%），磷肥为过磷酸钙（含 P_2O_5 12%），钾肥为氯化钾（含 K_2O 50%），肥料做种肥一次性施入。

3. 施肥方案及经济效益

按尿素 1.7 元/kg、过磷酸钙 1.6 元/kg、硫酸钾 3.4 元/kg、大豆 2.80 元/kg 计算：

最大产量及施肥量：施 N 24.3kg/亩、P_2O_5 7.181kg/亩、K_2O 7.70kg/亩，此时产量为 2 622kg/hm^2（174.8kg/亩）。

最经济产量及施肥量：施 N 8.2kg/亩、P_2O_5 17.34kg/亩、K_2O 9.8kg/亩，此时产量可达 2 580kg/hm^2（172kg/亩）。

第三节 油菜配方施肥技术

油菜是世界食用植物油和植物蛋白的主要来源之一。目前中国油菜总产居世界第一位，常年种植面积和总产量均占世界的1/3。甘蓝型油菜因其抗性好、种子含油量高、适应性强、分布广及增产潜力大等优良特性，在中国油料作物中占有极为重要的地位。

一、油菜的需肥规律

油菜的生长发育要历经以下几个时期：苗期、薹期、花期、结角期和成熟期。在整个生育过程中，吸收养分的比例均有一致的趋势，即氮多于钾、钾多于磷。油菜苗期对氮、磷非常敏感，氮、磷有利于基部叶片和根系的生长。中期以氮、磷、钾并重，促进生殖器官的发育。后期磷肥有利于籽粒充实和油分积累，钾能提高油菜抗逆能力，对提高成熟具有明显作用。保证充足的氮元素供应，可延长有效花芽分化期，达到增加粒数、角果数、粒重的目的；及时供应磷元素，以使油菜抵抗逆境的能力增强，促进油菜提前成熟、提高产量及含油量；增加钾肥的施用量，可以使油菜菌核病的发病几率降低，加快茎秆和分枝的形成。油菜生长的苗后期和薹期，对营养的需求很高，是干物质积累的高峰期，此时应保证各种营养元素的充足、均衡供应。油菜的生育期较长，又是越冬农作物，且往往是水旱轮作的旱作物，土壤中很容易发生磷元素缺乏现象，加上苗期时土壤中的温度还较低，对养分的吸收利用能力不强，因此要增加磷肥的施用量。

生产试验表明，每生产100kg菜籽，油菜需要吸收氮8.8~11.3kg，五氧化二磷3.0~3.9kg，氧化钾8.5~10.1kg。

二、油菜的配方施肥技术

(一) 油菜的施肥量

油菜的施肥量因品种类型、吸肥量、土壤肥力及目标产量等条件而异。按照不同类型品种，每生产 100kg 菜籽需要吸收氮、磷、钾 3 种元素的数量，甘蓝型油菜折算其比例为 1.0：(0.4 ~ 0.5)：(0.9 ~ 1.0)，即要求生产 2 250 ~ 3 000kg/hm² (150 ~ 200kg/亩) 菜籽时，需氮元素 225 ~ 300kg/hm² (15 ~ 20kg/亩)、磷元素 90 ~ 120kg/hm² (6 ~ 8kg/亩)、钾元素 200 ~ 270kg/hm² (13.3 ~ 18kg/亩)。

在选用配方施肥方案时要根据当地土壤中磷、钾素丰缺情况而定，表 3 – 4 配方施肥方案包含低氮、高磷或高钾、高氮低磷。一般施肥除氮肥外，磷、钾肥对油菜产量增加也很重要。因地制宜配施磷肥或钾肥，或者氮、磷、钾肥配合施用能显著提高油菜产量。

表 3 – 4　油菜配方施肥中氮、磷、钾用量与比例

配方号	养分总用量 (kg/亩)	纯养分用量 (kg/亩)			比例 (N : P : K)
		N	P₂O₅	K₂O	
1	20.0	10.0	10.0	0.0	1 : 1 : 0
2	20.0	10.0	0.0	10.0	1 : 0 : 1
3	22.0	11.0	11.0	0.0	1 : 1 : 0
4	22.0	11.0	0.0	11.0	1 : 0 : 1
5	19.0	10.0	9.0	0.0	1 : 0.9 : 0
6	19.0	10.0	0.0	9.0	1 : 0 : 0.9
7	18.0	12.0	6.0	0.0	1 : 0 : 0.9
8	18.0	12.0	0.0	6.0	1 : 0 : 0.5
9	24.0	12.0	12.0	0.0	1 : 1 : 0

（续表）

配方号	养分总用量 （kg/亩）	纯养分用量（kg/亩）			比例 （N：P：K）
		N	P_2O_5	K_2O	
10	24.0	12.0	0.0	12.0	1：0：1
11	23.4	17.0	6.1	0.0	1：0.35：0
12	22.0	16.3	5.7	0.0	1：0.35：0
13	22.3	17.4	4.9	0.0	1：0.28：0
14	24.0	19.0	5.0	0.0	1：0.26：0
15	25.0	19.0	6.0	0.0	1：0.32：0
16	20.0	11.0	5.0	4.0	1：0.45：0.36
17	23.0	11.0	6.0	6.0	1：0.55：0.55
18	18.0	8.5	5.5	4.0	1：0.65：0.47
19	16.5	7.5	6.0	3.0	1：0.8：0.4
20	18.5	8.0	7.0	3.5	1：0.88：0.44

（二）油菜的配方施肥技术

油菜的施肥原则是"施足基苗肥、增施有机肥、控制腊肥、重施薹肥"。基苗肥、腊肥、薹肥的比例以5：2：3为宜。施肥方法上主要是把握施足基肥、早施苗肥、稳施薹肥、增施硼肥等四大环节。

1. 基肥

油菜基肥应以有机肥为主，配合速效肥，增施磷、钾和硼肥。一般基肥施钾量应占总钾量的79%，其余部分做腊肥施用。基肥中氮肥总用量的比例，因条件而异。一般高产田，施肥量高，有机肥多，基肥比重宜大些，可占总施肥量的50%以上；施肥量中等的，基肥比重可占30%～40%；施肥量较少时，基肥比重更小，以提高肥料利用率，达到经济用肥的目的，但要适当增加薹肥比重。不同油菜品种对氮、磷、钾的吸收量也不相同，甘蓝型油菜比白菜型油菜需肥量多。

2. 追肥

苗肥要分次施，一般分为提苗肥（冬前苗肥）、蜡肥、返青肥（冬后返青期）。冬前苗肥的施用量（氮元素），一般占总施肥量的10%～20%，要按照"早、速、多"的原则进行追施。"早"即追肥时间要早，一般在油菜移栽活棵后，或直播油菜五叶期定苗时施用；"速"即追肥施速效肥料，一般用碳铵或腐熟的人粪尿做苗肥追施；"多"即实行少量多次，切忌一次多施。

腊肥是油菜进入越冬期施用的肥料。虽然油菜在越冬期间地上部分生长停止，对养分的吸收量也相对减少，但这时主轴与第一次分枝已相继分化，是第一分化枝数和结角数奠定基础的时间。增施肥料可以增加对土壤的覆盖，促进肥土融合，增强油菜的抗寒能力，减轻冻害。腊肥以有机肥和土杂肥为主，用量占总钾肥的15%～20%，稻田油菜可增施一定量的速效钾（占钾肥总量的30%）。在腊月上中旬（小寒至大寒期间）结合冬天前最后一次中耕培土，先将土杂肥施油菜根部，再进行中耕培土。

薹肥在油菜抽薹前或刚开始抽薹时施用，供薹期吸收利用。薹肥宜早施和稳施，一般薹高7～8cm时施为好，施氮量占总氮量的10%～20%，薹肥要以速效氮肥为主。对缺硼的田块，还要喷施0.2%的硼砂水溶液50kg/亩。在实际施用薹肥时，还要根据地力肥瘦、前期施肥多少、菜苗长相以及天气情况灵活掌握。一般以抽薹封行时施用为宜，薹不能封行的要早施多施；薹顶低于叶尖，呈四面高峰，说明抽薹期长势旺盛，薹肥要适当少施；反之，要适当多施。薹色绿为主生长旺盛，薹色发红的长势弱。红薹占薹长的比例为1/5～1/4时是稳健长相。如红薹过多则缺肥，要适当多施。另外，基肥充足，春季多雨，气温偏高的少施；反之，要早施、多施。花肥在开花前和初花期施用，主要供开花结果期吸收利用。油菜始花至成熟，一般需 50～60 天，花期长。如前期营养不足，往往会引起脱肥、早衰和落花落果。因此，对于前期施肥量偏少、长势差的田块，于开花前补施 2～3kg/亩尿素，或用磷酸二氢钾 0.1kg/亩加尿素 1kg/亩对水 750kg 进行根外喷施，以利增花、增角、增粒和提高粒重；反之，对长势好、无脱肥现象的田块，一般不宜追施花肥，以防后期贪青倒伏、发生病害，导致减产。

三、油菜的配方施肥案例

以贵州省三都县油菜配方施肥为例，介绍如下。

1. 种植地概况

试验田土壤类型为土壤为水稻土的暗红泥田，含有机质 46.58g/kg，碱解氮 204.54mg/kg，有效磷 71.5mg/kg，速效钾 71.5mg/kg，pH 值为 5.25。

2. 品种与肥料

供试品种为当地油菜，供试氮肥为尿素（含 N 46%），磷肥为过磷酸钙（含 P_2O_5 12%）、钙镁磷肥（含 P_2O_5 12%），钾肥为氯化钾（含 K_2O 60%）。

3. 配方设计

配方 1：尿素 21.6kg/亩、过磷酸钙（含 S 12%）59.85 kg/亩、氯化钾 13.2kg/亩，N：P_2O_5：K_2O 为 1：0.7：0.8。

配方 2：尿素 10.95kg/亩、过磷酸钙（含 S 12%）59.85 kg/亩、氯化钾 6.74kg/亩，N：P_2O_5：K_2O 为 1：1.4：0.8。

配方 3：尿素 21.6kg/亩、钙镁磷肥 59.85kg/亩、氯化钾 13.2kg/亩，N：P_2O_5：K_2O 为 1：0.7：0.8。

4. 经济效益（表 3 –5）

表 3 – 5　油菜配方施肥产量和经济效益

处理	产量 （kg/亩）	产值 （元/亩）	肥料投入 （元/亩）	纯收入 （元/亩）	比空白增纯收入 （元/亩）	产投比
空白	50	200	0	200		
配方 1	106.8	427.2	122.44	304.76	104.76	0.86
配方 2	98.5	394	78.02	315.98	115.98	1.49
配方 3	89.7	358.8	122.4	236.4	36.4	0.30

注：N 4.62 元/kg、P_2O_5 4.8 元/kg、K_2O 5.33 元/kg，油菜籽 4.00 元/kg

第四节　花生配方施肥技术

花生，又名"长生果"，富含蛋白和油脂。花生仁可以直接食用、榨油或加工花生食品。花生榨油的副产品花生饼粕蛋白含量较高，是优质的动物饲料。花生属半干旱植物，耐干旱、贫瘠酸性土壤，种植适应性强，世界各地种植广泛，是全世界公认的四大油料作物之一。世界上花生的主产区主要在亚洲。我国是世界上最大的花生生产国，花生单产水平和花生生产总量均居世界第一位，花生种植面积仅次于印度，位居世界第二位。我国也是世界上最大的花生消费国，产量的 90% 用于国内消费。同时，我国还是世界上最大的花生出口国，占世界花生市场贸易总量的 40%。

一、花生的需肥规律

花生的吸肥特性总的来说是中间多，两头少。苗期由于生长缓慢，吸收养分少，氮、磷、钾的吸收量仅占全生育期吸收总量的 5% 左右，但为氮、磷、钾肥的需肥临界期，此时如缺肥就会阻碍壮苗早发和根瘤的形成。早熟花生的开花下针期或晚熟花生的结荚期是氮、磷、钾肥的吸肥高峰期，吸肥量占总量的60%左右。而饱果成熟期吸肥量只占总量的10%左右。花生吸收氮、磷、钾的比例为3：0.4：1。但花生靠根瘤菌供氮可达2/3～4/5，实际上要求施氮水平不高，突出了花生嗜钾、钙的营养特性。另外，花生对镁、硫和钼、硼、锰、铁等也要求迫切，反应敏感。

据研究，每生产100kg花生荚果需要纯氮（N）4.9～6.8kg、磷（P_2O_5）0.9～1.3kg、钾（K_2O）2.1～3.8kg，N：P_2O_5：K_2O 为5：1：3。

二、花生的配方施肥技术

（一）花生的施肥量（表3-6）

表3-6　花生配方施肥中氮、磷、钾用量与比例

配方号	养分总用量（kg/亩）	纯养分用量（kg/亩）			比例（N∶P∶K）
		N	P_2O_5	K_2O	
1	8.0	3.0	5.0	0.0	1∶1.67∶0
2	8.1	3.6	4.5	0.0	1∶1.25∶0
3	9.0	4.0	5.0	0.0	1∶1.25∶0
4	9.5	5.0	4.5	0.0	1∶0.9∶0
5	10.0	5.0	5.0	0.0	1∶1∶0
6	10.0	3.0	7.0	0.0	1∶2.33∶0
7	10.0	4.0	6.0	0.0	1∶1.5∶0
8	11.0	4.0	7.0	0.0	1∶1.75∶0
9	11.0	5.0	6.0	0.0	1∶1.2∶0
10	15.5	4.0	5.0	6.5	1∶1.26∶1.63
11	16.3	6.8	4.5	5.0	1∶0.66∶0.74

（续表）

配方号	养分总用量 （kg/亩）	纯养分用量（kg/亩）			比例 （N：P：K）
		N	P_2O_5	K_2O	
12	17.0	4.0	5.0	8.0	1：1.25：2
13	17.0	8.0	5.0	4.0	1：0.63：0.5
14	16.5	5.5	4.5	6.5	1：0.82：1.18
15	19.0	7.0	5.0	7.0	1：0.71：1
16	21.8	7.5	6.3	8.0	1：0.84：1.07
17	21.5	5.7	7.3	8.5	1：1.28：1.49
18	21.9	6.8	8.6	6.5	1：1.26：0.96

北方地区一般将氮、磷肥做基肥施入。套种花生的氮肥以追肥为主，磷肥结合耕作措施进行穴施或条施，如果是直播花生，可做基肥施用。

（二）花生的配方施肥技术

花生的施肥原则为有机肥料与无机肥料配合施用。氮、磷、钾、微肥合理搭配，施足基肥，适当追肥。

1. 基肥

花生基肥很重要。因花生前期根瘤菌固氮能力弱，中后期果针已入土，肥料很难施入，充足的基肥可满足花生全生育期对养分的供应。花生基肥占总肥料的80%以上，应以有机肥料为主，配合施氮、磷等肥料。具体施法因随施肥种类和数量而异。一般应分散与集中相结合，大部分在播前整地做底肥撒施。留少部分结合播种集中沟施或穴施。一般每亩施用农家肥 1 000 ~ 1 200kg，硫酸铵 5 ~ 10kg，钙镁磷肥 15 ~ 25kg，氯化钾 5 ~ 10kg。基肥宜将化肥和农家肥混合堆闷20天左右后分层施肥，2/3 深施入 30cm 深的土层，1/3 施入 10 ~ 15cm 深的土层。为防止花生徒长，也可把农家肥重施在花生前作上，既有利根瘤菌活动，又不过量增加有机质。

2. 种肥

选用腐熟好的优质有机肥 1 000kg 左右与磷酸二铵 5～10kg 或钙镁磷肥 15～20kg 混匀沟施或穴施。另在花生播种前，为促进根瘤发育，使花生早结多结根瘤，提高根瘤菌固氮量，可采用花生根瘤菌剂拌种，在种子浸种或催芽后，每 5kg 种子用根瘤菌剂 25g，加 150g 到 250g 水调开，与种子拌匀，随拌随播，一般每亩增产可达 8%～13%。

3. 追肥

一般施足基肥的花生不需追肥，但对地力差、基肥施入少的地块，视苗情可在苗期或花期适当追肥，一般亩施腐熟有机肥 500～1 000kg，尿素 5.3～6.67kg，过磷酸钙 10～13.3kg，开沟条施。开花后可施石膏粉 20～26.67kg，过磷酸钙 10～13.3kg，增加结果期的磷、钙营养。在花生结荚饱果期脱肥又不能进行追肥的情况下，可用 0.2% 磷酸二氢钾和 2% 的尿素进行叶面喷施 1～2 次，可以起到保根、保叶的作用，提高结实率和饱果率。在花生中后期结合防治叶斑病和锈病与杀菌剂一起混合叶面喷施 2～3 次。

（1）轻追促苗肥 花生苗期需肥较少，但对基肥施用不足或未施基肥的夏播花生，应适当地追施速效氮肥，以促进幼苗发棵和花芽分化。一般每亩追施尿素 3～4kg。对于基肥施用充足且地力肥沃的田块，可以不再追施肥料。

（2）重追花针肥 花生在花针期需肥较多。此期养分不足，会造成植株发育不良，应及时追肥。一般每亩追施尿素 5～6kg、磷酸二铵 6～8kg、硫酸钾 5～6kg 或草木灰 50kg，促使花生多开花、多下针、多结果。

（3）巧追结荚肥 花生结荚期是需肥量最多的时期，如果肥力不足，直接影响植株干物质的积累和果针、荚果的发育，出现早衰。应在封行之前进行追肥。此期追肥应以磷肥为主，补充少量氮肥，一般追施过磷酸钙 6 ~ 8kg 或磷酸二铵 4 ~ 5kg。但土壤肥力偏高和花针期追肥过多而引起植株徒长，过早封行，田间郁闭，果针不能入土，降低结果率。要控制追肥，可采用喷施多效唑，抑制营养生长，促进生殖生长，增加产量。一般每亩用 15% 多效唑 35g 对水 50kg 进行喷施。

（4）补追叶面肥

①花生苗期和花期用 0.1% ~ 0.2% 钼酸铵溶液叶面喷施。据试验，此期喷施钼肥可增产 10% 左右。

②花生苗期、始花期、盛花期各喷一次 0.2% 硼砂溶液，促进开花下针，可增产 8% ~ 15%。

③在花生全生育期内可多次喷施 0.2% ~ 0.3% 的磷酸二氢钾溶液，促进花生植株健壮生长，可增产 18% ~ 25%。特别在饱果期喷施，可促使荚果发育，有明显的增产作用。

④花生生长后期，由于植株已封行，难于追施肥料，如果植株有脱肥现象，可用 1% ~ 2% 尿素溶液叶面喷施，可防止花生早衰，提高产量。

4. 微肥

在石灰性较强的偏碱性土壤上要考虑施用铁、硼、锰等微肥；在多雨地区的酸性土壤上应注意施钼、硼等微肥。微肥可做基肥、种肥、浸种、拌种和根外喷施，一般以拌种加花期喷施增产效果最好，喷施时以 0.1% ~ 0.2% 浓度为好。

三、花生的配方施肥案例

以辽宁省彰武县花生测土配方施肥为例，介绍如下。

1. 测定土壤养分含量

试验田土壤类型为砂壤土，地势平坦，病虫为害较轻，有灌溉条件，前茬作物为玉米。有机质 1.01%，碱解氮 48mg/kg，有效磷 9.5mg/kg，速效钾 55mg/kg。

2. 品种与肥料

选择花生品种为白沙 1016，氮肥为尿素（含 N 46%），磷肥为过磷酸钙（含 P_2O_5 16%），钾肥为氯化钾（含 K_2O 60%）。

3. 施肥方案

测土配方施肥区，根据土壤测试结果，由专家提供配方，施尿素 14kg/亩、过磷酸钙 44kg/亩、氯化钾 8kg/亩，氮肥、磷肥、钾肥在花生播种前全部做基肥一次性施入；常规施肥区，施尿素 16kg/亩、过磷酸钙 44kg/亩、氯化钾 9kg 亩，75% 氮肥、全部磷肥、钾肥在花生播种前做基肥一次性施入，另外 25% 氮肥在花生苗期追施；以不施任何肥料作空白对照。

4. 产量和经济效益（表 3 -7）

表 3 -7　花生配方施肥产量和经济效益

处理	产量（kg/亩）	产值（元/亩）	肥料投入（元/亩）	纯收入（元/亩）	比空白增纯收入（元/亩）	产投比
空白	128.9	696.06	0	696.06		
常规	160	864	104.8	759.2	63.14	0.60
配方	186.7	1 008.18	117.6	890.58	194.52	1.65

注：按照花生 5.4 元/kg、过磷酸钙 1.0 元/kg、尿素 2.0 元/kg、氯化钾 3.2 元/kg计算

第五节　烟草配方施肥技术

一、烟草的需肥规律

烤烟苗床阶段在十字期以前需肥较小，十字期以后需肥量逐渐增加，以移栽前 15 天内需肥量最多。这一时期吸收的氮量占

· 107 ·

苗床阶段烟草吸氮总量的 68.4%、五氧化二磷为 72.7%、氧化钾为 76.7%。大田阶段，在移栽后 30 天内吸收养分较少，此时吸收氮、磷、钾分别占全生育期吸收总量的 6.6%、5.0% 和 5.6%。大量吸肥的时期是在移栽后的 45～75 天，吸收高峰是在团棵、现蕾期，这一时期吸收氮为烟草吸氮总量的 44.1%、五氧化二磷为 50.7%、氧化钾为 59.2%。此后各种养分吸收量逐渐下降，打顶以后由于发生次生根，对养分吸收又有回升，为吸收总量的 14.5%。但此时土壤含氮素过多，容易造成徒长，形成黑暴烟，不易烘烤。

对烤烟而言，每生产 1 000kg 烤烟叶，需纯氮（N）22kg、磷（P_2O_5）11.6kg、钾（K_2O）48kg，N：P_2O_5：K_2O 的比例约为 1：0.5：2。不同类型的烟草需要氮、磷、钾比例也不同，白肋烟吸收磷比例稍低、钾和钙的比例稍大，晒烟吸收磷较多。

据研究生产 100kg 烟草（干物质）需纯氮（N）2.3～2.6kg、磷（P_2O_5）1.2～1.5kg、钾（K_2O）4.8～6.4kg，N：P_2O_5：K_2O 的比例为 1：0.5：2。烟草对钾的需要远大于氮和磷。烟草不同栽培和不同生育期吸收养分是不同的。试验资料表明，烟草氮、磷、钾化肥适宜比例，北方地区，N：P_2O_5：K_2O 为 1：1：1，南方地区为 1：0.75：1.5。钾是三要素中吸收量最多的元素，烤烟对氮、钾的吸收量比为 N：K_2O 为 1：（1.5～2）。晒烟、白肋烟 N：K_2O 为 1：（2～3）。烟株对磷的吸收量远较氮、钾少，但因磷肥的利用率低，因此，施肥量与氮相当或较高，北方烟田 N：P_2O_5 为 1：（1～2），南方烟区由于土壤有效磷含量低，故 N：P_2O_5 为 1：（1.5～2.5）。

二、烟草的配方施肥技术

（一）烟草的施肥量

施肥量要根据烟叶的产量品质指标，土壤肥瘦、品种习性、水利和气候等因素，全面考虑，灵活掌握，以氮为主，配合磷、钾，在一般土壤肥力上要求烤烟品质达到中上等以上，每亩产烟叶 100～150kg，需施纯氮 7.5kg 左右；每亩产 200～250kg，需施纯氮 10～12.5kg。其中农家肥料用量按氮量计算，应占施肥总氮量的 70% 以上，施用单一化肥不宜超过总氮量的 25%。氮素确定之后，便可根据比例，确定磷、钾肥的施用量。北方烟区氮、磷、钾比例以 1∶1∶1 为宜。基肥与追肥的比例，北方烟区由于雨量少，一般基肥占总施肥量的 70%～80%。表 3-8 烟草配方施肥中氮素用量水平属于中等偏下。各种植区域可根据烟草生长情况，进行施氮。钾对烟草的品质影响较大，配方中磷、钾比例相对较高。

表 3-8 烟草配方施肥中氮、磷、钾用量与比例

配方号	养分总用量（kg/亩）	纯养分用量（kg/亩）			比例（N∶P∶K）
		N	P_2O_5	K_2O	
1	10.0	5.0	5.0	0.0	1∶1∶0
2	12.0	5.0	7.0	0.0	1∶1.4∶0
3	16.5	5.0	5.0	6.5	1∶1∶1.3
4	18.5	5.0	6.5	7.0	1∶1.3∶1.4
5	20.0	7.0	8.0	5.0	1∶1.14∶0.71
6	24.0	7.0	8.5	8.5	1∶1.21∶1.21
7	24.0	8.0	7.0	9.0	1∶0.88∶1.13
8	25.0	8.0	7.0	10.0	1∶0.88∶1.25
9	28.5	9.0	8.5	11.0	1∶0.94∶1.22
10	27.5	9.0	7.5	11.0	1∶0.83∶1.22
11	29.5	9.0	8.5	12.0	1∶0.94∶1.33
12	23.5	10.0	6.5	7.0	1∶0.65∶0.7
13	22.0	10.0	6.0	6.0	1∶0.6∶0.6
14	22.0	10.0	5.0	7.0	1∶0.5∶0.7

（续表）

配方号	养分总用量（kg/亩）	纯养分用量（kg/亩）			比例（N∶P∶K）
		N	P₂O₅	K₂O	
15	27.0	10.0	7.0	10.0	1∶0.7∶1
16	29.5	10.0	7.5	12.0	1∶0.75∶1.2
17	34.0	10.0	12.0	12.0	1∶1.2∶1.2
18	23.0	11.0	6.0	6.0	1∶0.55∶0.55
19	29.0	11.0	8.0	10.0	1∶0.73∶0.91
20	31.0	11.0	8.0	12.0	1∶0.73∶1.09

（二）烟草配方施肥技术

烟草平衡施肥总的原则：少时富，老来贫，烟叶成熟肥用尽。因此，烟田所用肥料，特别是氮素和磷素必须早施。烟田施肥推行"五结合一控制"施肥技术，即耕耘硝态氮与铵态氮相结合、有机肥与无机肥相结合、大量元素与微量元素相结合、地下肥与叶面肥相结合、三条施肥与追肥早施相结合，控制劣质土杂肥的施用。在我国北方地区，氮、磷、钾比例以1∶（1~2）∶（2~3）为宜，氮、钾的基肥、追肥比例以7∶3为宜，磷肥全部基施，有机肥氮素占施氮总量的20%左右为宜。

各类烟草施肥中最主要但又是最难掌握的是氮肥的施用。低烟碱、薄叶型烤烟和白肋烟，要重施基肥，并使肥料中的氮素在打顶时基本被吸收完，留有少量土壤氮素即能满足后期生长需要，以防成熟期吸氮过多，叶片粗糙肥厚，烟碱含量过高。低糖高烟碱型烤烟和晒黄烟，施肥方法上应采用基、追结合，或中层条施，以保证打顶后仍有一定的供氮水平。晒红烟和雪茄烟，施肥时要基、追并重或追肥重于基肥，使打顶后仍有较高的供氮水平。香料烟不但总施氮量要严格控制，而且在方法上宜采用全部做基肥，集中于根系密集土层，严防生育后期氮素营养水平过高，造成品质最佳的顶叶生长肥大而严重降低品质。

1. 基肥

为了促进烟株在生育前、中期早长、快发，大多采用重施基肥，将全部施肥量的 1/2～2/3 做基肥施用。一般烟田土壤保水保肥能力强，雨水相对较少的烟区，基肥的比例宜大；反之，追肥的比例宜多。北方烟区基肥的比例大，全部肥料的 2/3 做基肥，1/3 左右做追肥，南方多雨地区，土壤耕作层薄，沙性大的烟田，基肥比例小，追肥比重大，且追施次数多。

2. 追肥

前期追肥，即移栽后 40 天以前的追肥以土壤追施为主，后期追肥则以叶面喷施为主。约 40% 的氮肥做追肥，追肥可分 2 次进行。对烤烟、晒黄烟和白烟来说，不应晚于栽后 30 天；而晒红烟和雪茄烟的追肥可晚只开顶肥。烟草施肥常用穴施，开沟条施和对水淋施。不论是分散还是集中施用，施肥深度均应在 5～20cm 土层内，过深或过浅都不利于烟株根系吸收。

三、烟草的配方施肥案例

以云南省六盘水市盘县珠东乡烟草测土配方施肥为例，介绍如下。

1. 测定土壤养分含量

试验田土壤类型沙壤土，碱解氮 158.68mg/kg，有效磷 14.98mg/kg，速效钾 64.62mg/kg，有机质 44.97g/kg，pH 值 5.62，有效硼 0.512mg/kg，有效钾 170.29mg/kg。

2. 品种与肥料

选择品种为云烟 87。供试肥料有烤烟专用复混肥（12 - 12 - 24），总养分 ≥48%，氯（Cl ≤4%），硝态氮占总氮的百分率 ≥35%；硫酸钾（K_2O ≥51%），氯（Cl ≤1.5%），硫含量 ≥17.5%。

3. 施肥方案

测土配方施肥区，根据土壤测试结果，由专家提供配方 $N : P_2O_5 : K_2O$ 为 9 : 10 : 26。

4. 产量和经济效益（表 3 - 9）

表 3 - 9　烤烟配方施肥产量和经济效益

处理	产量 （kg／亩）	产值 （元／亩）	上等烟比例 （％）	中等烟比例 （％）	下等烟比例 （％）	枯黄烟 比例 （％）
常规	110.6	2 688.8	73.63	17.08	9.29	87.23
配方	119.2	3 116	77.35	16.83	5.81	96.12

第六节　茶树配方施肥技术

一、茶树的需肥规律

从茶树对整个生育周期和年生育周期看，一年中对氮的吸收以 4—6 月、7—8 月、9 月和 10—11 月为多，而前两个时期的吸收占全年吸氮总量的 55% 以上。对磷的吸收主要集中在 4—7 月和 9 月，约占全年吸磷总量的 80%。对钾的吸收以 7—9 月为最多，占全年吸钾总量的 50% 以上。据测定，幼龄茶树对氮、磷、钾的吸收比例为 3 : 1 : 2。壮龄茶树是茶树生长较稳定的时期，对氮素吸收量较多，其次是钾，磷的需求量最少。

试验测定，一般采收鲜叶 100kg，需吸收氮（N）1.2 ~ 1.4kg，磷（P_2O_5）0.20 ~ 0.28kg，钾（K_2O）0.43 ~ 0.75kg。氮、磷、钾的比例为 1 : 0.16 : 0.45。

二、茶树的配方施肥技术

（一）茶树的施肥量

1. 一般生产茶园

氮肥（N）20～30kg/亩，磷肥（P_2O_5）4～6kg/亩，钾肥（K_2O）6～10kg/亩。

2. 缺镁、锌、硼茶园

土壤施用镁肥（MgO）2～3kg/亩、硫酸锌 1kg/亩、硼砂 1kg/亩。

3. 缺硫茶园

选择含硫肥料如硫酸铵、硫酸钾、过磷酸钙等。

茶树的施肥量还应根据树龄、树势、采叶量与次数和土壤条件而定，一般青年期或采叶不多的应少施；壮年期、采叶多的、土壤瘦瘠的要多施。每亩的施肥量根据广东省农业科学院土壤肥料研究所提供的配方，如表 3 – 10 所示。根据种植茶园的土壤测定养分来选择表中配方施肥方案，缺钾的土壤可选用有氮、磷、钾配合的方案。尤其是高产茶园需要选用氮、磷、钾三要素配合方案，对提高茶、桑叶产量和改善品质，都有明显的效果。试验研究表明，氯化钾可以作为茶园钾肥施用（无论是单施或混施），用于成龄茶园或幼龄茶园，效果均较好。因硫酸钾价格较高，所以，施用氯化钾的经济效益比硫酸钾高。

表 3 – 10　茶树配方施肥中氮、磷、钾用量与比例

配方号	养分总用量（kg/亩）	纯养分用量（kg/亩）			比例（N：P：K）
		N	P_2O_5	K_2O	
1	14.0	9.0	5.0	0.0	1：0.56：0
2	15.0	9.0	6.0	0.0	1：0.67：0
3	14.5	9.5	5.0	0.0	1：0.53：0

（续表）

配方号	养分总用量（kg/亩）	纯养分用量（kg/亩）			比例（N：P：K）
		N	P_2O_5	K_2O	
4	15.5	9.5	6.0	0.0	1：0.63：0
5	15.0	10.0	5.0	0.0	1：0.5：0
6	14.5	10.0	4.5	0.0	1：0.45：0
7	16.0	10.0	6.0	0.0	1：0.6：0
8	17.0	10.0	7.0	0.0	1：0.7：0
9	15.0	11.0	4.0	0.0	1：0.36：0
10	16.0	11.0	5.0	0.0	1：0.45：0
11	17.0	11.0	6.0	0.0	1：0.55：0
12	18.0	11.0	7.0	0.0	1：0.64：0
13	20.0	10.0	5.0	5.0	1：0.5：0.5
14	22.0	10.0	6.0	6.0	1：0.6：0.6
15	22.0	11.0	5.0	6.0	1：0.45：0.55
16	21.0	11.0	4.0	6.0	1：0.36：0.55
17	21.0	12.0	4.0	5.0	1：0.33：0.42
18	23.0	12.0	5.0	6.0	1：0.42：0.5
19	25.0	13.0	5.5	6.5	1：0.42：0.5
20	22.0	13.0	6.0	4.0	1：0.38：0.31
21	24.5	13.0	6.5	5.0	1：0.5：0.38
22	26.0	14.0	5.0	7.0	1：0.36：0.5
23	25.5	14.0	6.5	5.0	1：0.46：0.36

（二）茶树的施肥技术

茶园肥料施用原则是"一基三追多次喷，以有机肥基肥为主，适度追肥化肥前促后控，配合叶面施肥"：一基是指基肥，也称底肥，一般在秋末进行；三追是指春茶前、夏茶前、秋茶前追施。在用量上前期多施，到秋茶前少施，以避免茶树秋梢旺长"恋秋"，冬季茶树抗寒能力减弱。

原则上有机肥、磷、钾和镁等以秋冬季基肥为主，氮肥分次施用。其中施入全部的有机肥、磷、钾、镁、微量元素肥料和占全年用量30%～40%的氮肥做基肥，施肥适宜时期在茶季结束后的9月底到10月底之间；做追肥施用时，春茶应在3月上中旬施用，夏茶必须在夏茶采摘前施用。一般全年追施3～4次，有的省份如广东省全年追肥5～6次，要根据各地茶园生长情况具体安排。

基肥结合深耕施用，施用深度在20cm左右。追肥一般以氮肥为主，追肥时期依据茶树生长和采茶状况来确定，催芽肥在采春茶前30天左右施入，占全年用量的30%～40%；夏茶追肥在春茶结束夏茶开始生长之前进行，一般在5月中下旬，用量为全年的20%左右；秋茶追肥在夏茶结束之后进行，一般在7月中下旬施用，用量为全年的20%左右。

1. 基肥

在茶树地上部停上生长时（9月底至10月底）施基肥，以确保茶树安全越冬，有利于茶树越冬芽的正常发育，保证春茶的萌发、生长。基肥一般亩施优质有机肥3 000～4 000kg，51%硫基复合肥（17 - 17 - 17 或 25 - 10 - 16）40～60kg，基肥应适当早施、深施20～25cm，以便诱发茶树根系向深层发展，既扩大根系的营养面，又可防止旱害和冻害。沙土宜深，黏土宜浅。

2. 追肥

在茶树开始萌发和新梢生长时期，施用的肥料为追肥。追肥多以尿素或高氮复合肥为主，幼龄茶树追施2～3次，壮龄茶树3～4次，春茶多追，夏、秋茶少追。一般每次采摘结束之后，应及时追肥。每次每亩追施高氮复合肥（25 - 10 - 16 或 30 -

10~11）15~20kg，开沟条施，施后覆土。

3. 根外追肥

一般大量元素采用0.5%~1%，微量元素采用50~500mg/kg，稀土元素采用10~50mg/kg，复合叶面营养液以500~1 000mg/kg为宜。以喷湿叶面为主。

三、茶树的配方施肥案例

以尤溪县台溪乡茶树测土配方施肥为例，介绍如下。

1. 测定土壤养分含量

试验茶园有机质21g/kg，碱解氮89.5mg/kg，有效磷12.3mg/kg，速效钾67.5mg/kg，pH值5.0，有效硼0.2mg/kg，有效锌0.5mg/kg，交换性钙225.9mg/kg，交换性镁21mg/kg。

2. 品种与肥料

选择品种为毛尖。供试肥料有氮肥为尿素（含N 46%），钙镁磷肥（含P_2O_5 16%），硫酸钾（含K_2O 50%）。

3. 施肥方案

采取"以地定产、以产定氮、调整配比"方式确定施肥量。1~2年生幼龄茶树施肥应氮、磷、钾并重，每亩施纯氮6.67~8kg，其N：P_2O_5：K_2O用量比例为1：0.5：0.6；3~4年生茶树每亩施纯氮15.3~16.67kg，N：P_2O_5：K_2O用量比例为1：0.3：0.5；5~6年生成龄茶树每亩施纯氮23.33~26.67kg，N：P_2O_5：K_2O用量比例为1：0.3：0.5。

4. 产量和经济效益

茶树配方施肥比常规施肥（对照）平均每亩增产63.3kg，增产19.5%；节约肥料成本35.50元。其中，山地茶园平均每亩增产129.8kg，增产20.6%，节约肥料成本45.30元；有机茶园配方施肥每亩平均增产113.1kg，增产18.5%，节约肥料成本47.50元；大田新开茶园配方施肥每亩平均增产5.5kg，增产

17.6%，节约肥料成本 22.90 元；山地新开茶园配方施肥平均每亩增产 4.9kg，增产 16.5%，节约肥料成本 26.30 元。

第七节 甘蔗配方施肥技术

一、甘蔗的需肥规律

甘蔗一生可分为苗期、分蘖期、伸长期、工艺成熟期。总的吸肥规律大致是"两头少、中间多"，即在幼苗阶段，需肥急切而吸收量较少，对氮的需求稍多，磷、钾次之；在分蘖阶段，需肥量逐渐增大，对三要素的吸收量占全期的 10%~20%；进入伸长期，对三要素的吸收量大增，占全期的 50% 以上，此时正值高温多雨和强光照季节，甘蔗对光能和养分的利用率最高，是重点施肥时期；转入成熟期后，甘蔗需肥量渐减。甘蔗吸收氮、磷、钾的比例为 2：1：2.2。甘蔗苗期对氮、磷、钾的吸收量分别占全生育期吸收总量的 8%、9%、4%，至分蘖期分别占 16%、18%、14%，至伸长期分别占 66%、68%、74%，至成熟期分别占 10%、6%、8%，以上情况说明，甘蔗生长前期要有充分的养分供应，以促进根系发育，早分蘖、多分蘖，提高甘蔗有效茎数。甘蔗生长中期（伸长期），甘蔗生长迅速，需要吸收大量的养分，表现出明显的吸肥高峰，此时营养供应要充足，否则会直接影响甘蔗产量。

甘蔗生长期长，从萌芽到工艺成熟，需 1 年左右，甘蔗根系发达，茎干粗壮，茎高 2m 以上，一般亩产量 5~8t，高的可达 10t 以上。甘蔗是高产作物，整个生育期吸收养分多，需肥量大。据研究，每生产 1t 甘蔗需吸收氮（N）1.5~2kg，磷（P_2O_5）1~1.5kg，氧化钾（K_2O）2~2.5kg，氧化钙（CaO）0.5~0.75kg。

二、甘蔗的配方施肥技术

(一) 甘蔗的施肥量

甘蔗植株高大，产量高、整个生育过程需肥量大，适合南方各省、自治区亚热带地区甘蔗施肥选择施用。在表 3 – 11 配方中氮素用量比较多，钾次之，最少是磷。配方中有氮磷、氮钾、氮、磷、钾 3 种配比，各地可根据当地土壤养分丰缺情况选用。

表 3 – 11　甘蔗配方施肥中氮、磷、钾用量与比例

配方号	养分总用量 （kg/亩）	纯养分用量（kg/亩）			比例 （N：P：K）
		N	P$_2$O$_5$	K$_2$O	
1	26.0	20.0	6.0	0.0	1：0.3：0
2	27.5	20.0	7.5	0.0	1：0.38：0
3	26.0	20.0	6.0	0.0	1：0.3：0
4	26.0	20.0	0.0	6.0	1：0：0.3
5	27.0	20.0	0.0	7.0	1：0：0.35
6	30.0	20.0	10.0	0.0	1：0.5：0
7	30.0	20.0	0.0	10.0	1：0：0.5
8	40.0	20.0	10.0	10.0	1：0.5：0.5
9	32.0	20.0	6.0	6.0	1：0.3：0.3
10	29.5	22.6	6.9	0.0	1：0.31：0
11	36.4	22.6	13.8	0.0	1：0.61：0
12	29.5	22.6	0.0	6.9	1：0：0.31
13	36.4	22.6	0.0	13.8	1：0：0.61
14	43.3	22.6	13.8	6.9	1：0.61：0.31
15	50.2	22.6	13.8	13.8	1：0.61：0.61
16	36.0	24.0	12.0	0.0	1：0.5：0
17	36.0	24.0	0.0	12.0	1：0：0.5

（续表）

配方号	养分总用量（kg/亩）	纯养分用量（kg/亩）			比例（N∶P∶K）
		N	P_2O_5	K_2O	
18	48.0	24.0	12.0	12.0	1∶0.5∶0.5
19	36.0	24.0	6.0	6.0	1∶0.25∶0.25
20	45.2	26.8	18.4	0.0	1∶0.69∶0
21	36.0	26.8	9.2	0.0	1∶0.34∶0

（二）甘蔗的配方施肥技术

甘蔗施肥的原则为根据技术部门提供的测土施肥卡进行施肥，氮、磷、钾肥配合施用，施足基肥、重施攻茎肥，补施壮尾肥。不要偏施和过量施用氮肥，应根据甘蔗的需肥量和吸肥特性，进行合理施肥。

1. 基肥

施足基肥，在甘蔗栽培时，将全生育期 20% ~ 30% 氮肥、60% ~ 80% 磷肥、60% ~ 80%（如量少全部做底肥）钾肥、硅肥混合做底肥，施用种苗两旁或种苗上，再行盖土。底肥要以有机肥为主，与化肥配合使用，可为蔗芽迅速生发、根系伸长、分蘖早而壮创造良好条件。一般每亩施充分腐熟的有机肥 1 500 ~ 2 000kg，并配以通用型复合肥（15 - 15 - 15）20 ~ 30kg。施用时，春植蔗开种植沟，将有机肥施于沟底，再于沟两侧施入无机肥；冬植蔗将有机肥作盖种肥，之后加盖一层土。

2. 追肥

（1）攻苗肥　在甘蔗长出 3 片真叶时，结合小培土，每亩施复混肥或甘蔗专用肥 10kg、尿素 5kg。促苗壮苗，确保全苗。或施高氮复合肥，当蔗苗长到 3 ~ 4 片叶时，每亩施复合肥 8 ~ 10kg。施用时宜结合中耕培土直接穴施，或对水穴施，在干旱时应对水穴施。另外，要及时查缺补苗，使群体生长整齐。

（2）攻蘖肥　在甘蔗长出 6 片真叶时，结合中培土，每亩施复混肥或甘蔗专用肥 20kg，尿素 10kg，促进分蘖，保证有效茎数量。或施用高氮高钾型复合肥，每亩施 8～15kg，和苗肥一样对水穴施，同时培土高 10～12cm。

（3）攻茎肥　攻茎肥是甘蔗增产的关键，必须重施，5 月底、6 月初，雨季来临，甘蔗开始拔节时，在伸长初期，结合中耕大培土，每亩施复混肥或甘蔗专用肥 30kg，或施高氮复合肥 15～20kg，促进甘蔗发大根、长大叶、长大茎，确保优质高产。

（4）壮尾肥　为促进和维持后期生长，利于养育地下部蔗芽，为翌年宿根打好基础，应补施一次壮尾肥。甘蔗生长周期长，需肥量大，后期易脱肥，为保证后期不早衰和次年宿根蔗芽的营养，应在 8 月中下旬及时补施壮尾肥，一般采用速效氮肥。在成熟前 2 个月左右每亩用复合肥 5～8kg。施用时间不宜过迟，用量也不宜过多，以免延迟成熟和降低糖分，施后进行培土。

收获前 1 个月若出现脱肥现象，要进行叶面喷肥，每亩用磷酸二氢钾 200g、尿素 0.5kg，对水 100kg 混匀后喷雾。

三、甘蔗的配方施肥案例

以广西壮族自治区来宾市武宣县二塘镇上召村甘蔗测土配方施肥为例，介绍如下。

1. 测定土壤养分含量

试验田土壤类型沙壤土，有机质 2.89%，碱解氮 123mg/kg，有效磷 26.5mg/kg，速效钾 85mg/kg，pH 值 5.5。

2. 品种与肥料

选择甘蔗品种为新台糖 22 号，氮肥为尿素（含 N 46%），钙镁磷肥（含 P_2O_5 17%），氯化钾（含 K_2O 60%）。

3. 施肥方案

测土配方施肥处理：每亩施 N 26kg，P_2O_5 10.0kg，K_2O 21.0kg，

全部钙镁磷肥和20%的尿素、30%的氯化钾于播种前做基肥施用，80%的尿素和70%的氯化钾于蔗茎伸长期做追肥施用。

常规施肥：每亩施 N 30.0kg，P_2O_5 18.5kg，K_2O 11kg，肥料施用比例和施用时期与测土配方施肥处理相同；以不施任何肥料作空白对照。

4. 产量和经济效益（表3-12）

表3-12　甘蔗配方施肥产量和经济效益

处理	产量（kg/亩）	产值（元/亩）	肥料投入（元/亩）	纯收入（元/亩）
空白施肥	3 780.2	1 039.5	0	1 039.5
常规施肥	5 809.6	1 597.6	23.6	1 573.7
配方施肥	6 138	16 88	23.88	1 664.3

第四章 主要蔬菜测土配方施肥技术

第一节 根菜类蔬菜配方施肥技术

根菜类蔬菜最常见的有萝卜、胡萝卜和芜菁（大头菜）等，它们都是以肥大的肉质根供人们食用。因此，根的膨大是根菜类栽培的主攻方向，适宜在土层厚、肥沃、疏松和排水良好的沙壤土中栽培。根类蔬菜对氮、磷、钾营养元素在不同时期有不同要求。生长前期要多施氮肥，促其形成肥大的绿叶；生长中后期（肉质根生长期）要多施钾肥，适当控制氮肥用量，促进叶的同化物质运输到根中，以便形成强大的肉质茎。如果在根菜生长后期氮肥过多而钾肥不足，易使叶片过于繁茂、地下根茎细小，导致产量下降、品质变劣。施用农家肥时，要注意使用腐熟的优质农家肥，以防伤害根部，产生劣质蔬菜根菜类。

一、萝卜

（一）萝卜的需肥规律

萝卜在生育期中对氮、磷、钾的吸收规律是幼苗期吸氮最多，磷、钾较少；莲座期对钾的吸收显著增加，氮、磷次之；到根系膨大盛期，吸收营养仍以钾为主。每生产 1 000kg 萝卜，需要吸收氮 2.1～3.1kg，磷 0.8～1.9kg，钾 3.8～5.6kg。萝卜对主要元素的要求是以氮、钾为主。

（二）萝卜的配方施肥技术

1. 基肥

每亩施优质农家肥 2 500 ~ 3 000kg，硫酸铵 10 ~ 12kg，过磷酸钙 30 ~ 40kg，草木灰 50kg 或硫酸钾 5kg。

2. 追肥

幼苗 2 片真叶时，结合第一次间苗，每亩随水浇施稀释至 30% 的人粪尿 2 000kg，并加入硫酸铵 5kg。第二次间苗后再追施稀人粪尿 2 000kg/亩。当萝卜破肚时，每亩施硫酸铵 15 ~ 20kg，过磷酸钙 23kg，硫酸钾 10 ~ 12kg。在萝卜膨大中期，施 1 次草木灰，80 ~ 100kg/亩，浇水后撒在田间。对于中小型萝卜品种，施用上述肥料后即可等待收获；对于大型秋冬茬萝卜，在萝卜露肩时应再追施 1 次氮肥，施硫酸铵 18kg/亩。人粪尿和氮肥要尽量在萝卜膨大中期以前施完，不要太晚；否则，会使肉质根破裂或产生苦味，影响品质。

萝卜是深根性作物，一般产量在 5 000kg/亩以上，要选择地下水位低的田，有利于扎根长萝卜，渍水严重的田不适宜种萝卜。萝卜需肥 N : P : K 为 1 : 0.2 : 0.8，施肥以底肥为主，多施有机肥，配方肥亩施 1.5 ~ 2 包，硼肥 1.5kg。以后追肥一般只追尿素，一般 2 ~ 3 次，先轻后重，氮肥过多，萝卜辣味，缺硼糠心。

（三）萝卜的配方施肥技术案例

以广东省潮州市饶平县萝卜测土配方施肥为例，介绍如下。

1. 土壤情况

试验田土壤肥力中等，前茬作物为水稻。

2. 品种与肥料

供试萝卜品种为本地主栽品种白玉，供试肥料为碳酸氢铵（含 N 17%）、过磷酸钙（含 P_2O_5 16%）、复合肥（15 - 15 - 15）。

3. 施肥方案

采用"3414"最优回归设计。各施肥处理分基肥和追肥，基肥 N 占全期施肥量的 34%，P_2O_5、K_2O 各占全期施用量的 30% 和 20%，在整地时施下；追肥 N、P_2O_5、K_2O 各占全期施肥量的 66%、70% 和 80%，在裂根期、肉质根膨大期分 2 次平均施下。

4. 产量和经济效益

供试土壤整体地力属中等水平，土壤中有效养分含量丰缺程度表现为 N 中等，P 中等偏高，K 中等。在该地力条件下，以 N：P：K = 23：10.87：18.75 产量最高，每亩产量为 9 471kg。比不施肥对照增产 6 748kg、每亩增加效益 1 619.5 元；比常规施肥处理增产 627kg、增效 150.5 元（肥料价格为 N4.5 元/kg、P_2O_5 4.9 元/kg、K_2O 6 元/kg，萝卜价格为 240 元/t）。

二、胡萝卜

（一）胡萝卜的需肥规律

胡萝卜在全生育期中吸收的氮、磷、钾营养素比萝卜要多，尤其对钾的吸收比萝卜高出 1 倍。每生产 1 000kg 胡萝卜，需要吸收氮 2.4 ~ 4.3kg，磷 0.7 ~ 1.7kg，钾 5.7 ~ 11.7kg。可见，钾素营养在胡萝卜生长过程中占据着重要地位。因此，在施肥时，除了氮、磷肥与萝卜一样，基肥和追肥中的钾肥都要相应增加。胡萝卜在播种后的 50 天内，生长缓慢，需肥量较少。50 天以后，吸收营养量显著增加，特别是钾的吸收量急剧增加，其次是氮和钙。在收获时，叶片吸钾最多，其次为氮、钙、镁，磷很少，根部则吸收钾和氮最多。

（二）胡萝卜的配方施肥技术

胡萝卜对 P、K 的需要量高于萝卜，N：P：K = 1：0.4：2.6，施肥以底肥为主。

1. 基肥

每亩施优质农家肥 2 500～3 500kg，硫酸铵 10～12kg，过磷酸钙 25～35kg，硫酸钾 18～22kg。

2. 追肥

播种后 1 个半月，要全面追施 1 次肥，随浇水追施稀至 40% 的人粪尿 2 000kg，同时每亩加入硫酸钾 12kg，过磷酸钙 10kg，氯化钙 3kg。在第 1 次追肥后 10～12 天，再追施稀至 40% 的人粪尿 2 500kg。在根系膨大初期，随浇水每亩追施硫酸铵 17kg，浇水后撒施草木灰 80～100kg。在根系膨大中期，少量追施 1 次尿素，施 5kg/亩。根系膨大盛期以后，不再施肥。

（三）胡萝卜的配方施肥技术案例

以青海省西宁市城北区大堡子镇胡萝卜测土配方施肥为例，介绍如下。

1. 土壤情况

试验田土壤栗钙土，中壤，肥力中等，有机质为 17.86g/kg，碱解氮 74mg/kg，速效磷 3mg/kg，速效钾 219mg/kg，前茬作物为芹菜。

2. 品种与肥料

供试胡萝卜品种为本地主栽品种华育三号，供试肥料为尿素（含 N 46.3%）、过磷酸钙（含 P_2O_5 17%）和氯化钾（含 K_2O 54%）。

3. 施肥方案和产量

采用"3414"最优回归设计。在该地力条件下，以 N：P：K = 2.08：12.16：1 产量最高，每亩产量为 111.14kg；以 N：P：K = 1.45：5.25：1 为最佳施肥量，每亩产量为 112.67kg。

三、芜菁（大头菜）

（一）芜菁的需肥规律

芜菁喜湿润的沙土或壤土，且具有适应酸性土壤的能力，在土壤 pH 值达 5.5 时，仍能正常生长。在生长前期对氮要求量多，适量的磷和较少的钾，促强大的肉质根茎和叶的形成；到生长后期，对钾需求较多，足量的磷和较少的氮，促进叶的同化物质运送到肉质根茎中，加速肉质根茎的膨大。如果前期氮肥不足，植株生长良，发育迟慢；后期氮肥过多而钾肥不足，则会引起地上部的过度生长，消耗养分过多，影响肉质根茎的膨大。

（二）芜菁的配方施肥技术

1. 基肥

前茬作物收获后，每亩施 3 000 ~ 4 000 kg 优质有机肥做底肥，深翻、耙平、做平畦或高垄。若有机肥不足，也可在土地深翻耙平后，按照行距每亩施腐熟有机肥 1 000 ~ 2 000 kg，然后扶垄，实行集中施肥，可更好地发挥肥效。

2. 追肥

在芜菁的营养生长阶段，大体可进行 2 次追肥。直播定苗或移栽成活后进行第一次追肥，每亩施硫酸铵 15 ~ 20 kg 或人粪尿 50 ~ 750 kg。在肉质根膨大盛期进行第二次追肥，每亩施氮、磷、钾复合肥 25 ~ 30 kg，也可施草木灰 100 ~ 150 kg，人粪尿 750 kg。

（三）芜菁的配方施肥技术案例

以成都市金堂县赵家镇三烈社区大头菜配方施肥为例，介绍如下。

1. 土壤情况

试验田土壤为河边沙壤土，土层深厚、肥沃、排灌良好。

2. 品种与肥料

供试芜菁品种为二马桩，供试肥料为尿素（含 N 46.3%）、过磷酸钙（含 P_2O_5 17%）和氯化钾（含 K_2O 54%），充分腐熟的菜饼和菌渣。

3. 施肥方案和产量

根据土壤养分测定推荐施肥。在该地力条件下，以 N：P：

K = 6：4：9 产量最高，每亩产量为 9 380kg。

第二节　白菜类蔬菜配方技术

白菜类蔬菜叶面积较大，主要依靠增加叶片数量和叶面积来提高产量，因此，供应充足氮元素尤为重要。对于结球白菜，结球期间如果氮元素供应不足对产量和品质影响极大。实践证明，保证全生长期供应充足氮元素是结球白菜丰收的关键。如果氮元素供应不足，则植株矮小、叶片小、茎基部叶片易枯黄脱落、组织粗硬。但是，氮元素供应过多时，则组织含水量高、不利于贮存，而且易遭受病害。后期磷、钾元素供应不足时，往往不易结球。白菜类蔬菜施肥要足施有机肥，重施钾肥，合理施用氮磷肥，补充钙肥，保证全生长期供应充足的氮元素、后期充足的磷肥和钾肥，适时适量施用微量元素，是白菜类丰产的关键。

一、大白菜

大白菜属于十字花科芸薹属芸薹种中能形成叶球的亚种。原产中国，是我国的特产蔬菜。其叶球肥硕，柔嫩，耐贮，食之鲜美可口，素有"百菜唯有白菜美"的称誉。大白菜含有蛋白质、脂肪、多种维生素和钙、磷等矿物质以及大量粗纤维，特别是含较多维生素，质地柔嫩，营养丰富，属于半耐寒性蔬菜，适于温和而凉爽的气候条件。

（一）大白菜的需肥规律

大白菜在营养生长阶段的各个时期，对氮、磷、钾的吸收数量和吸收比例有很大不同。发芽期、幼苗期、莲座期对三要素的吸收量较少，占总吸收量的 10% 左右，结球期吸收量则占 90% 左右。发芽期、幼苗期、莲座期吸收氮最多，钾次之，磷最少；结球期则吸收钾素最多，氮次之，磷最少。

大白菜每 1 000 kg 产量，对氮、磷、钾的吸收量为氮（N）0.8~2.6kg、磷（P_2O_5）0.8~1.2kg、钾（K_2O）3.2~3.7kg，养分比例为 1：（0.3~0.4）：（0.7~0.8），平均为 1：0.35：0.75。如果 NPK 复混肥料养分含量为 31%（15-5-11），则用量以 50~80kg/亩为宜。

大白菜配方施肥方法：北方地区（表 4-1）一般出苗期施肥量占总用量的 20%，结球初期占 30%，结球中期占 20%。南方地区（表 4-2）可根据气候条件参照北方地区施用。

表 4-1　北京市郊区大白菜配方施肥中氮、磷、钾用量与比例

配方号	养分总用量（kg/亩）	纯养分用量（kg/亩）			比例（N：P：K）
		N	P_2O_5	K_2O	
1	17.8	8.8	3.5	5.5	1：0.4：0.63
2	24.3	11.8	5.0	7.5	1：0.42：0.64
3	26.5	12.5	6.0	8.0	1：0.48：0.64
4	29.5	13.5	7.0	9.0	1：0.52：0.67
5	28.5	14.5	6.0	8.0	1：0.41：0.55
6	30.0	16.0	7.0	7.0	1：0.44：0.44
7	31.5	15.5	6.0	10.0	1：0.39：0.65
8	32.5	16.5	7.0	9.0	1：0.42：0.55
9	33.5	16.5	6.0	11.0	1：0.36：0.67

表 4-2　浙江一带大白菜配方施肥中氮、磷、钾用量与比例

配方号	养分总用量（kg/亩）	纯养分用量（kg/亩）			比例（N：P：K）
		N	P_2O_5	K_2O	
1	18.0	13.5	4.5	0.0	1：0.33：0
2	22.5	13.5	0.0	9.0	1：0：0.67

（续表）

配方号	养分总用量（kg/亩）	纯养分用量（kg/亩）			比例（N：P：K）
		N	P_2O_5	K_2O	
3	27.0	13.5	4.5	9.0	1：0.33：0.67
4	29.0	13.5	6.5	9.0	1：0.48：0.67
5	31.5	18.0	4.5	9.0	1：0.25：0.5
6	31.5	13.5	4.5	13.5	1：0.33：1
7	36.0	22.5	4.5	9.0	1：0.2：0.4
8	30.5	15.5	6.0	9.0	1：0.39：0.58
9	33.5	16.5	7.0	10.0	1：0.42：0.61

（二）大白菜的配方施肥技术

大白菜的肥料用量分配，基肥和结球初期约各占40%，余下的20%做提苗肥或莲座期肥。基肥一般是铺施（均匀的撒施在地表），铺施后浅翻、耙平再做畦。有机肥均做基肥施入。钙和硼以喷施为主，一般用0.1%～0.2%的硼砂水溶液，0.5%～0.8%的硝酸钙水溶液，喷施2～3次。大白菜用氮素多，应少用氯化铵做氮源，避免氯离子过量而烧苗或影响品质。

1. 基肥

以每亩10 000kg的产量，在中等肥力土壤上，每亩撒施腐熟的优质圈肥5 000kg左右，掺施过磷酸钙30～40kg。若有机肥数量不足，耕地前可不施肥，到耕翻耙平土壤后，做垄前集中条施，将有机肥料培在垄下，便于大白菜对营养的吸收。若施用饼肥等优质有机肥时，应粉碎发酵后于做垄前集中条施。秋季大白菜生长期较长，单位面积产量较高。

2. 追肥

（1）提苗肥　在3～4片真叶期，可施硫酸铵10kg/亩，将肥料撒于幼苗两侧，并随即浇水，也可在雨前撒施。如果土壤肥沃，有机肥施用数量多，幼苗生长苗壮，此时也可以不追肥。

（2）发棵肥　在定苗后或育苗移栽缓苗后进行，施尿素10kg/亩，起垄栽培的可于垄两侧开浅沟施入；平畦栽培的，可划锄后撒施，促莲座叶迅速生长。

（3）大追肥　在莲座末期至结球初期进行。这次追肥最为重要，是大白菜需肥的关键时期；追肥需要氮、磷、钾肥配合，追施数量较多，一般每亩应追施氮、磷、钾复合肥25～30kg；如有腐熟的鸡粪、饼肥等优质有机肥，第三次追肥可少施化肥，每亩施鸡粪500kg，或用饼肥100～200kg；鸡粪250kg或饼肥50～100kg。起垄栽培的，可在浅锄垄、深锄垄沟后，将肥料施入垄沟内，然后培土扶垄；平畦栽培的，可在行间中耕后将肥料施入。追肥后，随即浇水。

（4）灌心肥　在结球中期，追施硫酸铵15kg/亩，可随水冲施。

（三）大白菜的配方施肥案例

以北京市延庆县永宁镇前平房村白菜配方施肥为例，介绍如下。

1. 测定土壤养分含量

试验田土壤类型为壤土，有机质22.1g/kg，碱解氮108.6mg/kg，有效磷101.4mg/kg，速效钾152mg/kg。

2. 品种与肥料

选择白菜品种北京新3号，氮肥为尿素（含N 46%），磷肥为钙镁磷肥（含P_2O_5 17%），钾肥为氯化钾（含K_2O 60%）。

3. 施肥方案

根据肥力"3414"设计施肥方案，除空白外，均施有机肥，用量为3 800kg/亩。磷肥一次性基施；氮、钾肥1/3基施，2/3分别于团棵期和结球初期追施。

4. 产量和经济效益

在该试验条件下，最大氮肥施用量为11.15kg/亩，最佳施肥量为10.87kg/亩；最大磷肥施用量为4.51kg/亩，最佳施肥量为4.30kg/亩；最大钾肥施用量为8.79kg/亩，最佳施肥量为8.36kg/亩。此时大白菜的最大经济产量为8 723kg/亩，最佳经济产量为8 719kg/亩。

二、结球甘蓝

（一）甘蓝的需肥规律

结球甘蓝从播种出苗、定植到开始结球，生长量逐渐加大，氮、磷、钾的吸收量也逐渐增加，这一阶段占总吸收量的15%~20%。在开始结球以后，养分的吸收量急速增加，氮、磷的吸收量分别占总吸收量的80%~85%，而钾则占90%左右。在未结球前，外叶中含氮量较心叶中的含量高1倍。随着球叶的形成则外叶含氮量逐渐降低，球叶的含量则逐渐增加并超过外叶。含磷量的变化亦大致相似，到生长末期，叶球中累积的磷最多。在叶球形成之前，外叶中的含钾量逐渐增加，当叶球形成时外叶的含钾量明显降低，随着叶球的迅速发育，钾含量也急速积累，在叶球生长最旺盛的时期达到了最高值。叶球是累积贮藏物质的器官。生产1 000kg甘蓝，吸收氮（N）3.1~4.8kg、磷（P_2O_5）0.9~1.2kg、钾（K_2O）4.5~5.4kg，钙的吸收量与氮量相近为3.5~4.5kg，氮、磷、钾的比例为1:0.3:1.3。

（二）甘蓝的配方施肥技术

1. 基肥

一般应在施用有机肥的基础上配合施用高氮高钾复合肥，每亩30~50kg，施用单质化肥尿素10~15kg，磷酸二铵10kg，硫酸钾或氯化钾10~15kg。对缺硼、缺镁的地块，应配合施用硼肥和镁肥，一般每亩底施硼肥1~1.5kg，硫酸镁10~15kg。

2. 追肥

因春甘蓝和秋甘蓝栽培季节不同而有差别。春甘蓝生育期相对较短，时期适当提前。春甘蓝进入莲座期，根系吸收能力逐渐加强，结合中耕松土进行第一次追肥，每亩追施尿素或高氮复合肥 10kg 左右。进入结球期，早熟品种追肥 1～2 次，晚熟品种追肥 2～3 次。此期甘蓝对氮、磷、钾养分均有较高的需求，一般应在结球初期，根据甘蓝的长势，对底肥不足的、长势较弱的地块，加大追肥量，一般每亩追施复合肥 40～50kg。施肥要入土，及时浇水，促进结球。

（三）甘蓝的配方施肥案例

以福建省莆田市荔城区新度镇结球甘蓝测土配方施肥为例，介绍如下。

1. 土壤情况

试验田土壤为海积母质发育的灰埭田，土壤碱解氮 121mg/kg，速效钾 136mg/kg，速效磷 38.6mg/kg，有机质 21.3g/kg，pH 值 5.3。

2. 品种与肥料

供试结球甘蓝品种为春蓝，供试肥料为尿素（含 N 46%）、过磷酸钙（含 P_2O_5 16%）、氯化钾（含 K_2O 60%）。

3. 施肥方案

采用"3414"最优回归设计。各施肥处理分基肥和追肥，氮肥的 35% 基施，35% 于莲座期追施，30% 于包心期追施；磷、钾肥全部基施。

4. 产量和经济效益

该试验条件下以 N：P：K = 26.67：4.05：10.02 = 1：0.15：0.38 产量最高，每亩产量为 4288kg；以 N：P：K = 25.97：3.95：9.72 = 1：0.15：0.37 施肥利润和产量均较高，每亩产量为 4 238kg。

三、花椰菜

（一）花椰菜的需肥规律

花椰菜的生长周期可分为发芽期、幼苗期、莲座期、花球生长期、抽薹期、开花期和结实期。当莲座期快结束时主茎顶端发生花芽分化，继而出现花球，进入了生殖生长的初期。在花椰菜幼苗期，叶片中氮的含量明显地超过钾，而在茎和叶柄中钾的含量要高于氮。在未现花蕾前，主要是茎叶的生长最旺盛，大约在定植 20 天以后，植株生长逐渐加快，同时孕育花蕾，是营养生长向生殖生长过渡的转折时期，定植后 40 ~ 60 天，花球增长速度逐渐加快，此时氮、磷、钾的累积转向花球。为了保证花球发育所需的矿质营养，在花球直径长到 3 ~ 5cm 时就要及时浇水追肥。欲获得 1 000kg 的商品花球，需氮（N）7.7 ~ 10.8kg、磷（P_2O_5）2.1 ~ 3.2kg、钾（K_2O）9.2 ~ 12.0kg，其比例为 1 : 0.3 : 1.1，比结球甘蓝的吸肥量明显偏高，高达 1 倍以上。

（二）花椰菜的配方施肥技术

花椰菜亩产 1 500 ~ 2 500kg，施肥方案如下：定植前亩施腐熟有机肥 2 000kg，过磷酸钙 20 ~ 30kg，硫酸钾 10kg，硼砂 50 ~ 60g，钼酸铵 50g。根据花椰菜的需肥特点，施肥时应以基肥为主，在主要肥料中，氮、钾肥可分基肥和 3 次追肥施用，磷肥全部做基肥。

1. 基肥

用充分腐熟的优质农家土杂肥和氮、磷、钾复合肥等做基肥，在整地时翻入土壤中层，一般每亩施优质圈肥 2 500 ~ 3 000kg，氮、磷、钾复合肥 15 ~ 20kg（也可用尿素 6kg、过磷酸钙 20 ~ 25kg、硫酸钾 6 ~ 8kg），硼砂 0.5kg。

2. 追肥

在施用基肥的基础上要及时追肥，一般从定植到收获需追肥

2～4次。

（1）苗期　缓苗后进行第1次追肥，亩施纯氮3～4kg（尿素7～9kg或硫酸铵14～17kg），氧化钾3～5kg（硫酸钾6～10kg）。

（2）莲座初期　每亩施纯氮6～8kg（尿素14～18kg或硫酸铵28～34kg），氧化钾3～5kg（硫酸钾6～10kg）。

（3）花球膨大期　每亩施纯氮6～8kg（尿素14～18kg或硫酸铵28～34kg），氧化钾2～3kg（硫酸钾4～6kg）氧化钾5～6kg（硫酸钾10～12kg）。

（4）在花球直径长至10cm时　亩施纯氮2～4kg（尿素4～8kg或硫酸铵10～20kg）。

3. 叶面施肥

在生长期间隔用0.2%～0.5%的硼砂或硼酸溶液、0.01%～0.7%的钼酸铵或钼酸钠溶液叶面喷施，亩喷液量30～40kg，可提高品质。

（三）花椰菜的配方施肥案例

以福建省三明市三元区花椰菜配方施肥为例，介绍如下。

1. 土壤情况

试验田土壤为灰泥田、沙底灰泥田，有机质23.3g/kg，土壤碱解氮193mg/kg，速效钾188mg/kg，速效磷186mg/kg，pH值5.52。

2. 品种与肥料

供试花椰菜为当地主栽品种（白玉80号），供试肥料为尿素（含N 46%）、过磷酸钙（含P_2O_5 16%）、氯化钾（含K_2O 60%）。

3. 施肥方案

采用"3414"最优回归设计。

4. 产量和经济效益

综合考虑产量与经济效益因素，当地花椰菜氮、磷、钾肥的最佳施肥量是 N 20.42 ~ 26.68kg/亩，平均 23.39kg/亩；P_2O_5 6.71 ~ 10.53kg/亩，平均 8.63kg/亩；K_2O 12.2 ~ 26.11kg/亩，平均 21.4kg/亩。其最佳施肥量产量为 3 928.47 ~ 4 557.43kg/亩，平均 4 118.5kg/亩。

第三节 绿叶蔬菜配方施肥技术

绿叶蔬菜大都以鲜嫩的茎或叶供食用，包括菠菜、芹菜、米苋、莴苣、茼蒿、蕹菜等。大多数绿叶菜类生长期短，植株较小，根系较浅，生长迅速，而且种植密度很大，所以，必须保证充足的肥水供应。当氮元素充足时，叶片柔嫩多汁而少纤维；氮元素不足时，植株矮小而纤维多，叶面积小，色黄而粗糙，失去食用价值。

一、菠菜

（一）菠菜的需肥特性

菠菜最适宜在湿润而富有腐殖质的沙壤土地块上生长。生育过程可分营养生长期和生殖生长期。营养生长期需要有充足的氮元素供应，才能使叶片生长旺盛，提高产量，增进品质，延长供应。若氮元素缺乏，则会抑制叶的分化，使叶数减少且叶色发黄，导致植株矮小，产量降低。但氮元素过多会引进植株内硝酸盐含量过高，对人健康不利。菠菜为速生蔬菜，其根群小且分布于浅土层，要以速效养分为主，氮、磷、钾肥配合施用，三要素的吸收比例为 1∶0.2∶1.6。每生产 1000kg 商品菜需纯氮（N）2.1 ~ 3.5kg、磷（P_2O_5）0.6 ~ 1.1kg、钾（K_2O）3.0 ~ 5.3kg。根据生产季节不同，春菠菜、夏菠菜、秋菠菜、冬菠菜的施肥技术有所不同。

（二）菠菜的配方施肥技术

菠菜全生育期每亩施肥量为农家肥 2 000 ~ 2 500kg（或商品有机肥 200 ~ 250kg），氮肥（N）8 ~ 11kg，磷肥（P_2O_5）3 ~ 4kg，钾肥（K_2O）5 ~ 7kg。基肥每亩施用农家肥 2 000 ~ 2 500kg（或商品有机肥 200 ~ 250kg），尿素 3 ~ 4kg、磷酸二铵 7 ~ 9kg 或过磷酸钙 20kg、硫酸钾 5 ~ 7kg。追肥在生长旺盛期，每亩施尿素 13 ~ 16kg，硫酸钾 6 ~ 8kg。

1. 春菠菜

播种早，土壤化冻 7 ~ 10cm 深即可进行。整地施肥均在上年秋上冻前进行。每亩撒施有机肥 4 000 ~ 5 000kg，深翻 20 ~ 25cm，耙平做畦。春菠菜从幼苗出土到 2 片真叶展平一般不灌肥水，有利于提高土温和根系活动，吸收土壤中的营养物质，并保持良好透气性。幼苗进入旺盛生长期，光合作用增强，根系吸肥水量大，每亩随水追施硫酸铵 15 ~ 20kg。

2. 夏菠菜

菠菜不耐高温，夏菠菜栽培难度大，宜选择中性黏质土壤为好。有机肥和化肥混合撒施做基肥，每亩施有机肥 3 000 ~ 4 000kg、硫酸铵 20 ~ 25kg、过磷酸钙 30 ~ 35kg、硫酸钾 10 ~ 15kg，翻地 20 ~ 25cm 深，耙平做畦。单株产量形成期，每亩随水施硫酸铵 10 ~ 15kg，或叶面喷施 0.3% 尿素溶液。

3. 秋菠菜

播种期处于高温多雨季节，每亩施有机肥 4 000 ~ 5 000kg、过磷酸钙 25 ~ 30kg，翻地 20 ~ 25cm 深，做高畦或平畦。幼苗前期根外追肥 1 次，喷施 0.3% 尿素或液体肥料；幼苗长有 4 ~ 5 片叶时，每亩随水追施硫酸铵 20 ~ 25kg 或尿素 10 ~ 12kg 1 ~ 2 次，以促进叶片迅速生长。

4. 越冬菠菜

从秋天播种到翌年春收，生长期长达半年之久，除选择土层深厚、土质肥沃、腐殖质含量高、保肥蓄水性能好的土壤外，还要比其他季节多施有机肥，每亩撒施有机肥 5 000kg 和过磷酸钙 25～30kg 为宜，深翻 20～25cm，使土粪肥拌匀，疏松土壤还可促进幼苗出土和根系发育。南方适宜高畦，北方适宜平畦。越冬菠菜生长期长达 150～210 天，生长期有停止生长过程，追肥管理也分冬前、越冬和早春 3 个阶段。冬前若苗过密，到 2～3 片真叶时需疏苗，疏苗后结合浇水追 1 次肥，随水每亩施硫酸铵 10～15kg；越冬前浇好"防冻水"，每亩随水施腐熟粪尿 1 000～1 500kg；早春当菠菜叶片发绿、心叶开始生长时灌返青水，一般在收获前浇水 3～4 次。追肥 2 次，每亩追施硫酸铵 15～20kg。

（三）菠菜的配方施肥案例

以福建省泉州市浮桥镇延陵村菠菜配方施肥为例，介绍如下。

1. 土壤情况

试验田土壤为灰沙土，有机质 22.9g/kg，土壤碱解氮 102mg/kg，速效钾 196mg/kg，速效磷 203mg/kg，pH 值 6.26。

2. 品种与肥料

供试品种为抗热大叶虎耳菠菜，供试肥料为尿素（含 N 46%）、过磷酸钙（含 P_2O_5 16%）、氯化钾（含 K_2O 60%），商品有机肥料（含有机质 32%）。

3. 施肥方案

采用四因素二次通用组合设计。过磷酸钙和有机肥料全部做基肥；尿素 4 次做追肥施用，施用量分别占总肥量的 1/5、1/5、2/5、1/5；氯化钾分 3 次做追肥施用，施用量分别占总肥量的 1/4、2/4、1/4。

4. 产量和经济效益

综合考虑产量与经济效益因素，以 N：P：有机肥 =6：1：225 产量最高，每亩产量为 2 216kg。氮、磷、钾肥的最佳施肥量为 N：P：K：有机肥 =7.3：1.48：6：112.5，每亩产量为 2 296kg。

二、芹菜

（一）芹菜的需肥特性

芹菜的吸肥力弱，但其耐肥力强，一般施肥量都大大超过其吸收量的 2~3 倍，其根系只有在土壤高浓度状态下，才能够大量吸收肥料。芹菜的营养生长分为幼苗期和生长盛期，从发芽到长出三四片真叶需 70~80 天，当植株有 25 片真叶后进入生长盛期，也是需肥水的高峰期。在幼苗期，要保证氮、磷的吸收，从而提高其光合作用的能力，旺盛地进行干物质生产和扩大叶面积，所以，在肥沃有机质丰富的土壤上育苗定植以后，叶片的分化旺盛，根系发达，吸收肥水肥力逐渐增强，叶片中氮的浓度提高到生育前期，叶片的分化和发育最旺盛，是增加叶片重量的时期，由于叶面积的扩大，维持了光合作用的能力，提高了干物质生产，并增加了其向地上部分配，促使叶片分化，同时向根部分配的干物质也增多。

每生产 1 000kg 芹菜，需要吸收氮 1.8kg、磷 0.68kg、钾 4kg。

（二）芹菜的配方施肥技术

芹菜产量 5 000~6 000kg/亩的施肥方案如下：定植前亩施腐熟有机肥 3 000~4 000kg，过磷酸钙 20~30kg，硫酸钾 20kg。或肥量相当的复合肥 20~30kg。缺钙的土壤每亩施 60~70kg 石灰，缺硼的土壤每亩施硼砂 1~2kg。

1. 育苗肥

保护地栽培的芹菜一般都要经过育苗，然后再定植。营养土的配制可以参照番茄的营养土配制方法，也可以按体积比用 1/2

的菜园土与1/2的腐熟或半腐熟堆肥混匀后做营养土，并按重量的2%~3%掺入过磷酸钙。

2. 基肥

芹菜生长期较长，因此要在定植前施足基肥，以便能不断满足植株对养分的需求。每亩施入4 000~5 000kg有机肥，30~35kg过磷酸钙，25~20kg硫酸钾。对于缺硼土壤，每亩可再施入1~2kg硼砂。

3. 追肥

施用基肥的基础上要注意及时追肥，一般从定植到收获需追肥3~5次。缓苗后进行第一次追施提苗肥，进入旺盛生长期，进行第二次追肥，间隔10天左右进行第三次追肥，第四次追肥在收获前10~15天，每次施纯氮3~5kg/亩；第三次追肥时应补充钾肥，施氧化钾3~5kg/亩。芹菜生长中后期可叶面喷施0.3%~0.5%的磷酸二氢钾溶液，喷液量30~40kg/亩，可以提高芹菜产量和品质。

（三）芹菜的配方施肥技术案例

以宁夏银北灌区芹菜配方施肥为例，介绍如下。

1. 土壤情况

试验田土壤灌淤土，有机质14.2g/kg，全氮10.2g/kg，速效氮69.6mg/kg，速效磷21.2mg/kg，速效钾133mg/kg，土壤肥力中等，灌排水方便。

2. 品种与肥料

供试芹菜品种为西芹一号，供试肥料为尿素（含N 46.3%）、重过磷酸钙（含P_2O_5 46%）和氯化钾（含K_2O 54%）。

3. 施肥方案和产量（表4 -3）

采用平衡施肥设计。磷、钾肥作为基肥一次性施入；氮肥60%作为基肥施入，剩余40%在芹菜移栽后作为追肥施入。

表 4 – 3　芹菜配方施肥方案

处理	肥料用量（kg/亩）			产量（t/亩）
	纯 N	P_2O_5	K_2O	
CK	0	0	0	7.91
PK	0	8	10	8.48
NK	20	0	10	13.22
NP	20	8	0	14
NOK	20	8	10	14.7

三、莴苣

莴苣有叶用莴苣和茎用莴苣两种，前者宜生食，故名生菜；后者又名莴笋。莴苣含有丰富的矿质元素和维生素，其所含维生素 E 能促进人体细胞分裂，延缓人体细胞衰老，是人类抗衰老的保健品之一。

（一）莴苣的需肥规律

莴苣为直根系，入土较浅，根群主要分布在 20～30cm 的耕层中，适于有机质丰富、保水保肥力强的微酸性壤土中栽培。莴苣是需肥较多的作物，在生长初期，生长量和吸肥量均较少，随生长量的增加，对"三要素"的吸收量也逐渐增大，尤其到结球期吸肥量呈"直线"猛增趋势。其一生中对钾需求量最大，氮居中，磷最少。莲座期和结球期氮对其产量影响最大，结球 1 个月内，吸收氮素占全生育期吸氮量的 84%。幼苗期缺钾对莴苣的生长影响最大。莴苣还需钙、镁、硫、铁等中量或微量元素。据测定，每生产 1 000kg 莴苣需要从土壤中吸收氮 2.08kg、磷 0.71kg、钾 3.18kg。

（二）莴苣的配方施肥技术

莴苣分叶用和茎用两种，施肥时就有所区别。这里着重介绍茎用莴苣的施肥方法。茎用莴苣又分春莴笋和秋莴笋。针对莴苣的需肥特点，施肥应以基肥为主，并掌握好追肥技巧，无论是叶用的还是茎用的，都要在施足基肥的基础上，做好各生育期的按需追肥，以满足笋茎肥大的需要。

1. 基肥

一般每亩施充分腐熟的有机肥 4 000～5 000kg，并掺入过磷酸钙 15kg，草木灰 100kg，或每亩施饼肥 150kg，过磷酸钙 50kg和硫酸钾 25kg。也可每亩施充分腐熟的农家肥 3 500kg，磷酸二铵 15kg。

2. 追肥

（1）春莴笋 一般在 9 月以后播种，冬前停止生长一段时期。施肥总的原则是"轻施勤施"。第一次在定植后每亩马上施 2% 人粪尿约 500kg 或硫酸铵 2kg 对水 300kg 浇施，促进移植苗成活。第二次在移植后 15 天，每亩施 10% 人粪尿约 600kg 或硫酸铵 4kg 对水 600kg 浇施。如土壤肥沃或基肥充足，以后可不再追肥，而对基肥不足的应增施二次追肥。第三次在立春后，植株开始迅速生长，每亩施 50% 人粪尿约 600kg 或硫酸铵 2kg 对水 500kg，结合中耕浇施。第四次在植株封垄并开始抽茎时，每亩施 50% 人粪尿约 600kg，或用硫酸铵 10kg 对水 500kg 浇施，以后一般不再施肥，以免基部迅速膨大而开裂。并注意年内控制施肥，避免徒长，提高植株的抗寒能力。

（2）秋莴笋 一般在 6 月以后播种，生长期 3 个月左右。为防止秋莴笋抽薹，必须满足水肥的要求，使叶面积迅速扩大。除施足基肥外，定植后浅浇勤浇直至缓苗，缓苗后施速效性氮肥，每亩可施硫酸铵 10kg 或尿素 7.5kg，"团棵"时施第二次肥，结合浇水，每亩施尿素 10kg，以加速叶片的分化和叶面积的扩大。封垄以前，茎部开始肥大时进行第三次追肥，结合浇水每亩施尿素 10kg，同时用 0.3% 磷酸二氢钾溶液 50～60kg 进行叶面施肥。

（三）莴苣的配方施肥技术案例

以广西壮族自治区的贺州市八步区贺街镇莴苣配方施肥为例，介绍如下。

1. 土壤情况

试验田土壤肥力中等，前茬作物为水稻。

2. 品种与肥料

供试品种为贺州本地莴苣，供试肥料为复合肥（15－15－15）（总含量45%）、尿素（含 N 46.3%）、过磷酸钙（含 P_2O_5 17%）和氯化钾（含 K_2O 60%）。

3. 施肥方案

施肥处理1（测土配方施肥）：每亩施尿素 43.5 kg＋普通过磷酸钙 75 kg＋氯化钾 31.7kg；

施肥处理2（常规施肥）：每亩施复合肥 115 kg；

施肥处理3：每亩施腐熟猪粪 1 500 kg＋尿素 43.5 kg＋普通过磷酸钙 75 kg＋氯化钾 31.7kg；

施肥处理4：空白对照不施肥。

4. 生物学产量和经济产量

4 种施肥处理的每亩生物学产量和经济产量分别为：2 025.9 kg、675.1 kg；1 071.7 kg、125.4 kg；2 587.2 kg、915.6 kg 和 2 426.2 kg、0 kg。其中处理1（测土配方施肥）和处理3经济产量较高。

第四节　葱蒜类蔬菜配方施肥技术

葱蒜类蔬菜主要包括韭菜、大蒜、大葱及洋葱等，这类蔬菜根系浅，吸肥力弱，但对养分需求量较高，适宜在富含有机质、疏松透气、保水保肥性能好的土地种植。对养分的需求，一般以氮为主，其次是钾，需磷相对较少。为获得高产必须大量增施有机肥，施足基肥并增加追肥次数。这类蔬菜对养分的需求量以大蒜最高，其次是大葱、洋葱、韭菜。

一、韭菜

(一) 韭菜的需肥规律

不同的生长发育时期和生长年限韭菜的需肥量也不相同。韭菜需氮最多，钾次之，磷最少，在幼苗期生长量小，需肥量也少；至营养生长盛期，生长量大，需肥量也相应增多。1 年生韭菜，植株尚未充分发育，株数少，需肥量也较少；2 ~ 4 年生韭菜，分蘖力强，植株生长旺盛，产量也高，需肥量也多；5 年生以上的韭菜，逐渐进入衰老阶段。

每生产 1 000 kg 韭菜需 N 3.7 ~ 4kg、P_2O_5 0.8 ~ 1kg、K_2O 3.1 ~ 3.2kg。

(二) 韭菜的配方施肥技术

1. 基肥

首先在苗床或育苗地内育苗，幼苗期韭菜生长量小，耗肥量少，但由于幼苗相对比较弱小，根系不发达，吸肥力弱，除施足底肥外还应分期追施速效化肥，促进生长，使幼苗生长健壮。定植后进入秋凉季节，韭菜生长速度加快，生长量加大，应及时追肥促进养分的制造和积累。当年播种的韭菜一般当年不收割。

当韭菜苗高长至 18 ~ 20cm 时定植。定植前，在定植地内亩施入有机肥 5 000 kg，采用撒施，耕翻入土，整平地后按栽培方式做畦或开定植沟，畦内（沟内）再施入优质有机肥 2 000kg/亩，肥料与土壤混合均匀后即可定植。

播种第二年的韭菜已经生长健壮，发育成熟，开始收割上市。此期的施肥原则是及时补充因收割而带走的养分，使韭菜迅速恢复生长，保持旺盛的生长势头，防止因收割造成养分损失而导致植株早衰。

2. 追肥

一般在韭菜苗高 12～15cm 时结合浇水追 2 次肥，硫酸铵 20kg/亩。定植后的韭菜需要及时施肥，促进叶部生长，为韭菜根茎膨大和根系生长奠定物质基础。一般要追 2～3 次肥。北方地区追施肥料于 9 月上旬和下旬各 1 次，硫酸铵 15～20kg/亩，随水施入。10 月上旬再追施 1 次硫酸铵（用量同上）或追施 1 次粪水。在韭菜收割后 2～3 天，新叶长出 2～3cm 高时结合浇水追施硫酸铵 15～20kg/亩。不要收割后马上浇水、施肥，这样易引起根茎腐烂。

韭菜收割一般在春秋两季，炎夏不收割韭菜。夏季由于韭菜不耐高温，高温多雨使光合作用降低，呼吸强度增强，生长势减弱，呈现"歇伏"现象，此期韭菜管理以"养苗"为主。养苗期间要适当追肥，以增强韭菜抗性，使之安全越夏。追肥量以硫酸铵 15～20kg/亩为宜。

（三）韭菜的配方施肥技术案例

以陕西省西安市长安区王曲镇贾里村韭菜配方施肥为例，介绍如下。

1. 土壤情况

试验田土壤肥力中等，有机质 22g/kg，碱解氮 72mg/kg，有效磷 15mg/kg，速效钾 126mg/kg，pH 值 8.2。

2. 品种与肥料

供试韭菜品种为 5 年生马蔺韭，供试肥料为尿素（含 N 46%）、过磷酸钙（含 P_2O_5 16%）、氯化钾（含 K_2O 60%）。

3. 施肥方案

试验采用 311 - A 拟饱和最优回归设计。各施肥处理分基肥和追肥，先施入各处理氮肥总量的 60% 和全部磷、钾肥，翌年春季韭菜萌芽前和第一刀韭菜收割后再分别施入各处理氮肥总量的20%。

4. 产量和经济效益

最高产量为2 323kg/亩时的优化施肥方案为N 35.3kg/亩、P_2O_5 25.2kg/亩、K_2O 29.3kg/亩，N：P_2O_5：K_2O 为1：0.71：0.83。

二、大蒜

(一) 大蒜的需肥规律

大蒜在鳞芽和花芽分化后是大蒜一生中三要素吸收量的高峰期；抽薹前是微量元素铁、锰、镁的吸收高峰期；采薹后三要素及硼的吸收再次达到小高峰，锌的吸收达到高峰。在三要素肥料中，缺氮对产量的影响最大，缺磷次之，缺钾影响最小，三要素同时缺乏时，对大蒜产量的影响则更大。大蒜出苗后吸收氮素增加，在提薹后的鳞茎膨大期对氮的吸收量最多。苗期、蒜薹伸长期、膨大期氮的吸收量占总吸收量的30%、38%、30.7%，磷的吸收量占总吸收量的17%、62%、21%，钾的吸收量占总吸收量的21.2%、53.2%和25.6%。大蒜对各种营养元素的吸收量以氮最多，钾、钙、磷、镁次之。各种元素的吸收比例为氮：磷：钾：钙：镁 = 1：(0.25～0.35)：(0.85～0.95)：(0.5～0.75)：0.060。每生产1 600kg大蒜需吸收氮13.4～16.3kg，磷1.9～2.4kg，钾7.1～8.5kg，钙1.1～2.1kg。

(二) 大蒜的配方施肥技术

1. 基肥

大蒜在播种前可选择富含有机质、疏松平整的地块，每亩施优质腐熟猪厩肥3 000～5 000kg，也可用苜蓿等绿肥作物压青、鲜草沤造等做基肥施用。同时每亩施氮、磷、钾复混肥25～35kg。将有机肥的一半在耕地前均匀地撒施在田后翻入即可。

2. 追肥

追施磷肥、钾肥，可以增进氮肥的吸收利用，促进大蒜生长发育，提高蒜薹和蒜头的产量。

（1）催苗肥　促使大蒜正常发芽出苗，培育壮苗。出苗后 1 个月左右追 1 次催苗肥，促进幼苗迅速发根生苗，提高大蒜安全越冬性能，但追肥量不宜过大。如果土壤肥沃，基肥充足，可以不追肥。苗期追肥后要进行中耕，保持土壤疏松和墒情，加快根系对养分的吸收利用。

（2）蒜薹伸长期追肥　此期每亩追施氮素 5～8kg、钾 6.5～10kg、腐熟的人粪尿 1 000～1 500kg。

（3）蒜头生长期追肥　在蒜薹采收后的 10 天内，蒜头进入膨大时期，是蒜头一生中生长最快的阶段。为保根防早衰、延长叶片功能期、促进干物质的积累和转移，在蒜头生长期应适当重施肥，要以速效氮肥为主，配合施用磷、钾肥。每亩追施氮素 6～8kg 或人粪尿 1 500～2 000kg。追肥方法一般采用条施、随水施或埋施。施用土杂肥时可顺行开沟。施用化肥时，采用开沟撒施或穴施，施后盖土、浇水，或随水浇施。

（4）叶面施肥　一般应在蒜薹分化期、鳞茎生长期、蒜薹采收后 2～3 天各喷施 1 次微量叶面肥。喷施时，叶子正反面都要喷施，最好在 16：00 后喷施。喷施时要选天气好进行，如喷施后在 24h 内遇雨水，要重新喷施。

（三）大蒜的配方施肥案例

以山东省东平县斑鸠店镇东庞口村、张庄村和东堂子村大蒜配方施肥为例，介绍如下。

1. 种植地概况

试验地 3 个村土壤有机质含量分别为 14.6g/kg、10.0g/kg、8.9g/kg，碱解氮分别为 47mg/kg、53mg/kg、46mg/kg，速效磷分别为 67.2mg/kg、21.7mg/kg、19.3mg/kg，速效钾分别为 195mg/kg、125mg/kg、112mg/kg。

2. 品种与肥料

选择品种为苏联杂交蒜。供试肥料为尿素（含 N 46%）、碳铵（含 N 17%）、过磷酸钙（含 P_2O_5 12%）、氯化钾（含 K_2O 60%）。

3. 施肥方案与产量

常规施肥的基肥氮、磷、钾比例为 20：10：11，配方施肥氮、磷、钾比例为 14：12：15。配方施肥处理均比常规施肥增产，大蒜每亩增产幅度为 213.8～292.6kg，增产率为 14.2%～16.7%，以高产田增产效果最明显；蒜薹的增产幅度为 51.6～81kg，增产率为 9.4%～13.5%，增产规律与大蒜相同。

三、大葱

大葱为百合科 2 年生草本植物，鲜嫩的叶身和假茎（葱白）富含蛋白质、维生素 C 和磷等矿物质，营养丰富，辛辣芳香，具有增进食欲、开胃消食和解腥等功效，是人们日常生活中常用的重要调味品，广泛用于烹调。大葱还有较强的杀菌作用，可预防和治疗多种疾病，能通乳、利尿和治疗便秘。

（一）大葱的需肥规律

大葱喜肥，需肥量较大，对氮、钾营养素十分敏感。生长前期对氮素反应敏感，需氮量较大，生长后期磷、钾肥需求量较大。苗期需氮量不多，占全部需氮量的 13%左右；绿叶生长期，需氮量迅速增加，占全部需氮的 50%；葱白生长成期，需氮量占全部需求量的 35%左右。苗期对磷十分敏感，适时适量地施加磷肥可促进苗期生长发育，确保植株长势健壮，为优质稳产奠定基础。如苗期缺磷，苗高明显矮化，影响后期植株生长，直接导致减产。生长盛期及葱白形成期要及时增施钾肥，对葱白的生长具有显著地促进作用。同时，还要适时施加钙、镁、硼、锰、硫，可使葱白粗且长，葱味浓郁，提高大葱品质，增产效果明显。每生产 1 000 kg 大葱需吸收氮（N）2.7～3.3kg，磷（P_2O_5）0.5～0.6kg，钾（K_2O）3.3～4.0kg，三者比例为 1：（0.19～0.4）：（1.22～1.3）。除氮、磷、钾营养元素之外，还要及时施加钙、锌、锰、硼和硫等微肥，才能满足其正常生长发育，确保大葱产量及品质。

（二）大葱的配方施肥技术

1. 基肥

定植地选择好后，结合整地施足基肥。一般每亩施腐熟的有机肥 3 000kg，三元复合肥（45%）25～30kg，并配施一些钙、镁、硫肥，或施硫酸钾和二铵共 25～30kg。施基肥后再浅翻，耙平后做成平畦或种植沟，然后定植。

2. 追肥

大葱追肥的原则是"前轻、中重、攻中补后"。定植后，在越夏缓苗期，不浇水、不施肥，只浅中耕、松土。待立秋后气候转凉时，植株生长逐渐加快，应追肥 1 次，每亩施氮、磷、钾含量 40%（12－8－20）的复合肥 15～20kg，或尿素、硫酸钾各 15kg，或用腐熟的有机肥 1 000～1 500kg。9 月上旬是大葱生育的适温期，葱白进入生长盛期，也是大葱需肥最多的时期，应进行第二次追肥，每亩施氮、磷、钾含量为 40%（12－8－20）的复合肥 20～30kg，或施腐熟的人粪尿 750kg，或撒施腐殖酸铵 30kg，过磷酸钙 30kg，草木灰 100kg。9 月下旬或 10 月上旬进行第三次追肥，每亩施尿素 15～25kg，追肥后浇水、培土，直至收获。

（三）大葱的配方施肥案例

以黑龙江省绥化市北林区太平川镇大葱配方施肥为例，介绍如下。

1. 种植地概况

试验地土壤为黑土，肥力中等。

2. 品种与肥料

选择品种为当地品种。供试肥料为尿素（含 N 46%）、碳铵（含 N 17%）、磷酸二铵（含 N 18%、P_2O_5 46%）、硫酸钾（含 K_2O 60%）。

3. 施肥方案

常规施肥：农户习惯施肥，每亩施底肥尿素10kg、磷酸二铵6.7kg、硫酸钾3.3kg，追尿素33kg。

配方施肥1：每亩施底肥尿素26kg、磷酸二铵10kg、硫酸钾14kg，追尿素17kg。

配方施肥2：每亩施底肥尿素26kg、磷酸二铵10kg、硫酸钾19kg，追尿素17kg。

配方施肥3：每亩施底肥尿素26kg、磷酸二铵10kg、硫酸钾23kg，追尿素17kg。

4. 产量与经济效益（表4-4）

表4-4 大葱配方施肥经济效益

处理	产量（kg/亩）	产值（元/亩）	肥料成本（元/亩）	产投比
常规施肥	2 901	1 704	167	2.36
配方施肥1	3 445	2 267	231.8	2.63
配方施肥2	3 645	2 187	257.8	2.69
配方施肥3	3 778	2 067	278.6	2.72

四、洋葱

（一）洋葱的需肥规律

洋葱在不同生育期对氮、磷、钾的需求不同。幼苗期生长缓慢，需肥量小，以氮元素为主；进入叶片生长盛期，需肥量和吸肥强度迅速增长，此时仍以氮元素为主；在鳞茎膨大期，生长量和需肥量继续缓慢上升，以钾元素为主，此期增施磷、钾肥，能促进鳞茎肥大和提高品质；洋葱整个生育期都不能缺磷。洋葱对营养元素的吸收以钾为最多，氮、磷、硼次之，其中氮对洋葱生育影响最大。在一般土壤条件下，施用氮肥可显著提高产量。此外，洋葱施用铜、硫等元素增产效果较好。因此，生产上除满足洋葱对氮、磷、钾的需求外，还应重视硼、铜、硫等微量元素的施用。

每生产 1 000kg 洋葱头，需从土壤中吸收氮（N）2.0~2.4kg、磷（P_2O_5）0.7~0.9kg、钾（K_2O）2.2~4.2kg、钙（CaO）1.16kg、镁（MgO）0.33kg。

（二）洋葱的配方施肥技术

1. 基肥

一般中等肥力田块（豆茬、玉米等旱茬较好），每亩施优质腐熟有机肥 2 000kg 以上，磷酸二铵或磷、钾复合肥 50~60kg，尿素 30~35kg 做底肥。将上述各种肥料混匀后，结合翻耕、整地把肥料施入土中的中上层，然后移苗栽植。

2. 追肥

洋葱追肥一般为 3~4 次。第一次在定植后一周内，每亩施20%人粪尿约 800kg 或硫酸铵约 10kg。第二次在开春后，约 3 月间，每亩施 30%人粪尿约 800kg，或硫酸铵约 10kg 结合中耕培土浇施。第三次在 4 月上旬，葱头开始膨大时，每亩施 50%人粪尿约 800kg 或硫酸铵约 10kg，硫酸钾约 5kg，结合中耕除草浇施。

（三）洋葱的配方施肥技术案例

以云南省元谋县洋葱配方施肥为例，介绍如下。

1. 种植地概况

试验地土壤为沙泥田，肥力中等。

2. 品种与肥料

选择洋葱品种为太阳 9 号。供试肥料为尿素（含 N 46%）、过磷酸钙（含 P_2O_5 12%）、硫酸钾（含 K_2O 50%）、（缓释肥）复合肥（15－15－15）、硫酸钾型复合肥（16－6－22）。

3. 施肥方案

测土配方施肥区 N：P_2O_5：K_2O = 26：26：18，每亩施 N 56kg、P_2O_5 162.5kg、K_2O 36kg。用尿素总量的 40%、普钙总量的 100%、硫酸钾总量的 70% 做基肥（第一次施肥）。

农户习惯施肥区 N：P_2O_5：K_2O = 34：2.7：10.3，每亩施 N 73.27kg、P_2O_5 16.67kg、K_2O 20.67kg。整地施基肥，施 N：P_2O_5：K_2O = 15：15：15 的缓释肥 15kg（尿素 2.25kg，磷肥 2.25kg，钾肥 2.25kg）。

空白处理不施任何肥料。

4. 产量与经济效益（表 4－5）

表 4－5　洋葱配方施肥经济效益

处理	产量（kg/亩）	产值（元/亩）	肥料成本（元/亩）	净增产（元/亩）
空白	1 444.5	550	—	—
常规施肥	2 643.5	1 797	741.7	505.8
配方施肥	3 636.9	2 473	450	1472.9

注：市场价格为洋葱 0.68 元/kg，尿素 2 500 元/t，普钙 800 元/t，硫酸钾 5 000 元/t，（缓释肥）复合肥 4 750 元/t，硫酸钾型复合肥 5 000 元/t

第五节　茄果类蔬菜配方施肥技术

茄果类蔬菜以熟果或嫩果供食用，包括番茄、辣椒和茄子 3 种蔬菜，它们的生长特点是边开花、边结果、生长量大、需肥量高、耐肥力强。养分失衡容易引起生理病害。在幼苗期需肥量小，但要求营养全面，尤其是对氮磷较敏感，如果缺乏，就会影响花芽分化和果品品质，且需氮肥较多，过多施用氮肥易引起徒长，延长开花结果，导致落花落果；进入生殖生长期，需磷肥量剧增，需氮肥量略减，因此，要增施磷、钾肥，节制氮肥用量。在施肥上要多施有机肥，以改良土壤，重视磷、钾肥的施用，保证氮、磷、钾养分的平衡供应，注意钙、铁、锰、锌等微量元素的施用。

一、番茄

（一）番茄的需肥规律

番茄对磷肥的需要量比氮、钾量少，磷可以促进根系发育，提早花器分化，加速果实生长和成熟，提高果实含糖量，在第一果穗长到核桃大小时，对磷的吸收量较多，其90%存在于果实中。番茄一生中对钾的吸收量居第一位，钾对植株发育、着色及品质的提高具有重要作用，缺钾则植株抗病力弱，果实品质下降，钾肥过多，会导致根系老化，妨碍茎叶的发育。

番茄需肥较多且耐肥，春茬番茄养分吸收主要在中后期，番茄定植后对氮、钾肥的需求量要高于磷肥的需求量。春秋茬番茄苗期对养分的吸收量较少，秋茬养分吸收比例比春茬高，秋茬的吸收量明显高于春茬，且吸钾量较高。盛果期，春茬番茄对养分的吸收量达到高峰，而秋茬对养分吸收的速率下降。在生育末期，春茬吸收氮、磷、钾的量高于秋茬。番茄在不同生育时期对各种养分的吸收比例及数量不同。氮肥幼苗期约占总需肥量的10%，开花坐果期约占40%，结果盛期约占50%。当第一穗果坐果时，对氮、钾需求量迅速增加，到果实膨大期，需钾量更大。

据试验资料统计，每生产 1 000kg 商品番茄需吸收纯 N 2.5 ~ 3.18kg、P_2O_5 0.65 ~ 0.74kg、K_2O 4.38 ~ 4.5kg、氧化钙 3.3kg，比

例为 1∶（0.4～0.6）∶（1～1.2），平均为 1∶0.5∶1.1。

表4-6 北京地区番茄配方施肥中氮、磷、钾用量与比例

配方号	养分总用量（kg/亩）	纯养分用量（kg/亩）			比例（N∶P∶K）
		N	P₂O₅	K₂O	
1	27.0	11.0	7.0	9.0	1∶0.64∶0.85
2	25.0	11.0	6.0	8.0	1∶0.55∶0.73
3	28.0	11.0	7.0	10.0	1∶0.64∶0.91
4	28.0	12.0	8.0	8.0	1∶0.67∶0.67
5	31.0	12.0	9.0	10.0	1∶0.75∶0.83
6	32.0	12.0	9.0	11.0	1∶0.76∶0.92
7	28.0	13.0	5.0	10.0	1∶0.38∶0.77
8	30.0	13.0	7.0	10.0	1∶0.54∶0.77
9	33.0	13.0	9.0	11.0	1∶0.69∶0.85
10	28.0	14.0	6.0	8.0	1∶0.43∶0.57
11	28.0	14.0	7.0	7.0	1∶0.5∶0.5
12	27.0	14.0	5.0	8.0	1∶0.36∶0.57
13	28.0	15.0	5.0	8.0	1∶0.33∶0.53
14	28.0	15.0	6.0	7.0	1∶0.4∶0.47
15	32.0	15.0	7.0	10.0	1∶0.47∶0.67
16	29.0	16.0	5.0	8.0	1∶0.31∶0.5
17	31.0	16.0	6.0	9.0	1∶0.38∶0.56
18	33.0	16.0	7.0	10.0	1∶0.44∶0.63
19	32.0	16.0	5.0	11.0	1∶0.31∶0.69
20	17.0	7.8	2.0	7.2	1∶0.25∶0.91
21	20.8	10.1	2.6	8.1	1∶0.25∶0.79
22	26.0	11.6	2.7	11.7	1∶0.23∶1.01
23	29.0	15.1	3.5	10.4	1∶0.23∶0.69
24	33.2	16.3	3.6	13.3	1∶0.22∶0.82
25	24.3	13.5	4.3	6.5	1∶0.32∶0.46
26	28.5	16.0	4.0	8.5	1∶0.25∶0.57

（二）番茄的配方施肥技术

1. 基肥

番茄露地栽培要重施基肥，移栽定植前，施腐熟的有机肥 4 000～5 000kg/亩、尿素 15kg/亩、过磷酸钙 50kg/亩、硫酸钾 20kg/亩、草木灰 150kg/亩；或高氮低磷高钾肥型三元复合肥 （20－5－20） 30kg/亩左右、过磷酸钙 50kg/亩左右，一般将其中的 2/3 均匀地撒于地表，结合整地翻入，1/3 施于定植沟内。保护地基肥用量有机肥比露地高 20%～30%，磷、钾肥用量比露地多 30%。对早熟品种施肥量全部一次性做基肥施入，基本上不追肥；中晚熟品种酌情考虑追肥。

2. 追肥

（1）催苗肥　在土壤地力不足时，为促进秧苗生长，缓苗后应追施 1 次缓苗肥，穴施腐熟的人粪尿 250～500kg/亩、尿素 5kg/亩。为避免出现"坠秧"现象，早熟品种追肥量应稍大，而中晚熟品种要控制追肥量，以防徒长。另外，施肥穴应与根系保持一定的距离，以免烧根。

（2）膨果肥　在第一果穗膨大时，可以结合浇水进行追肥，此次追肥量应占整个追肥量的 30%～40%。在离根部 10cm 处穴施人粪尿 500kg/亩、尿素 8～10kg/亩，追施盛果肥的最佳时期是当第一穗果发白、第二、第三穗果进入迅速膨大期时。追施磷酸二铵 25kg/亩、硫酸钾复合肥 25～30kg/亩，盛果期追 2～3 次肥后，搭架的秋番茄需要再增加追肥 1～2 次，以确保中后期生长。

（3）根外追肥　无论是保护地栽培还是露地栽培番茄，都可以进行根外追肥。一般在盛果期每隔 7～10 天喷 1 次叶面肥。在番茄开花结果期进行根外追肥（即叶面喷肥），如 0.5%～1.0% 的尿素、1.0% 的过磷酸钙浸出液、0.4%～0.7% 的氯化钙等混合喷施或交替喷施。在第一穗果初花期和果实膨大期分别喷施浓度 0.03% ~ 0.04% 的稀土水溶液，可以提高坐果率，改善果实品质。此外，还可以适当增施二氧化碳肥，以增加番茄产量。

（三）番茄的配方施肥案例

以河北省唐山市丰南区大新庄镇佟一村番茄配方施肥为例，介绍如下。

1. 种植地概况

试验地土壤肥力均匀，有机质 27.5g/kg，水解氮 82.12mg/kg、速效磷 97.51mg/kg、速效钾 175.3mg/kg，pH 值 7.1。

2. 品种与肥料

选择番茄品种为硬果大粉冠。供试肥料为尿素（含 N 46%）、磷酸二铵（含 N 18%，P_2O_5 46%）、硫酸钾（含 K_2O 50%）、复合肥（15 – 15 – 15）。

3. 施肥方案

测土配方施肥区：每亩底施磷酸二铵 15kg、硫酸钾 16kg、尿素 6.5kg、有机肥 6 500kg。

习惯施肥区：每亩底施复合肥 50kg、硫酸钾 14kg、有机肥 6 500kg。两种处理方式的追肥时期和用量相同。分 3 次冲施，分别在第一穗果核桃大小、第二穗果核桃大小、第三穗果核桃大小时每亩追施尿素 6kg、硫酸钾 12kg。

4. 产量与经济效益

测土配方施肥与习惯施肥相比较，每亩产量分别为 6 876.3 kg 和 6 208.9kg，平均每亩增产 667.4kg，增产率 10.7%；每亩节约纯氮 1.78kg、五氧化二磷 0.6kg、氧化钾 6.5kg。

二、茄子

（一）茄子的需肥特性

茄子是喜肥作物，土壤状况和施肥水平对茄子的坐果率影响较大。在幼苗期茄子对氮、磷、钾三要素的吸收仅为其总量的0.05%、0.07%、0.09%。虽然对养分的吸收量不大，但对养分的丰缺非常敏感。从幼苗期到开花结果期对养分的吸收量逐渐增加，到盛果期至末果期养分的吸收量约占全期的90%，其中盛果期占2/3左右。此时，对氮钾的吸收量急剧增加，这个时期如果氮素不足，花发育不良，短柱花增多，产量降低；对磷、钙、镁的吸收量也有所增加，但不如钾和氮明显。

每生产1 000kg茄子需氮（N）3.2kg、磷（P_2O_5）0.94kg、钾（K_2O）4.5kg，比例为1：（0.4～0.6）：（1～1.2），平均为1：0.5：1.1。

（二）茄子的配方施肥技术

1. 基肥

茄子生育期长，尤其是需肥量大的结果期很长，是需肥多而又耐肥的蔬菜作物。为保证全生育期的养分供应，防止后期脱肥，必须施充足的肥料做基肥。一般温室茄子每亩施腐熟有机肥8 000～10 000kg，过磷酸钙和硫酸钾各25kg。露地：亩施有机肥5 000～7 000kg，配合适量过磷酸钙与草木灰等，可以满足营养需求，改善土壤条件，增加地温。

一般农家肥每亩施用3 000～3 500kg（或商品有机肥400～450kg），尿素4～5kg、磷酸二铵9～13kg、硫酸钾6～8kg。

2. 追肥

茄子定植前每亩施有机肥5 000kg，磷肥25～35kg。门茄膨大期追肥：当"门茄"达到"瞪眼期"（花受精后子房膨大露出花萼时称为"瞪眼"），果实开始迅速生长，此时是关键施肥时期。进行第一次追肥，每亩施纯氮4～5kg（尿素7～9kg或硫酸铵20～25kg）、硫酸钾4～6kg。四母斗膨大期追肥：当"对茄"果实膨大，"四母斗"开始发育时，是茄子需肥的高峰，进行第3次追肥后每亩施尿素7～9kg、硫酸钾4～5kg。前3次的追肥量相同，以后的追肥量可减半，也可不施钾肥。追肥时间相差半个月。

从成果期开始，可根据长势喷施 0.2% ~ 0.3% 的尿素、0.2% ~ 0.3% 磷酸二氢钾等肥料，一般 7 ~ 10 天 1 次，连喷 2 ~ 3 次。还可根据土壤测试结果叶面喷施微量元素水溶肥料。

（三）茄子配方施肥技术案例

以浙江省青田县舒桥乡茄子配方施肥为例，介绍如下。

1. 种植地概况

供试土壤有机质为 15 ~ 16g/kg，全氮为 1.94g/kg，碱解氮为 129 ~ 159mg/kg，有效磷为 251 ~ 290mg/kg，速效钾为 167 ~ 204mg/kg，pH 值为 4.56 ~ 4.92。

2. 品种与肥料

选择品种为浙茄 1 号。供试肥料为尿素（含 N 46.3%）、过磷酸钙（含 P_2O_5 17%）和硫酸钾（含 K_2O 50%），45% 复混肥（15 - 15 - 15），腐熟的猪粪（自备猪粪与填充料木屑比例为 1:4，鲜猪粪腐熟半干，大量元素养分含量为纯 N 1.094%、P_2O_5 0.49%、K_2O 0.588%。

3. 施肥方案

根据土壤养分测定和茄子需肥特性制订 3 种配方施方案。

有机肥配方：施有机肥猪粪 75t/hm² (5 000kg/亩)，配施 46.3% 尿素 230.25kg/hm² (15.35kg/亩)、50% 硫酸钾 723.60kg/hm² (48.24kg/亩)。

纯化肥配方：施 46.3% 尿素 582.56kg/hm² (38.84kg/亩)、12% 钙镁磷肥 562.05kg/hm² (37.47kg/亩)、50% 硫酸钾 898.46kg/hm² (59.9kg/亩)。

习惯施肥：施 45% 复混肥（15 - 15 - 15）1025.64kg/hm² (68.38kg/亩)。

空白对照：不施任何肥料，校正土壤供肥能力。

4. 产量和经济效益

有机肥配方处理的产量最高，为 2 680.3kg/亩；其次为纯化肥配方处理，产量为 2 475.2kg/亩；不施肥处理产量最低，为 1 039.3kg/亩，有机肥处理成本较低，经济效益也较高，适合推广。

三、辣椒

（一）辣椒的需肥规律

辣椒在各个不同生育期，所吸收的氮、磷、钾等营养物质的数量也有所不同：从出苗到现蕾，植株根少、叶小，需要的养分也少，约占吸收总量的5%；从现蕾到初花植株生长加快，植株迅速扩大，对养分的吸收量增多，约占吸收总量的11%；从初花至盛花结果是辣椒营养生长和生殖生长旺盛时期，对养分的吸收量约占吸收总量的34%，是吸收氮素最多的时期；盛花至成熟期，植株的营养生长较弱，养分吸收量约占吸收总量的50%，这时对磷、钾的需要量最多；在成熟果采收后为了及时促进枝叶生长发育，这时又需要大量的氮肥。

辣椒是需肥量较多的蔬菜，每生产 1 000kg 需氮（N）3.5 ~ 5.4kg、磷（P_2O_5）0.8 ~ 1.3kg、氧化钾（K_2O）2.82 ~ 3.38kg，吸收氮、磷、钾比例为 1：0.29：（0.8 ~ 0.95）。

（二）辣椒的配方施肥技术

辣椒的吸肥特点与茄子相似，也是 2 次重肥，在重施底肥（配方肥、有机肥）的基础上，定植后追肥。

1. 基肥

大田产 5 000kg/亩辣椒，每亩施农家肥 5 000 ~ 8 000kg，过磷酸钙 25 ~ 50kg、硫酸钾 25 ~ 35kg，或用 45% 复合肥（15 - 15 - 15）30 ~ 40kg，整地前撒施 60%，定植时沟施 40%，以保证辣椒较长时间对肥料的需要。

2. 育苗肥

在 100m² 苗床上，施入 150 ~ 200kg 农家肥，过磷酸钙 1 ~ 2kg，翻耕 3 ~ 4 遍，达到培育壮苗的目的。

3. 追肥

幼苗移栽后，结合浇水追施腐熟人粪尿。蹲苗结束后，门椒以上茎叶长出 3 ~ 5 节，果实达 2 ~ 3cm 时，及时冲施高氮复合肥 10 ~ 15kg。半月后，追施第二次，用量同前。雨季过后，及时追肥，每亩追施高氮复合肥 10 ~ 15kg，促多结椒。辣椒膨大初期开始第一次追肥，以促进果实膨大。每亩追施纯氮 15 ~ 18kg，磷肥 18 ~ 20kg，钾肥 15 ~ 17kg。第二层果、第三层果、第四层果、满天星需肥量逐次增多，每次应适当增加追肥量，以满足结果旺盛期所需养分。每次追肥应结合培土和浇水。也可混合 0.3% 的丰果、辣椒灵等进行叶面喷施。

4. 叶面追肥

开花结果期，叶面喷 0.5% 尿素加 0.5% 磷酸二氢钾，可以提高结果数量，改善果实品质。

（三）辣椒的配方施肥技术案例

1. 甘肃省天水市辣椒配方施肥

（1）种植地概况 供试土壤为壤土，酸碱中性，耕层土壤含有机质 5 ~ 10g/kg，碱解氮 58.95mg/kg，速效磷 53.09mg/kg，速效钾 94.11mg/kg。

（2）品种与肥料 选择品种为天椒 5 号。供试肥料为尿素（含 N 46.3%）、过磷酸钙（含 P_2O_5 12%）和硫酸钾（含 K_2O 50%）。

（3）施肥方案 根据"3414"完全实施设计方案。全部磷肥、1/5 氮肥、1/5 钾肥做基肥一次性施入土壤，剩余肥料平均分 2 次于辣椒初果期、辣椒盛果期追施。

（4）产量和经济效益 当施尿素 38kg/亩、普通过磷酸钙 48kg/亩、硫酸钾 20kg/亩时，辣椒的果长、果肩宽、单果重、单株结果数表现相对良好，产量达最高，为 2 192kg/亩，较不施肥处理增产 112.17%。

2. 云南省会泽县辣椒配方施肥

（1）种植地概况　供试土壤 pH 值 5.1，有机质 21.69/kg，全氮 1.269/kg，碱解氮 338mg/kg，有效磷 71.6mg/kg，速效钾 133mg/kg。

（2）品种与肥料　选择品种为乐业辣椒。供试肥料为尿素（含 N 46.3%）、过磷酸钙（含 P_2O_5 12%）和硫酸钾（含 K_2O 50%）。

（3）施肥方案　根据"3414"完全实施设计方案。磷、钾肥做底肥一次性穴施，氮肥用尿素在定植成活后和幼果期分 2 次做追肥于辣椒初果期、辣椒盛果期追施。

（4）产量和经济效益　当施尿素 6.52kg/亩、普通过磷酸钙 26.88kg/亩、硫酸钾 10.37kg/亩时，辣椒的产量最高为 558.8 kg/亩。

第六节　瓜类蔬菜配方施肥技术

瓜类是以熟果或嫩果供食用，有黄瓜、南瓜、西葫芦、冬瓜、西瓜、甜瓜、节瓜、菜瓜、瓠瓜、丝瓜、苦瓜、佛手瓜等，瓜类的生长期可分为发芽期、幼苗期、开花期和结瓜期。开花以前养分需求量较小，结瓜期养分需求很大。瓜类蔬菜喜湿但不耐涝，喜肥但不耐肥，一般适于肥沃的沙壤土或黏壤土上生长，喜腐熟的农家肥。磷、钾对提高瓜类的产量和品质有明显的作用。

一、黄瓜

黄瓜根系浅、吸收能力比较弱，但生长快，结果多。适宜在疏松、肥沃、透气性好的土壤上栽培，黏重土壤不利于黄瓜根系发育，有机质含量高的土壤能平衡黄瓜根系喜湿而不耐涝、喜肥而不耐肥的矛盾。因此，以选择富含有机质，透气性良好，既能保水又能排水的土壤（如菜园土）进行栽培最为适宜。在黏质土壤中生育迟且生育期长，产量较高。沙土或沙质壤土栽培黄瓜生育早，但易于老化。

（一）黄瓜的需肥规律

黄瓜的生育周期大致分为发芽期、幼苗期、抽蔓期和开花结瓜期。黄瓜全生育期需要钾最多，其次是氮。生育前期养分需求量较小，氮的吸收量只占全生育期氮素吸收总量的 6.5%。随生育期的推进，养分吸收量显著增加，到结瓜期时达到吸收高峰。黄瓜定植后 30 天内对氮的吸收量猛增，70 天后吸收量开始变小。氮在各器官的吸收比例为定植后的 30 天内，叶比果实吸收多，而茎最少；至 50 天，果实吸收量与叶接近；70 ~ 90 天，果实吸收量均超过叶部，而茎增长最慢，吸收量也最少。在结瓜盛期的 20 多天内，黄瓜吸收的氮、磷、钾量要分别占吸收总量的 50%、47% 和 48%。黄瓜的全生育期不可缺磷和钾，进入生殖生长阶段，黄瓜对磷的吸收剧增，而对氮的需要量略减，特别在后 20 ~ 40 天磷的效果格外显著，在收瓜期间黄瓜对营养元素吸收量以钾最多，氮次之，再次为钙、磷、以镁最少。

生产试验表明，平均每生产 1t 黄瓜果实需要吸收 N 2.8 ~ 3.2kg、P_2O_5 0.8 ~ 1.3kg、K_2O 3.6 ~ 4.4kg、CaO 2.3 ~ 3.8kg、MgO 0.6 ~ 0.8kg，$N : P_2O_5 : K_2O$ 约为 1 : 0.36 : 1.3。

（二）黄瓜的配方施肥技术

1. 施肥量

如果 NPK 复混肥养分含量 34%（13 - 8 - 13），每亩用量以 80 ~ 120kg 为宜。黄瓜全生育期每亩施肥量为农家肥 3 000 ~ 3 500kg（或商品有机肥 400 ~ 450kg），氮肥（N）14 ~ 18kg、磷肥（P_2O_5）6 ~ 8kg、钾肥（K_2O）9 ~ 11kg。根据黄瓜的需肥规律、黄瓜种植地的肥力状况及目前施肥水平，确定配方施肥的推荐量如下。

（1）比较肥沃的中菜园土保护地的土壤肥力　一般是有机质含量为2%~4%，全氮0.1%~0.15%，速效磷20~46mg/kg，速效钾80~150mg/kg。黄瓜目标产量6 000kg。首先选用产量较高的早熟、中熟、中晚熟品种，每亩施优质骡马粪或其他优质农家肥10 000~15 000kg。每亩施纯氮（N）17~23kg，磷（P_2O_5）10.5~14kg，钾（K_2O）10~12.5kg，不施钙镁肥。

（2）肥力较低的新菜园保护地的土壤肥力　一般是有机质含量为1.5%~3.5%，全氮含量0.9%左右，速效磷10~30mg/kg，速效钾80~130mg/kg。黄瓜目标产量5 000kg。选择高产适宜品种，要求每亩施优质农家肥7 500~15 000kg，每亩施纯氮（N）17kg，磷（P_2O_5）10.5kg，钾（K_2O）7.5~10kg。

2. 施肥技术

黄瓜根系浅，分布稀疏，吸收能力不强，抗逆性较差，断根后不易再生，但生长快，结果多，加之栽培密度大，因此对水肥要求比较严格，必须大量供应水肥，使之充分吸收。

（1）基肥　菜农积累的主要经验：

①基肥多施热性的有机肥料（如骡马粪堆肥等）使土壤温暖、疏松、透气、保水、保肥，以满足根系对环境条件的要求，使根生长茂密，从而扩大其吸收面和吸收量；

②基肥普施与集中施用相结合，畦面施与畦埂施相结合，使根系吸收面深广，以满足对水肥条件的要求。

每亩施用农家肥3 000~3 500kg或商品有机肥400~450kg，尿素4~5kg，磷酸二铵13~17kg、硫酸钾3~4kg。有机肥做基肥，氮、钾肥分基肥和追肥，每次追肥量平均分配，磷肥全部做基肥，化肥和有机肥混合施用。一般黄瓜丰产田每亩施优质厩肥、堆肥等7 500kg左右；保护地（拱棚温室、地膜覆盖）每亩施腐熟的优质农家肥10 000kg以上，同时配施过磷酸钙35~

50kg，硫酸钾 15kg，三要素的大致比例是 1：0.6：0.8。基肥大部分随深耕翻入土内，留少部分定植时集中条施于沟内。鉴于黄瓜不能忍耐 0.05% 以上的土壤溶液浓度，所以未腐熟的有机肥料不宜施用过多，应留在追肥分期施用，以防烧根。

（2）追肥　黄瓜追肥的原则是薄施、勤施和少量多施。一般全生育期追肥 3～4 次，第一次追肥在根瓜收获后，以后每 10～15 天追肥一次，每次亩施尿素 7～8kg，硫酸钾 5～6kg。

①初花期追肥。初花期黄瓜的水肥管理主要在于"控"，目的是防止茎叶徒长引起"化瓜"，加强中耕蹲苗，促进根系生长，但控制要适当。初瓜期亩施尿素 7～8kg，硫酸钾 5～6kg。

②结瓜期总的管理特点在于"促"，目的是促进生殖生长、提高产量。"促"的原则是"先轻促、中大促、后小促"。根瓜生育期植株生长量和结瓜数还不多，水肥需要量不大。浇水保持地面见干见湿即可；腰瓜生育期植株生长和结瓜均逐渐达到极盛阶段，需要水肥的数量大大增加，必须大量追肥浇水，每 1～2 天 1 次；黄瓜结瓜期较长，顶瓜生育期植株进入衰老阶段，养分不断消耗，需要不断的追肥以保证养分供应，否则黄瓜会因缺肥而早衰，有效采收期缩短，产量下降。可每 10 天左右追肥 1 次，或根据采收情况每采收 2 次，追肥 1 次。争取茎叶不早衰，延长结瓜期，以促进瓜果膨大，提高产量和品质。

③根外追肥。为了补充磷、钾元素的不足，结瓜盛期可以叶面喷施 1% 的尿素水溶液，可叶面喷施 0.5% 的磷酸二氢钾，0.1% 的硼砂或多元素微肥 2～3 次。

（三）黄瓜的配方施肥案例

以河北承德双滦区偏桥子镇黄瓜配方施肥为例，介绍如下。

1. 种植地概况

试验田土壤类型为褐土，质地轻壤，有机质 22.7g/kg，全氮 1.3g/kg，有效磷 46.3mg/kg，速效钾 136.2mg/kg，pH 值 7.2。

2. 品种与肥料

选择黄瓜品种为中和 4 号。育苗生产，起垄定植，高垄栽培。大棚定植为每 120cm 为一带：80cm 为定植床，定植床中间设微灌带，床上覆黑色地膜，40cm 为操作带。垄高 15～20cm，每垄定植 2 行，每穴定植 1 株，株距 55cm，每亩定植 2 000 株。肥料为"承峰"商品有机肥和和黄瓜配方肥。

氮肥用含氮量为 46% 的尿素，磷肥用含五氧化二磷为 16% 的过磷酸钙，钾肥用含氧化钾为 50% 的硫酸钾，复合肥为氮、磷、钾含量比例为 10：8：7 的复合肥。

3. 施肥方案（表 4 −7）

表 4 −7　黄瓜配方施肥方案

处理	基肥（kg/亩）	追肥（N、P、K）（kg/亩）
空白	常规农家牛粪 3 000kg，二铵 75kg，尿素 15kg	常规追肥
常规施肥	常规羊粪农家肥 3 000kg，二铵 75kg，尿素 15kg	常规追肥
配方施肥	商品有机肥 2 000kg，配方肥 50kg（N − P$_2$O$_5$ − K$_2$O：15 − 10 − 20）	按配方追肥

4. 产量和经济效益分析（表 4 −8）

表 4 −8　黄瓜配方施肥产量和经济效益

处理	产量（kg/亩）	增产（kg/亩）	增产率（%）	增产值（元/亩）	增纯收益（元/亩）
空白	10 683				
常规	11 039	356	3.3	356	1 095
配方	11 895	1 212	11.3	3 636	2 651

注：牛粪、羊粪农家肥 333.33 元/t，二铵 1.8 元/kg，尿素 2 元/kg；底肥每亩总投入 1 165kg，底肥"承峰"有机肥 1 元/kg，配方肥 3 元/kg

二、西瓜

西瓜是直根系作物，根系发达入土深，吸收水分和养分能力较强，适宜在肥沃、富含有机质、结构疏松、排灌良好的沙壤土地块栽培。

（一）西瓜的需肥规律

不同生育期西瓜对养分的需求量有明显差异。通常西瓜需肥高峰期在结瓜期，氮、磷营养临界期都在幼苗期，而钾的营养临界期在抽蔓期。磷、钾的营养最大效率期在结瓜期。因此，幼苗期、抽蔓期和结瓜期都是西瓜施肥的重要时期。西瓜苗期、团棵期以营养生长为主，根系生长快，幼苗生长快速，不断扩大茎叶面积，促进光合作用，相对吸收氮素较多。抽蔓期西瓜对氮、磷、钾三元素的吸收增加，但这一时期的吸收量仍以氮为最多。开花结果期西瓜茎叶生长更为旺盛，对磷、钾的吸收有所增多，氮相对减少。从膨果期开始，西瓜对钾的吸收量需求更大，以此来促进碳水化合物的转化、运输、贮藏。钾的充分供应有利于西瓜品质的提高，此时氮肥的施用不可过量，否则会降低糖分含量，影响西瓜品质。生产 1 000 kg 西瓜需氮（N）2.5kg，磷（P_2O_5）0.8kg，钾（K_2O）2.8kg。

（二）西瓜的需肥量

在种植地进行土样采集，测定土壤有机质、碱解氮、速效磷和速效钾等基础养分条件。根据前期施肥生产结果，计算分析土壤的供肥能力、肥料利用率以及植株对肥料的吸收率等技术参数，结合测定的土壤速效养分含量，以每生产 1 000kg 西瓜吸收 N、P_2O_5、K_2O 分别为 4.3kg、0.7kg 和 5.3kg 做标准。

1. 高肥力水平

产量指标 2 500kg/亩，西瓜含糖量 9.3% ~ 13%，土壤有机质含量大于 1.5%，碱解氮含量大于 45mg/kg 条件下。

当土壤中速效磷大于 10mg/kg、速效钾小于 200mg/kg 时，亩化肥配给量为纯 N 10kg、P_2O_5 6kg、K_2O 9kg；速效钾大于 200 mg/kg 时，不配 K_2O。

当土壤中速效磷在 10～20mg/kg、速效钾小于 200mg/kg 时，亩化肥配给量为纯 N 10kg、P_2O_5 3kg、K_2O 9kg、速效钾大于 200mg/kg 时，不配 K_2O。

当土壤中速效磷大于 20mg/kg、速效钾小于 200mg/kg 时，亩化肥配给量为纯 N10kg、K_2O 9kg；速效钾大于 200mg/kg 时，仅配给纯 N10kg。

2. 中肥力水平

产量指标 1 500～2 000kg/亩，西瓜含糖量 9.0%～12%，土壤有机质含量小于 1.5%，碱解氮含量小于 45mg/kg 条件下。

当土壤中速效磷小于 5mg/kg、速效钾小于 200mg/kg 时，亩化肥配给量为纯 N 11kg、P_2O_5 6kg、K_2O 9kg；速效钾大于 200mg/kg时，不配给 K_2O。

当土壤中速效磷 5～10mg/kg、速效钾小于 200mg/kg 时，亩化肥施给量为纯 N 11kg、K_2O 9kg、P_2O_5 4kg；速效钾大于 200mg/kg 时，不配给 K_2O。

当土壤中速效磷 10～20mg/kg、速效钾小于 200mg/kg 时，亩化肥配给量为纯 N11kg、P_2O_5 3kg、K_2O 9kg；速效钾大于 200mg/kg 时，不配给 K_2O。

当土壤中速效磷大于 20mg/kg、速效钾小于 200mg/kg 时，亩化肥配给量为纯 N11kg、K_2O 9kg；速效钾大于 200mg/kg 时，仅配给纯 N11kg。

（三）西瓜配方施肥技术

1. 基肥

西瓜基肥一般分 2 次施用，采用沟施和穴施的方法。沟施指在播种或定植前 15～20 天，深翻种植沟，结合平地做畦将基肥施于种植行地面以下 25cm 左右处，并与土壤均匀混合，用量为全部基肥用量的 70%～80%；第二次基肥为穴施，即在播种或定植前 10 天，按株距沿播种或定植行向挖深 15cm 左右、直径 15～20cm 小穴，按穴施入基肥，并与穴内土壤均匀混合，覆土 2～3cm，做好标记，以备定植或播种。

2. 追肥

西瓜追肥主要有提苗肥、催蔓肥和膨瓜肥。

（1）提苗肥 在西瓜幼苗期施用少量的速效肥可以加速幼苗生长，一般施尿素 20g/株。追肥时，在距幼苗 15cm 处开弧形沟，撒入化肥，封土后整平地面，浇小水 1 次，浇水量每穴约 2.5kg。如幼苗生长不整齐，还可对弱苗补追肥料。

（2）催蔓肥 西瓜抽蔓后在株行或株侧追肥。未覆地膜时，在西瓜苗中间开深 10cm、宽 10cm、长 40～50cm 追肥沟，每沟撒施豆饼或其他饼肥 100～150g，或施硫酸铵 18～20kg/亩、普通过磷酸钙 25～30kg/亩、硫酸钾 8～10kg/亩，与土拌匀，封沟踩实，施肥后及时浇水。若覆盖地膜，当瓜蔓伸长至 25cm 左右时，在植株一侧距根 20cm 处，每株撒施约 130g 豆饼肥料。

（3）膨瓜肥 膨瓜肥一般分 2 次追施。第一次在瓜直径约 5cm 时，在植株一侧距根部 30～40cm 处开浅沟，施尿素 10～15kg/亩、硫酸钾 5～8kg/亩。第二次在瓜直径约 15cm 时，在植株另一侧距瓜根部 30～40cm 处与瓜沟平行开沟，追施尿素 5～8kg/亩、普通过磷酸钙 4～6.67kg/亩、硫酸钾 3～4kg/亩。

微量元素及根外追肥

一般可用 2g/kg 的硫酸锌溶液浸种，可以提高种子发芽率，增强幼苗抗寒性。硼肥可以提高坐果率，加速糖分的合成与运转，提高西瓜的含糖量，增加甜度。做基肥时施用量为 15kg/hm^2，与有机肥混合施入；根外追肥时，开花期喷施 1～2g/kg 硼酸溶液。锰肥可以提高光合效率，促进碳水化合物积累。一般在坐果后连续喷施2g/kg硫酸锰液2~3次。

（四）西瓜的配方施肥案例

以贵州省开阳县花梨乡清江村无公害西瓜生产基地为例，介绍如下。

1. 种植地概况

试验田土壤类型为黄沙壤，土壤肥力中等，前作为油菜。

2. 品种与肥料

选择当地推广西瓜品种为小玉红5号。供试肥料：尿素（赤天化产，含N 46%）、普通过磷酸钙（开阳磷肥厂产，含P_2O_5 16%）、硫酸钾（进口，含K_2O 50%），硼砂、硫酸锌，有机肥是经堆沤发酵的厩肥、正常产气使用的沼气池发酵的沼肥（沼液和沼渣）。

3. 施肥方案（表4-9）

表4-9　西瓜配方施肥方案

处理	基肥（kg/亩）	追肥（N、P、K）（kg/亩）
低量配方	圈肥和沼肥各1 000kg，尿素5kg，普钙16.3kg，硫酸钾8.4kg	尿素7.6kg，硫酸钾5.6kg
中量配方	圈肥和沼肥各1 500kg，尿素6.4kg，普钙20kg，硫酸钾8.4kg	尿素9.6kg，硫酸钾7kg
高量配方	圈肥和沼肥各2 000kg，尿素8.7kg，普钙23.8kg，硫酸钾12kg	尿素13kg，硫酸钾8kg

4. 产量和经济效益分析（表4-10）

表4-10　西瓜配方施肥经济效益

处理	产量（kg/亩）	肥料（元/亩）	纯收益（元/亩）	产投比
低量配方	1 159.8	47.2	1 250.5	3.1
中量配方	1 493.3	59.5	1 771.8	3.9

（续表）

处理	产量 （kg/亩）	肥料 （元/亩）	纯收益 （元/亩）	产投比
高量配方	1 679.4	72.9	2 056.2	4.3

注：西瓜实物按市场价 1.6 元/kg 计算；尿素 1.4 元/kg，普钙 0.44 元/kg，硫酸钾 1.6 元/kg，硼砂 3 元/kg，硫酸锌 2 元/kg；圈肥和沼肥不计成本

三、苦瓜

苦瓜又名凉瓜，是葫芦科瓜属的一年生蔓生草本植物。其性寒味苦，具有清热解毒、开胃健脾、清心明目等药用价值，还有降低血糖、减脂抗癌和提高人体免疫力等功效，深受消费者喜爱。在生产栽培中，苦瓜属于连续开花、连续结果型蔬菜，植株生长量大，生长期长，产量较高，因此对养分需求较多。

（一）苦瓜的需肥规律

增施磷、钾肥能使植株生长健壮，结瓜持续期长。总体上，苦瓜生长前期需氮肥较多，中后期以磷、钾肥为主。

苦瓜具有植株生长旺盛、生育期长、开花期长、结果量大、高产等特点，其对养分需求量特别大。苦瓜属于高氮型蔬菜，在整个生长发育过程中需氮较多，在生长前期对氮肥的需求量较多，生长中后期对磷、钾的需求量较多。但氮过多会降低抗逆性，从而使植株易受病菌侵染和寒冷危害；苦瓜对磷肥缺乏较为敏感，应该早施磷肥。如缺乏磷肥和钾肥，容易出现苦味瓜现象。适当增加磷、钾肥用量，能够增强植株长势，延长结果期。在生产过程中，还可以根据需要适当施用有机肥。如果有机肥充足，植株生长粗壮，茎叶繁茂，开花结果就多，瓜型肥大，品质好。以每生产出 1 000 kg 苦瓜，平均需从土壤中吸收氮（N）5.28 kg，磷（P_2O_5）1.76 kg，钾（K_2O）6.67 kg。

（二）苦瓜的施肥量

在种植地进行土样采集，测定土壤有机质、碱解氮、速效磷和速效钾等基础养分条件。根据前期施肥生产结果，计算分析土壤的供肥能力、肥料利用率以及植株对肥料的吸收率等技术参数，结合测定的土壤速效养分含量，根据产量要求，提出本地作物生产的基本施肥原则。亩产 5 000kg 以上的大棚苦瓜生产，种植大棚苦瓜的施肥比例要求为每亩施腐熟农家肥 5 000 ~ 6 000 kg，化肥施用氮（N） 85 ~ 100kg、磷（P_2O_5） 30 ~ 35kg、钾（K_2O） 70 ~ 75kg。

（三）苦瓜的配方施肥技术

苦瓜根系较发达，侧根多，具有耐肥而不耐瘠的特点。在施肥种类上以"有机肥为主，化肥为辅""基肥为主，追肥为辅""苗期轻施，花果期重施"的原则施肥。

1. 基肥

苦瓜播种或定植前，施腐熟的优质农家肥一般施腐熟猪牛粪等 3 000 ~ 5 000 kg/亩，氮肥 40kg/亩，磷肥 50kg/亩，钾肥 30kg/亩。耕深 30cm，平整打畦，畦宽 1.6m。

2. 追肥

定植后结合浇缓苗水，施尿素 5kg/亩、生物钾肥 2kg/亩或磷酸二氢钾 5kg/亩，以后依苗情适量追施提苗肥或弱小苗重点施肥。当收获第二条瓜后，在距根部 15 ~ 20cm 外穴施坐果肥，施氮、磷、钾复合肥 20 ~ 30kg/亩。苦瓜生育期长，采收期达 3 个多月，因此要保证水肥供应充足，特别是进入盛果期后。每采收 1 次要追施 1 次农家肥 60 ~ 80kg/亩；结果盛期应增施 1 次过磷酸钙 30kg/亩，以延长采收期，促进产量和品质的提高。

3. 根外追肥

一般在盛花期和终花期进行，可用尿素 1 ~ 2kg/亩、硫酸铵 7 ~ 10kg/亩、磷酸二氢钾 75 ~ 100kg/亩、过磷酸钙 10 ~ 15kg/亩等对水 40 ~ 50kg/亩进行叶面喷施，以防止早衰，延长采收期，提高产量和品质。

（四）苦瓜的配方施肥案例

以广东省潮州市饶平县黄冈镇苦瓜配方施肥为例，介绍如下。

1. 种植地概况

试验地土地平整，土壤速效磷、钾中等偏高，综合地力中等。

2. 品种与肥料

选择苦瓜品种为饶平珠瓜。供试肥料：尿素（含 N 46%）、普通过磷酸钙（含 P_2O_5 12%）、氯化钾（含 K_2O 60%），鸡粪（含 N 2.14%、P_2O_5 0.88%、K_2O 1.53%）。

3. 施肥方案与产量（表 4 −11）

表 4 −11 苦瓜施肥方案与产量

处理	总肥 （kg/亩）	基肥 + 追肥 （kg/亩）	产量 （kg/亩）	增产比 （%）
不施肥			1 120.1	
常规施肥	15 − 15 − 15 的复合肥 150kg	基追比 1：5 （追 10 次）	1 683.5	50.3
配方施肥	尿素 43.5kg，普钙 83.3kg，氯化钾 36.7kg	基追比 1：5 （追 10 次）	1 829.1	63.3
配方施肥 + 鸡粪	尿素 43.5kg，普钙 83.3kg，氯化钾 36.7kg + 鸡粪 100kg （鸡粪做基肥）	基追比 1：5 （追 10 次）	1 962.5	75.2

四、丝瓜

丝瓜又名水瓜、布瓜等，为葫芦科一年生草本植物，在我国普遍栽培。丝瓜作为一种人们喜爱的蔬菜之一，用新鲜的丝瓜烹菜做汤，营养丰富，鲜美可口；丝瓜入药味甘性凉清热解毒，有活血祛瘀、化痰止咳、利尿止血、益颜通络、消炎止痛等医疗保健功能。

（一）丝瓜的需肥规律

丝瓜根系的吸肥能力较强、需肥量大，因此，要求土壤疏松肥沃，富含有机质。丝瓜属于同化器官（叶）和贮藏器官（果）同步发育的蔬菜，生长阶段分为育苗阶段和大田生长阶段两个过程。在育苗期，丝瓜花芽开始分化，植株进行营养生长，对氮素需求量较大，同时也需要吸收少量的磷、钾营养来协调其生物体的生长，促进花芽分化定植后。30天内丝瓜吸氮量呈直线上升趋势，到生长中期吸氮最多。进入生殖生长期，对磷的需要量剧增，而对氮的需要量略减。结瓜期前植株各器官增重缓慢，营养物质的流向是以根、叶为主，并给抽蔓和花芽分化发育提供养分。进入结瓜期后，植株的生长量显著增加，到结瓜盛期达到了最大值，在结瓜盛期内，丝瓜吸收的氮、磷、钾量分别占吸收总氮量的50%、47%和48%左右。到结瓜后期，生长速度减慢，养分吸收量减少，其中以氮、钾减少得较为明显。

据测定，每生产1 000kg丝瓜需从土壤中吸取氮（N）1.9～2.7kg、磷（P_2O_5）0.8～0.9kg、钾（K_2O）3.5～4.0kg。

（二）丝瓜的配方施肥技术

根据当地的土壤肥力水平确定施肥量。无论是露地或者温室栽培丝瓜，定植前施足底肥是非常重要的。最好施用有机肥。按照每亩施肥5 000kg的标准将有机肥施入田间。一般基肥的施放量占丝瓜总生产期用量的2/3左右。

1. 基肥

每亩施3 000～5 000kg腐熟优质有机肥。

2. 追肥

苗肥早，定植后，早施2～3次提苗肥，每次每亩追施优质腐熟粪尿肥 100～150kg 加水浇施，以满足早发的需要。果肥重施，结果盛期追肥 5～6 次，每次每亩追施腐熟人粪尿 200～300kg，或氮、磷、钾复合肥 25～30kg。

（三）丝瓜的配方施肥案例

以江苏省靖江市靖城镇丝瓜配方施肥为例，介绍如下。

1. 种植地概况

试验地土壤为菜园土，土地平整，有机质 21.8g/kg，有效磷 8.2mg/kg，速效钾 71.4mg/kg，pH 值 7.3。

2. 品种与肥料

选择丝瓜品种为普通"肉丝瓜"。供试肥料：尿素（含 N 46%）、普通过磷酸钙（含 P_2O_5 12%）、氯化钾（含 K_2O 60%）。

3. 施肥方案与产量（表 4－12）

表 4－12　丝瓜施肥方案与产量

处理	基肥 （kg/亩）	苗肥 （kg/亩）	花肥 （kg/亩）	盛果肥 （kg/亩）	产量 （kg/亩）	效益 （元/亩）
施肥 1	60kg 25% 复合肥	7.5kg 尿素	7.5kg 尿素	10kg 尿素	2 881.6	4 452
施肥 2	60kg 25% 复合肥	10kg 尿素	10kg 尿素	20kg 尿素	3 074.2	5 099
施肥 3	60kg 25% 复合肥	10kg 尿素	15kg 尿素	45kg 45% 复合肥	3 163.1	5 185
施肥 4	60kg 25% 复合肥	10kg 尿素	15kg 尿素	10kg 尿素 + 60kg 25% 复合肥	2900.1	4 470.6

五、南瓜

南瓜有悠久的栽培历史。近年来，世界南瓜种植面积在不断扩大，可作粮食、蔬菜、籽用、观赏和饲料等之用。随着研究的深入，南瓜的很多医疗保健功能被陆续揭示出来。各部门对南瓜的生产更加重视，南瓜产品也深受消费者的欢迎。在食品工业、医药工业及化工工业南瓜还被作为原材料或添加剂，其市场及产业化前景非常广阔。因此，扩大南瓜生产规模，研究适宜的栽培种植模式，合理施肥、科学管理，以实现南瓜优质的产业化需要已势在必行。

（一）南瓜的需肥规律

南瓜生长时期不同，对养分的吸收量也不同。幼苗期南瓜生长量很小，需肥量也较少，进入果实膨大期对氮的吸收量急剧增加，钾与氮的吸收规律基本一致。而磷的吸收量增加较少。根据资料，南瓜从定植到拉秧的 137 天中，前 1/3 的时间对氮、磷、钾、钙、镁的吸收量增加缓慢，中间 1/3 的时间增长迅速，在最后 1/3 时间内增长最为显著。南瓜整个生育期对养分的吸收量以钾和氮最多，其次为钙，镁和磷的吸收量最少。每亩生产 4 308kg 的南瓜，需吸收氮（N）20.5kg，磷（P_2O_5）6.9kg，钾（K_2O）25.1kg。

（二）南瓜的配方施肥技术

南瓜根系发达、入土深、分布广，不仅具有较强的吸收肥水的能力，而且具有较强的抗旱力和耐瘠薄性。对土壤要求不严格，即使种在较瘠薄的地块也能生长。但南瓜在含有机质丰富的疏松中等肥力土壤和增施厩肥、堆肥等有机肥料条件下，可充分发挥其生产力。

1. 基肥

以有机肥为主，配合氮、磷、钾复合肥。常用的基肥有厩肥、堆肥或绿肥等，用量较大，一般占总施肥量的 1/3 ~ 1/2，每亩施有机肥 3 000 ~ 4 000 kg。磷、钾肥全部或大部分作为基肥，并与有机肥混合一起施入土层中，在有机肥不足的情况下，每亩补施氮、磷、钾复合肥 15 ~ 20kg。

2. 追肥

追肥以速效性氮肥为主，配合施用磷肥和钾肥。追肥量一般占总施肥量的1/2～2/3。追肥时要根据南瓜不同生育期所需氮、磷、钾量的不同而分批进行。苗期追肥以氮肥为主，目的是促进秧苗发棵。一般每亩施尿素5～8kg。结果期不仅需供应充足的氮肥，同时要求磷、钾肥的及时补充，以保证果实充分膨大。一般在坐果以后，每亩施尿素10～15kg，硫酸钾5～10kg，共追施1～2次。苗期追肥应靠近植株基部施用，结果期追肥位置应逐渐向畦的两侧移动。在南瓜生长的中、后期利用根外追肥方式来补充养分。喷施的肥料可用0.2%～0.3%的尿素，0.5%～1%的氯化肥，0.2%～0.3%的磷酸二氢钾，一般每7～10天喷施1次，几种肥料可交替施用，连喷2～3次。

（三）南瓜配方施肥案例

1. 河北张家口张北农业资源与生态环境重点野外科学观测试验站南瓜配方施肥

（1）种植地概况 试验地沙质栗钙土，有机质含量0.65%，铵态氮33.45mg/kg，有效磷8.45mg/kg，速效钾43mg/kg，pH值7.55。

（2）品种与肥料 选择南瓜品种为食用小南瓜"太阳"。供试肥料：尿素（含N 46%），过磷酸钙（含P_2O_5 12%），氯化钾（含K_2O 60%）。

（3）施肥方案与产量 单瓜平均重量为813g/个，其平衡配方施肥总养分用量：施氮量562.5kg/hm²（37.5kg/亩），施磷量150kg/hm²（10kg/亩），施钾量120kg/hm²（8kg/亩）。比不施肥单重重4倍。

2. 广西壮族自治区南宁隆安县那桐镇南瓜配方施肥

（1）种植地概况 试验地土壤为潴育黄泥田，土壤肥力均匀，有机质26.6g/kg，有效磷28.3mg/kg，速效钾87mg/kg，pH值6.6。前茬作物为水稻。

（2）品种与肥料 选择南瓜品种为金韩密本南瓜。供试肥

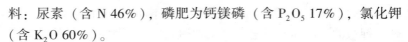

料：尿素（含 N 46%），磷肥为钙镁磷（含 P_2O_5 17%），氯化钾（含 K_2O 60%）。

（3）施肥设计

①空白对照，不施任何肥料。

②测土配方施肥。尿素 19.3kg/亩，钙镁磷 15.3kg/m^2，氯化钾 17.8kg/m^2，其中磷肥全部用做基肥，氮肥、钾肥 30% 用作基肥。第一次追肥：定植后 5～7 天，氮肥、钾肥 10% 用作追肥；第二次追肥：蔓长 35cm 时，氮肥、钾肥 40% 用作追肥；第三次追肥：瓜膨大期进行，氮肥、钾肥 20% 用作追肥（亩施肥总纯量 N－P_2O_5－K_2O 为 8.9－2.6－10.7kg）。

③常规施肥。尿素 21.5kg/亩，钙镁磷 17.1kg/亩，氯化钾 20kg/亩，其中，磷肥全部用做基肥，氮肥、钾肥 30% 用作基肥。与测土配方施肥追肥相同（亩施肥总量 N－P_2O_5－K_2O 为 9.9－2.9－12kg）。

（4）施肥经济效益（表 4－13）

表 4－13　南瓜配方施肥经济效益

处理	产量 （kg/亩）	增产 （kg/亩）	增收益 （元/亩）	增纯收益 （元/亩）
空白施肥	1 507			
常规施肥	2 609	1 102	1 763	1 480
配方施肥	2 994	1 487	2 379	2 109

注：南瓜 1.6 元/kg，肥料纯量 N 5 元/kg，P_2O_5 3.8 元/kg，K_2O 5.2 元/kg

六、冬瓜

冬瓜喜温耐热，产量高，耐贮存，果实中含有大量的水分，少量的糖和丰富的维生素 C，有消暑解热的功效，是夏季的重要蔬菜之一。

（一）冬瓜的需肥规律

冬瓜对氮、磷、钾等养分要求全面，以钾最多，氮次之，磷最少。幼苗期对养分的吸收量少，抽蔓期较多，而开花结果期是最大养分效率期。后期需肥量逐渐减少。在一定范围内，增施氮肥与主茎伸长呈正相关，增施磷、钾肥可延缓早衰，并能降低雌花节位，提高单果瓜量。在发芽期、幼苗期、抽蔓期吸收氮占2%左右，开花初期至收获时要占全量的98%左右。

据研究，每生产 5 000kg 冬瓜需吸收氮 15～18kg（折合尿素32.6～39.1kg），磷 12～13kg（折合过磷酸钙 85.7～92.9kg），钾 12～15kg（折合硫酸钾 24～30kg），三者比例约为 1.3∶1∶1。

（二）冬瓜的配方施肥技术

冬瓜喜肥沃和耕层深厚的土壤，需肥量大而耐肥性强，根据土壤特性和肥料利用率，施肥要掌握如下原则：重视有机肥、有机肥与化肥配合施用、合理分配基追肥比例。

1. 基肥

根据测土配方的要求因地制宜确定。对于中等以上土壤肥力的大棚土壤，每亩施入 6 000～7 000 kg 腐熟的有机肥，再加50～75kg 的过磷酸钙、15～20kg 硫酸钾、生物肥 50kg、硅酸钙肥 80kg、2kg 硫酸锌和 2kg 硫酸铜，均匀地撒在土壤表面，并结合翻地均匀地耙入耕层土壤。注意大棚冬瓜一定要施用一些微量元素。特别是在冬瓜生长盛期雨水多而不进行追肥的地区，施足底肥尤为重要。

2. 追肥

冬瓜追肥宜采取前轻后重，先淡后浓。勤施、薄施的原则。前期追肥以氮为主，中后期则以氮、磷、钾复合速效肥为主。

（1）苗期　生长前期吸肥能力弱，吸收肥量少，可薄施速效肥。定植一周植株开始缓苗时，可浇施 2～3 次稀粪水1 000kg/亩。若基肥不足，缓苗后可轻施 1 次壮秧肥，每亩追施三元复合肥 15～20kg。

（2）抽蔓期　当蔓长 60～100cm 和 200cm 左右时各追 1～2 次稀粪水 1 000kg，每隔 3～5 天施 1 次，以促使茎蔓生长。

（3）开花坐瓜期　当抽蔓结束，摘心定瓜之后，果实开始旺盛生长，需加强追肥。坐果时也宜少施、淡施，看苗施肥，以免造成生长过旺而化瓜。坐瓜前每次可施少量化肥（每次每亩施入 5～8kg45% 氮、磷、钾复合肥）；坐瓜后宜勤浇水施肥，一般 15 天左右追 1 次肥；到果实收获前，追肥 3～4 次，每次每亩施氮素 4.0～6.0kg 或施 45% 氮、磷、钾复合肥 10～15kg。开花结果期的肥料应在结瓜前期和中期施完。尽量选择含硝态氮的复合肥。冬春季节地温低，追施复合肥时要混施一定量的优质腐殖酸，或用含氮、磷、钾足量的优质水冲肥代替复合肥，以减少单用复合肥对根系的伤害。在冬瓜采收前 7～10 天停止浇水追肥，以利于提高果实的耐藏和运输性能。小果型的冬瓜果实增大速度较快，在果柄弯曲下垂、果实迅速膨大时，及时追肥灌水，施肥次数较大型果实品种减少 1～2 次。

（三）冬瓜的配方施肥案例

以广西南宁冬瓜配方施肥为例，介绍如下。

1. 种植地概况

试验田土壤类型为沙壤土，肥力中等，有机质 13.0g/kg，碱解氮 86.6mg/kg，有效磷 15.7mg/kg，速效钾 90mg/kg，pH 值 5.6。

2. 品种与肥料

选择冬瓜品种为桂蔬一号，供试肥料：尿素（含 N 46%），复合肥（15-15-15），硫酸钾（含 K_2O 50%）、钙镁磷肥（含 $P_2O_5$14%）。

3. 配方施肥

黑皮冬瓜产量在 5 000～6 000kg/亩时的优化施肥方案为 N

9.1～11.2kg/亩、P_2O_5 6.9～7.9kg/亩、K_2O 7.5～10.3kg/亩，$N：P_2O_5：K_2O$ 为 1：（0.0～0.9）：（0.86～0.92）。

七、佛手瓜

佛手瓜又称掌瓜、安南瓜、梨瓜、洋瓜、洋丝瓜、瓦瓜、菜肴梨、拳头瓜、万年瓜等，属葫芦科半阴性多年攀援性宿根藤本蔬菜作物，外形美观，含有丰富的维生素、氨基酸及钙、磷、铁等多种矿质营养成分，具有较高的食用和医疗保健价值。近年来，山东地区首先引种成功，并且种植面积逐年有所扩大，所以，北方市场上供应量也在不断增加，逐步受到消费者青睐。佛手瓜较耐贮运，它的市场供应期也较长，从秋后收获至来年4月都可在市场上见到，它对丰富蔬菜市场及调节淡旺季蔬菜供应都有积极作用。佛手瓜种植简便、灵活。可利用庭院、墙边种植，平均每亩产量7 000～8 000kg，产值达6 000～12 000元，也可以大面积生产，生产效益比较好。

（一）佛手瓜的需肥规律

佛手瓜根系较发达，但根系分布浅，土层内其横向可达1～2m。施肥应在浅土层内，施入过深肥料利用率低。佛手瓜每亩种植株数少，产量是以单株产量为基础，施肥也是对单株施用肥料，应注意氮、磷、钾合理配比，以提高佛手瓜的产量和质量。佛手瓜生长期比较长，在生长期内应保证养分供应；开花坐瓜期对肥料吸收量最大，应及时追肥，满足其生长结瓜对养分的需求。与其他瓜类蔬菜比较佛手瓜吸肥总量相对要少一些。

（二）佛手瓜的配方施肥技术

1. 苗期施肥

佛手瓜一般采用育苗移栽的方法，苗期对养料需要量不大，可从育苗营养土中吸收供自身生长，营养土配制可参照其他蔬菜育苗营养土配制方法。营养土配制可用菜园土：有机肥：砻糠灰为 5∶(1~2)∶(3~4) 的比例，或菜园土∶河塘泥∶有机肥∶砻糠灰为 4∶2∶3∶1 的比例，或菜园土∶煤渣∶有机肥为 1∶1∶1 的比例。苗期不需要追肥，但应注意佛手瓜苗期对人粪尿很敏感。苗期施用易使其枯死。生产中应特别注意。

2. 基肥

由于佛手瓜根系分布浅，施肥应集中于地表 20cm 土层中。用种瓜育苗的，每亩种植 30~40 株，用无性繁殖苗，连片种植，一般 4~6m² 植 1 株为宜。定植前先挖好 1 个长宽深各 0.5~1m 的坑，坑中用腐熟农家肥 20~25kg 或人粪尿、草木灰各 5~8kg，复合肥 0.5~1kg、钙镁磷肥 1.5~2kg 混合均匀撒施，上面覆盖 20cm 厚的泥土，稍压实，然后定植。种植 3~4 年后，每株开环状沟内填入山坡上腐殖质丰富的黄泥土，或塘泥、河泥等 50~100kg。

3. 追肥

生长期需追肥 5~6 次。6 月中旬至 9 月中旬营养生长迅速，需肥水较多。食用嫩梢的每采收 2~3 次嫩梢时每亩追施 1 次腐熟人畜粪尿 400kg。

（1）提苗肥　在定植成活后 15 天左右，或越冬苗翌年春天又重新长出新叶后开始追肥，距瓜苗 20~30cm 处开浅沟，每株浇施 20% 腐熟的稀粪水 2~3kg，促进幼苗生长；严禁直接施入未经发酵腐熟的人粪尿和氨水及速效氮肥，或将肥直接施于蔸头，极易造成伤苗死蔓，高温干旱天气要勤浇水，雨季可少浇或不浇，以增加土壤空气湿度，利于苗的生长。

（2）催秧肥　在 5 月底、6 月上旬，距瓜苗 0.4~0.5m 拉环沟 10~20cm 深，以免过近开沟损伤浅土层内大量根系，而影响正常生长。每株施腐熟人粪尿 5~10kg，复合肥 0.2~0.5kg，过磷酸钙 0.5~1kg；或每亩施用沼液 500~1 000kg，过磷酸钙 20~30kg，复合肥 30~50kg，并盖土，同时喷施 2% 磷酸二氢钾

50kg；促茎蔓繁茂生长早封棚，早开花结瓜，延长结瓜期，为后期大量结瓜提高产量打下基础。

（3）壮苗肥 距上次追肥1个月后进行，要求距瓜秧60～70cm处开环形沟施入，复合肥2～3kg或有机肥10～15kg，过磷酸钙1kg，草木灰2.5kg。一定要按要求远离瓜秧，以免过近开沟施肥，造成浅土层内佛手瓜大量根系受损伤而影响正常生长。

（4）促花肥 追施距第二次20天左右，要更加远离瓜秧。90cm以外处开沟或撒施。施用量要看瓜秧生长情况，生长势好的，施用量与第二次相同；若瓜秧生长势差可酌情加量。

（5）催瓜肥 追施距第三次30天左右，距植株0.9～1m拉沟，每株施复合肥1～1.5kg或草木灰2～3kg。

（6）壮瓜肥 距上次施肥20天左右，佛手瓜进入结瓜期，要施1次重肥。每株浇施腐熟人粪尿80～120kg，复合肥0.5～1kg。再过20～25天进入盛果期可再施1次肥，在离植株1m左右挖浅环沟施入，每株施用人粪尿50～80kg，尿素0.2～0.25kg，过磷酸钙5～7kg，复合肥0.5～1kg。此时遇干旱应及时浇水，防止水分过量蒸发造成茎蔓枯死，并酌情喷施1～2次叶肥以促进幼瓜迅速生长。

八、西葫芦

（一）西葫芦需肥特点

西葫芦在不同生长发育时期需肥品种不同。幼苗期和茎叶生长期需生长健壮而不徒长，需氮、磷和钾均衡供应，而过多的氮肥往往造成徒长，反而延迟开花；进入结瓜期，生长和结实养分争夺比较突出，是典型的营养生长和生殖生长并进的阶段，养分供应更要充足。据研究，每生产1 000kg西葫芦约需纯氮（N）4.8kg、磷（P_2O_5）2.2kg、钾（K_2O）4.8g，需肥比例为1：0.5：1。

（二）西葫芦配方施肥技术

1. 基肥

西葫芦冬春茬栽培，为防止冬季低温追肥不及时发生脱肥，应施足基肥。在没有前茬作物占地的情况下，整地前浇透水。当土壤适耕时，每亩撒施优质腐熟有机肥 5 000 ~ 7 000 kg，氮、磷、钾复合肥 200 ~ 300kg，饼肥 100kg，深翻 30cm。耕后闭棚升温烤地 5 ~ 7 天，或用硫黄、百菌清烟雾熏剂熏蒸灭菌效果也很好。棚室彻底消毒通风后备用。

2. 追肥

（1）苗期 随水每亩冲施腐熟粪尿稀液（10 倍）400 ~ 500kg，而后控水蹲苗。

（2）结瓜期 当根瓜开始膨大时结合浇水，进行第二次追肥，每亩用氮、磷、钾蔬菜专用肥 10 ~ 30kg 或腐熟饼肥液（10 倍）333kg 左右。随水冲入地膜下的暗沟中，灌水后封严地膜加强放风排湿。

（3）盛果期 冬春茬西葫芦采收频率高，每株可采收 7 ~ 9 个果实。一般采收两个瓜即大约每隔 15 天追 1 次肥。每次亩随水冲施复合肥 33kg 或饼肥沤制肥液或充分腐熟粪尿稀液（10 倍）500 ~ 1 000kg，以有机肥为主，配合施用少量复合肥。同时，叶面交替喷施 0.2% 磷酸二氢钾加 100 倍糖水或腐殖酸类复合肥，以弥补根系吸收养分的不足。每次浇水施肥后注意放风排湿和防病，并及时采收，以防瓜大消耗养分而造成坠秧和化瓜。结瓜后期，植株衰老，适当减少肥料用量。

（三）西葫芦配方施肥案例

以山东省阳谷县阿城镇西葫芦配方施肥为例，介绍如下。

1. 种植地概况

试验地壤质潮土，有机质含量 26.2g/kg，碱解氮 124.1mg/kg，有效磷 84.1mg/kg，速效钾 113.9mg/kg，pH

值 7.37。

2. 品种与肥料

选择西葫芦品种为"碧玉"西葫芦。供试肥料：尿素（含 N 46%），过磷酸钙（含 P_2O_5 12%），氯化钾（含 K_2O 60%）。

3. 施肥方案与产量

供试肥料分 5 次施入，基肥中氮肥占 20%，钾肥占 40%。定植后 25 天施氮肥 20%、钾肥 10%；坐果后施氮肥 20%、钾肥 10%；结果期分 2 次施肥，每次均施氮肥 20%、钾肥 20%。各处理磷肥（P_2O_5）均按 20kg/亩施入过磷酸钙做基肥。根据试验品质，综合较高的施肥配比为每亩施氮（N）34.9~40.3kg，钾（K_2O）28.84~57.48kg。

第七节 豆类蔬菜配方施肥技术

豆类蔬菜包括菜豆、豇豆、扁豆、豌豆和蚕豆等，主要以嫩荚果或嫩豆粒供食用。豆类蔬菜有根瘤，能固定空气中的氮素；对氮营养要求低，但对磷、钾要求高；钙、镁对豆荚发育有很大的影响。豆类蔬菜分蔓生种、半蔓生种和矮生种，种类之间需肥量差异很大。一般蔓生种比矮生种需肥量大，但趋势大致相同，对氮、钾、钙的吸收量大，吸收速率快，而对磷的吸收缓慢、吸收量较少，并以开花到种子膨大成熟期养分吸收量最大。

一、菜豆

（一）菜豆需肥规律

菜豆的生育周期主要分为发芽期、幼苗期、抽蔓期、开花期。在生育初期对氮、钾的吸收量较大；到开花结荚时，对氮钾的需求量迅速增加，幼苗茎叶中的氮钾也随着生长中心的改变逐渐转移到荚果中去。由于菜豆根瘤菌没有其他豆科植物发达，所以，在生产上应及时供应适量的氮肥才有利于获得高产和改善品质。磷肥的吸收量虽比氮钾肥少，但根瘤菌对磷特别敏感，根瘤菌中磷的含量比根中多1.5倍。因此，施磷肥可达到以磷增氮的明显增产效果。矮生种类的菜豆生育期短，从开花盛期起就进入了养分吸收旺盛期，在嫩荚开始伸长时，茎叶的无机养分向嫩荚的转移率：N为24%，P为11%，K为40%。到了荚果成熟期，氮的吸收量逐渐减少，而磷的吸收量逐渐增多。每生产1 000g菜豆需（N）3.37kg、磷（P_2O_5）2.26kg、钾（K_2O）5.93kg。另外，适当喷施硼、钼等微量元素对植株的生长发育也有促进作用。

（二）菜豆配方施肥技术

菜豆一般中等肥力田，全生育期每亩施肥量为农家肥2 500～3 000kg（或商品有机肥350～400kg），氮肥（N）8～10kg（尿素3～4kg），磷酸二铵11～13kg（P_2O_5 5～6kg），钾肥（K_2O）9～11kg。低肥力田在此基础上略增加，高肥力田适当减少用量。有机肥做基肥，氮、钾肥分基肥和两次追肥，磷肥全部做基肥。化肥和农家肥（或商品有机肥）混合施用。

蔓生种类菜豆的生长和发育相对较迟缓，大量吸收养分的时间也相对延迟。嫩荚开始伸长时，才进入养分吸收旺盛期，日吸收量较矮生种大，生育后期仍需吸收大量的氮。荚果伸长期，茎叶中的无机养分向荚果中转移也较矮生种菜豆少。在肥料管理上，两者应区别对待。矮生种生长期短，适宜早期追肥，促其早发和多分枝，达到早开花结荚、提早成熟的目的。蔓生种菜豆生育期较长，开花结荚期较长，应注重中、后期追肥，多次施用氮、磷、钾等多元肥料，防止植株早衰，延长结果期。

1. 育苗肥

育苗所用的营养土要选择2～3年内没有种过菜豆的菜园土，用4份菜园土与4份腐熟的马粪和2份腐熟的鸡粪混合制成，在每100kg营养土中再掺入2~3kg过磷酸钙和0.5~1.0kg硫酸钾。在酸性土壤上,可酌量施用石灰中和酸度,施石灰时要与床土拌匀,用量不能太多,用量大或混合不均匀容易引起烧苗和氨的挥发,造成气体危害。

2. 基肥

菜豆是豆类中喜肥的作物,虽然有根瘤,但固氮作用很弱。在根瘤菌未发育的苗期,利用基肥中的速效性养分来促进植株生长发育很有必要。一般基肥施用农家肥每亩 2 500~3 000 kg(或商品有机肥350~400kg),尿素3~4kg、磷酸二铵11~13kg、硫酸钾6~8kg。矮生菜豆的基肥量可以适当减少。施基肥要注意选择完全腐熟的有机肥,施用未腐熟鸡粪或其他有机肥易引起烂种和根系过早老化。同时,还不宜用过多的氮素肥料做种肥。

3. 追肥

(1)苗期追肥 播种后20~25天,在菜豆开始花芽分化时,如果没有施足基肥,菜豆表现出缺肥症状,应及时进行追肥,但苗期施过多氮肥,会使菜豆徒长。因此,是否追肥应根据植株长势而定。

(2)抽蔓期追肥 抽蔓期仍以营养生长为主,追肥可促进茎叶的生长,为开花结荚奠定基础。一般可每亩施尿素6~9kg,硫酸钾4~6kg。

(3)开花结荚期追肥 开花结荚期是肥水管理的关键时期,对氮、磷、钾等养分的吸收量随植株生长速度加快而增加,呈需肥高峰,适时追肥,可促进果荚迅速生长。开花结荚期需肥量大,一般可每亩施尿素5~7kg、硫酸钾4~6kg。

4. 根外追肥

结荚盛期,可用0.3%~0.4%的磷酸二氢钾叶面喷施3~4次,每隔7~10天喷施1次。设施栽培可补充二氧化碳气肥。

（三）菜豆配方施肥案例

以云南省元谋县菜豆配方施肥为例，介绍如下。

1. 种植地概况

试验地壤质黏壤土，肥力中等。前茬作物为水稻。

2. 品种与肥料

选择菜豆品种为长丰 988（无筋豆）。供试肥料为尿素（含 N 46%）、过磷酸钙（含 P_2O_5 16%）、氯化钾（含 K_2O 50%）。

3. 施肥方案与产量

按测土配方施肥"3414"处理试验，根据试验最佳的施肥配比为施氮（N）33.77kg/亩、磷（P_2O_5）6.99kg/亩，钾（K_2O）16.51kg/亩，N－P_2O_5－K_2O 为 1∶0.21∶0.49，产量为 1 206kg/亩。

二、豇豆

豇豆又名长豇豆、带豆，属豆科属一年生蔬菜。豇豆富含蛋白质、胡萝卜素，营养价值高，口感好，是我国广泛栽培的大众化蔬菜之一，其普及程度在各类蔬菜中居第一位。豇豆的适应性强，既可以露地栽培，也可以保护地种植，同时还可以周年生产，四季上市。

（一）豇豆的需肥规律

豇豆对肥料的要求不高，在植株生长前期（结荚期），由于根瘤尚未充分发育，固氮能力弱，应该适量供应氮肥。开花结荚后，植株对磷、钾元素的需要量增加，根瘤菌的固氮能力增强，这个时期由于营养生长与生殖生长并进，对各种营养元素的需求量增加。相关的研究表明：每生产 1 000kg 豇豆，吸收氮素（N）10.2kg、磷（P_2O_5）4.4kg、钾（K_2O）9.7kg。但是因为根瘤菌的固氮作用，豇豆生长过程中需钾素营养最多，磷素营养次之，氮素营养相对较少。因此，在豇豆栽培中应适当控制水肥，适量施氮，增施磷、钾肥。

（二）豇豆的配方施肥技术

肥水管理上要掌握"先控后促"的原则，优化配方施肥，特别是要注意巧施基肥和叶面肥。施用肥料时应根据当地的土壤肥力，适量的增、减施肥量。

1. 基肥

豇豆忌连作，最好选择三年内未种过棉花和豆科植物的地块，基肥中多施磷、钾肥，少施氮肥，每亩施入腐熟农家肥4 000kg 左右和氮、磷、钾含量各15%的三元复合肥50kg，并增施过磷酸钙30kg，可使种子产量提高20%左右。

2. 追肥

定植后以蹲苗为主，控制茎叶徒长，促进生殖生长，以形成较多的花序。结痂后，结合浇水、开沟，追施腐熟的有机肥1 000kg/亩或者施用20 - 9 - 11 含硫复合肥等类似的复合、混肥料5 ~ 8kg/亩，以后每采收两次豆荚追肥一次，尿素5 ~ 10kg/亩、硫酸钾5 ~ 8kg/亩，或者追施17 - 7 - 17 含硫复合肥等类似的复混肥料8 ~ 12kg/亩。

3. 叶面追肥

在生长盛期，根据豇豆的生长现状，适时用0.3%的磷酸二氢钾进行叶面施肥，同时为促进豇豆根瘤提早共生固氮，可用固氮菌剂拌种。

（三）豇豆配方施肥案例

以广东肇庆市豇豆配方施肥试验为例，介绍如下。

1. 种植地概况

试验田土壤类型为黏壤土，肥力中等，有机质18.8g/kg，碱解氮85mg/kg，有效磷221mg/kg，速效钾176mg/kg，pH 值5.6。

2. 品种与肥料

选择豇豆品种为红金宝，供试肥料：尿素（含 N 46%）、过磷酸钙（含 P_2O_5 12%）、氯化钾（含 K_2O 60%）。

3. 配方施肥

按测土配方施肥"3414"处理试验。投入少、产量较高、扣除肥料成本后收入最高、产投比最大、综合经济效益最好的是氮（N）6kg/亩、磷（P_2O_5）4.5kg/亩、钾（K_2O）5.75kg/亩，$N - P_2O_5 - K_2O$ 为 1 : 0.75 : 0.97，产量为 976.6kg/亩，产值 3 418.1 元/亩，肥料成本 95.9 元/亩，收入 3 322.21 元/亩，净收入 837 元/亩。

三、蚕豆

（一）蚕豆的需肥规律

蚕豆在不同生育期对各种养分的吸收有很大的差异。出苗至始花期吸收钾的数量占一生中吸收总量的 37%，其次是钙和氮，分别占 25% 和 20%。开花期营养生长和生殖生长并进阶段是蚕豆需营养物质的关键时期，此时吸收的氮、磷、钾、钙占整个生育期吸收量 50% 左右，开花结荚期对营养物质的需要量减少。

据生产实践研究，每生产 1 000kg 蚕豆需从土壤中吸收氮（N）4.5kg、磷（P_2O_5）1.9kg、钾（K_2O）1.6kg。虽然蚕豆所需氮元素主要是由蚕豆根瘤菌固氮供应的，但仍有 1/3 是从土壤中吸收的。所以，在增施磷、钾肥的同时，合理施氮是提高蚕豆产量的重要措施。

（二）蚕豆的配方施肥技术

1. 种肥

一般每亩用 10 ~ 15kg 过磷酸钙或 5kg 磷酸二铵做种肥，缺硼的土壤加硼砂 0.4 ~ 0.6kg。由于蚕豆是双子叶作物，出苗时种子顶土困难，种肥最好施于种子下部或侧面，切勿使种子与肥料直接接触。

2. 基肥

施用有机肥做基肥是蚕豆增产的关键措施。在轮作地上可在前茬粮食作物上施用有机肥料，而蚕豆则利用其后效。有利于结瘤固氮，提高蚕豆产量。在低肥力土壤上种植蚕豆可以加过磷酸钙、氯化钾各10kg做基肥，对蚕豆增产有好处。

3. 追肥

在蚕豆幼苗期，根部尚未形成根瘤时，或根瘤活动弱时，适量施用氮肥可使植株生长健壮，在初花期酌情施用少量氮肥也是必要的。氮肥用量一般以每亩施尿素 7.5～10kg 为宜。另外，花期用 0.2%～0.3% 的磷酸二氢钾水溶液或过磷酸钙水根外喷施，可增加籽粒含氮率，有明显增产作用；花期喷施 0.1% 的硼砂、硫酸铜、硫酸锰水溶液可促进籽粒饱满，增加蚕豆含油量。

（三）蚕豆配方施肥案例

1. 云南省双柏县蚕豆配方施肥

（1）种植地概况　试验地壤质河沙土，有机质含量 15.4 g/kg，碱解氮 43mg/kg，有效磷 13.17mg/kg，速效钾 45mg/kg，pH 值 7.37，常年蚕豆产量 239kg/亩，前茬作物为玉米。

（2）品种与肥料　选择本地品种为百花蚕豆。供试肥料为尿素（含 N 46%）、过磷酸钙（含 P_2O_5 16%），硫酸钾（含 K_2O 50%）。

（3）施肥方案与产量　按测土配方施肥 "3414" 最优设计方案。推荐最大施肥量 N 4.15kg/亩、P_2O_5 4.69kg/亩、K_2O 2.12kg/亩，目标产量为 4 450kg/hm²，$N-P_2O_5-K_2O$ 为 1:1.13:0.51；推荐最佳施肥量 N 4.10kg/亩、P_2O_5 5.23kg/亩、K_2O 2.31kg/亩，目标产量为 4 451.7kg/hm²，$N-P_2O_5-K_2O$ 为 1:1.27:0.56。

2. 云南省大理市银桥镇蚕豆测土配方施肥

（1）种植地概况　试验地土壤为砂壤土，肥力中等，前茬作物水稻。

（2）品种与肥料　选择蚕豆品种为凤豆六号。供试肥料：尿素（含 N 46%），普通过磷酸钙（含 P_2O_5 16%），硫酸钾（含

K_2O 50%），有机钼肥。

（3）施肥方案与产量（表4 – 14）

表4 – 14　蚕豆施肥方案与产量

处理	N （kg/亩）	P_2O_5 （kg/亩）	K_2O （kg/亩）	有机钼 （g/亩）	有机肥 （kg/亩）	产量 （kg/亩）
空白施肥	0	0	0	0	2 000	221
常规施肥	0	8	0	0	2 000	269
配方施肥1	0	4.8	4	300	2 000	275
配方施肥2	0	4.8	4	300	2 000	300
配方施肥3		4.8	4	150	2 000	308

四、豌豆

（一）豌豆的需肥规律

豌豆营养生长阶段，生长量小，养分吸收也少，到了开花、坐荚以后，生长量迅速增大，养分吸收量也大幅增加。豌豆一生中对氮、磷、钾三要素的吸收量以氮素最多，钾次之，磷最少。自出苗期到始花期，氮的吸收量占一生总吸收量的40%，开花期占59%，终花期至成熟占1%；磷的吸收分别为30%、36%、34%；钾的吸收分别为60%、23%、17%。

豌豆的根瘤虽能固定土壤及空气中的氮素，但仍需依赖土壤供氮或施氮肥补充。施用氮肥要经常考虑根瘤的供氮状况，在生育初期，如施氮过多，会使根瘤形成延迟，并引起茎叶生长过于茂盛而造成落花落荚；在收获期供氮不足，则收获期缩短，产量降低。增施磷、钾肥可以促进豌豆根瘤的形成，防止徒长，增强抗病性。

每生产1 000 kg豌豆籽粒，一般需吸收纯N 3.10kg、磷（P_2O_5）0.50 ~ 1.50kg、钾（K_2O）2.0 ~ 4.0kg，氮、磷、钾比

例约为 3：1：3。

（二）豌豆的配方施肥技术

1. 基肥

基肥要早施重施，北方春播宜在秋耕时施基肥，南方秋播也应在播前整地时施基肥，以保证苗全和苗壮。基肥一般占总施肥量的 60%～80%，一般每亩施有机肥 3 000～5 000kg、过磷酸钙 25～30kg、尿素 10kg、氯化钾 15～20kg 或草木灰 100kg。

2. 追肥

在开花始期进行第一次追肥，一般施尿素 5kg、氯化钾 5kg 或三元复合肥 15～20kg，结合浇水；第二次追肥可在坐荚后进行，每亩追尿素 7.5kg、氯化钾 7.5kg 或三元复合肥 20～25kg，同时结合浇水。

（三）豌豆的配方施肥案例

1. 甘肃省定西市豌豆配方施肥

（1）种植地概况 试验地黑麻垆土，肥力中等，有机质含量 6.8g/kg，碱解氮 34mg/kg，有效磷 16.94mg/kg，速效钾 129mg/kg，前茬作物为小麦。

（2）品种与肥料 选择本地品种为定豌 1 号。供试肥料为尿素（含 N 46%）、过磷酸钙（含 P_2O_5 12%）、硫酸钾（含 K_2O 33%）。

（3）施肥方案与产量 按测土配方施肥"3414"最优设计方案。

推荐最佳施肥量 N 2.97kg/亩、P_2O_5 4.67kg/亩、K_2O 1.09 kg/亩，目标产量为 2 163.9kg/hm²（144.26kg/亩），N－P_2O_5－K_2O 为 1：1.572：1.367。

2. 云南邵阳市麻豌豆配方施肥

（1）种植地概况 试验地水稻土，肥力中上等，地力均匀前茬作物为水稻。

（2）品种与肥料 选择本地品种为麻豌豆。供试肥料为尿素

（含 N 46%）、过磷酸钙（含 P_2O_5 18%）、硫酸钾（含 K_2O 50%）。

（3）施肥方案与产量　通过测土配方施肥试验，有机肥全部做底肥一次施入，尿素、普钙和钾肥做追肥使用，在分蘖期和开花期分两次施入，每次施总量的 50%。推荐最佳施肥量 N 2kg/亩、P_2O_5 4.95kg/亩、K_2O 3kg/亩，目标产量为 3 717kg/hm² （247.8kg/亩），$N - P_2O_5 - K_2O$ 为 $1：2.47：1.5$。

第八节　薯芋类蔬菜配方施肥技术

薯芋类蔬菜有马铃薯、山药、芋头、生姜等，主要以块茎、根茎、球茎、块根等器官供人们食用。这类蔬菜为须根系，吸收养肥能力相对较弱，对肥水丰缺反应敏感，这类蔬菜食用部分在土壤中，因此要求土层深厚，疏松透气，有机质含量高，排水好。在幼苗期和发棵初期供给充足的氮元素，以保证块茎膨大前根茎叶的健壮生长。如果氮肥过量或使用过晚，会导致徒长，施用有机肥和钾肥效果好，尤其增施钾肥，是这类蔬菜高产的重要措施。相对于其他蔬菜而言，薯芋类蔬菜施肥要求较高。而且收获产品部分生长在地下，要求土壤有机质充足、疏松、透气；施肥要足量施用有机肥及钾肥，配施氮、磷肥。以马铃薯为例，各个生育期氮、磷、钾的吸收量占总吸收量的百分比：幼苗期分别为 6%、8% 和 9%，发棵期分别为 38%、34% 和 36%，结薯期分别为 56%、58% 和 55%。姜、芋头、山药对养分的吸收规律与马铃薯类似。

一、山药

山药属薯蓣科，多年生草质藤本植物，以肥大的块茎为主要食用器官，其富含多种人体需要的营养物质及药用成分，具有较高的食用和药用价值，深受人们喜爱。近年来，山药已被广泛用作粮食、蔬菜、药材、饲料和加工原料，是一种高产高效的经济作物。

（一）山药的需肥规律

在苗期，植株生长量小，对氮、磷、钾的吸收量亦少。甩蔓发棵期，随着植株生长速度的加快，生长量增加，对养分的吸收量也随着增加，特别是对氮的吸收量增加较多。进入块茎迅速膨大期，茎叶的生长达到了高峰，块茎迅速生长和膨大，对氮、磷、钾的吸收也达到了高峰。据测定，每生产 1 000kg 块茎，需氮（N）4.32kg、磷（P_2O_5）1.07kg、钾（K_2O）5.38kg，所需氮、磷、钾的比例为 1 : 0.25 : 1.25，不同生长期的需肥量和种类有差异。

（二）山药的配方施肥技术

山药生长前期供给适量的速效氮肥，有利于藤蔓的生长。进入块茎生长盛期，要重视氮、磷、钾的配合施用，特别要重视钾肥的施用，以促进块茎的膨大和物质积累。山药施肥以基肥为主，追肥为辅。基肥以充分腐熟的优质农家肥和复合肥为主。

1. 基肥

每亩施腐熟的农家肥 2 000 ~ 4 000kg、等量复合肥（18 - 18 - 18）60 ~ 80kg，施用前将二者充分拌和。或施有机肥 2 000kg、尿素 25kg、磷酸二铵 25kg、硫酸钾 30kg。基肥在整地前全田均匀撒施，施后将肥料耕翻入 30cm 耕层中。

2. 追肥

追肥的原则是"前期重，中期稳，后期防早衰"。

（1）苗期（6 月中旬前后）　以氮肥为主，每亩施 10 ~ 15kg 高氮钾型复合肥。枝叶生长盛期（7 月上旬）每亩可施高氮钾型复合肥 20 ~ 25kg，并叶面喷施 1 次浓度为 0.25% 的磷酸二氢钾溶液。

（2）块茎迅速膨大期（7 月下旬开始）　每亩施尿素 7.5kg，

并叶面喷施浓度为 0.25% 的磷酸二氢钾溶液 2 ~ 3 次，8 月上旬每亩施氮、磷、钾复合肥 20 ~ 30kg。枝叶衰老块茎充实期不采取土壤追肥，可喷施浓度为 0.25% 的磷酸二氢钾溶液 1 次，以延长藤蔓生长时间。

（三）山药的配方施肥案例

以山东省高密市于疃村山药配方施肥为例，介绍如下。

1. 种植地概况

试验地为砂壤土，有机质含量为 7.09%，碱解氮 44.9 mg/kg，有效磷 51.5mg/kg，速效钾 61.8mg/kg，pH 值为 7.05。

2. 品种与肥料

选择本地品种为大和长芋。供试肥料为尿素（含 N 46%）、过磷酸钙（含 P_2O_5 12%）、硫酸钾（含 K_2O 52%）。

3. 施肥方案与产量

按测土配方施肥"3414"最优设计方案。

推荐最高产量 3 125.7kg/亩，对应的施肥量为 N 65.92 kg/亩、P_2O_5 32.62kg/亩、K_2O 65.82kg/亩，$N - P_2O_5 - K_2O$ 为1∶0.5∶1。

推荐最佳产量 3 093.3 kg/亩，对应的施肥量为 N 56.11 kg/亩、P_2O_5 26.34kg/亩、K_2O 44.12kg/亩，$N - P_2O_5 - K_2O$ 为1∶0.47∶0.79。

二、芋头

（一）芋头的需肥规律

芋头生育期可划分为苗期、球茎分化形成期、球茎膨大期和淀粉快速增长期。不同生育期对养分的吸收和数量不同，一般苗期吸收养分较少，生长旺盛期吸收量较多，到生育的后期，养分吸收速度又减慢。叶片在苗期含 N 量较高，旺盛生长期含 P、K 较高。根系以苗期含 N、K 量较高。球茎以分化形成期含 N、P、K 最高。叶片内 N、P、K 含量高于根系，到芋头膨大期，N、P、

K 主要集中转移到芋头中。据测定，每生产 1 000kg 球茎，需氮（N）5～6kg、磷（P_2O_5）4～4.2kg、钾（K_2O）8～8.4kg，所需氮、磷、钾的比例为 1.2：1：2。

（二）芋头的配方施肥技术

芋头喜肥，芋头生长期长，需肥量多，耐肥力强，除施足基肥外，还要多次追肥。

1. 基肥

整地施足基肥，一般每亩沟施或穴施厩肥或堆肥 1 000～1 500kg、过磷酸钙 20kg、硫酸钾 20kg 或草木灰 100kg。

2. 追肥

芋头喜多肥，生长期又长，应多次追肥，以速效肥为主，一般追肥 4～5 次。追肥量及次数应以田间营养诊断为基础，基肥足、肥力好的地块可结合除草适量下肥，培土、浇水同时进行。重点是施好促苗肥、分蘖肥、子芋肥、孙芋肥和壮芋肥。

（1）促苗肥（提苗肥） 出苗后至 4 叶期左右结合中耕除草进行第一次施肥。苗期吸肥力弱，不耐旱，每亩浇施数次腐熟的人粪尿，旱芋施 20%、水芋施 40% 的人粪尿水 500kg。或复合肥 4kg、尿素 5～10kg，对水 200 倍液淋施或开沟施于根旁，以促进叶片生长。

（2）分蘖肥（发棵肥） 4 月下旬大部分种芋开始分蘖时进行施肥，靠近植株周围挖浅沟，每亩施花生麸 50～75kg，腐熟的猪牛粪 500～700kg，施肥后立即覆土。幼苗期结束时，中耕并使栽植沟成为平地。

（3）子芋肥 5 月下旬新球茎开始膨大时结合中耕进行施肥，每亩施花生麸 50～75kg，30% 腐熟人畜粪 500～700kg，或复合肥、尿素 3～4kg 对水 200 倍液淋施或开沟施于根旁。

（4）孙芋肥 在 6 月下旬进行，当孙芋陆续发生时应及时进行 1 次追肥，一般每亩旱芋施 30%、水芋施 50% 的人粪尿肥水

500～750kg，或每亩施花生麸50～75kg、氮、磷、钾复合肥7～10kg，在两棵芋头之间进行穴施，施后进行培土，培土厚度5～7cm。

（5）壮芋肥　在7月下旬中上部的部分芋叶开始有落黄时应控制肥水，以免新叶不断生长，影响球茎成熟和淀粉积累。一般每亩施花生麸50～75kg，复合肥7～10kg，在两棵芋头之间打穴深施，施肥后进行大培土，培土要高于畦面7～10cm。为抑制其叶片生长，当母芋露出土面需再培土1次，在芋株周围培成1个土墩。

（三）芋头的配方施肥案例

1. 江苏省靖江市马桥镇横港村芋头配方施肥

（1）种植地概况　试验地土壤肥力均匀一致，前茬为蔬菜。

（2）品种与肥料　选择本地品种靖江香沙芋。供试肥料为尿素（含N 46%）、过磷酸钙（含P_2O_5 16%）、氯化钾（含K_2O 55%）。

（3）施肥方案与产量　按测土配方施肥"3414"最优设计方案。兼顾经济需肥量与推广需肥量，施肥量N、P_2O_5、K_2O分别为14.03～15.8kg/亩、14.64～5.6kg/亩、20.75～25.5kg/亩时，有利于芋头获得高产高效。

2. 重庆江津市吴滩镇郎家村蔬菜基地芋头配方施肥

（1）种植地概况　试验地土壤为紫色土，pH值4.75，有机质含量7.0g/kg，铵态氮、速效磷、钾、钙、镁、硫、铁、硼、锌含量分别为3.1μg/mL、6.75μg/mL、32.8μg/mL、1 275 μg/mL、272.6μg/mL、64.1μg/mL、248μg/mL、18.5μg/mL、2.6μg/mL。

（2）品种与肥料　选择本地品种绿秆112。供试肥料为尿素（含N 46%）、磷酸二铵（含N 10%，P_2O_5 44%），氯化钾（含K_2O 60%），硼砂（含B 10.5%）和石灰（含CaO 65%）。

（3）施肥方案　按测土配方施肥设计方案，磷、钾、硼和钙肥做基肥一次性施入，氮肥30%做基肥，70%做追肥，追肥分2次施入（分别占总氮肥的40%和30%）。

（4）产量与经济效益（表4－15）

表4－15　芋头配方施肥经济效益

处理	产量（kg/亩）	肥料成本（元/亩）	利润（元/亩）	产投比
空白施肥	759.5			
$N_{20}P_{15}K_{20}B_{0.2}$	1 320	120	1 225	26
$N_{20}P_{15}K_{20}Ca_{150}$	1 341.7	163.5	1 233	20

注：尿素1.6元/kg，磷酸二铵2.3元/kg，氯化钾1.8元/kg，硼砂7.0元/kg，熟石灰0.3元/kg，芋头2.4元/kg

三、生姜

（一）生姜的需肥规律

生姜生长需要大中微量元素，在幼苗期吸收的氮素占全生长期总吸收量的12.59%，磷占14.44%，钾占15.71%，此期间氮、磷、钾吸收量占总吸收量的14.4%。三股杈期以后，植株生长速度加快，分杈数量增加，叶面积迅速扩大，根茎生长旺盛，因而需肥量迅速增加。整个旺盛生长期吸收氮、磷、钾分别占全生长期总吸收量的87.41%、85.56%、84.29%。在盛长前期吸收的氮占总吸收量的34.75%，磷占35.03%，钾占35.18%。盛长中期吸收的氮、磷、钾量约占总吸收量的21.3%，与盛长前期的吸收比例基本相同。盛长后期吸收的氮占总吸收量的31.43%，磷占29.27%，钾占27.75%。随着生长期的推进，钾的吸收比例略有下降，氮的吸收比例略有上升。在整个生育期，生姜对钾的吸收量最大，其次是氮，磷最少。

根据试验测产，每生产1 000kg鲜姜约需从土壤中吸收氮（N）6.34kg、磷（P_2O_5）0.57kg、氧化钾（K_2O）9.27kg、钙（Ca）

3.69kg、镁（Mg）3.86kg、硼（B）3.76g、锌（Zn）9.88g。

（二）生姜的配方施肥技术

生姜的生长要求在施足有机肥的基础上，氮、磷、钾等大量元素肥料配合施用，同时补充锌、硼等微量元素，才能达到高产、优质。

1. 基肥

结合深翻整地，在播种前结合整地每亩要撒施优质腐熟鸡粪500～600kg。下种时每亩要沟（穴）施饼肥75～100kg，氮、磷、钾复合肥50kg或尿素15kg、过磷酸钙30kg、硫酸钾各20kg。对微量元素缺乏的土壤，基肥中每亩还要加入硫酸锌1～2kg、0.05%～0.1%硼砂0.5～1kg。

2. 追肥

（1）壮苗肥　于6月上中旬幼苗长出1～2个分枝时第一次追苗肥。这次追肥以氮肥为主，每亩可施硫酸铵或磷酸二铵20kg。若播期过早，苗期较长，可用以上肥料结合浇水分2～3次追施。

（2）转折肥　立秋前后，生姜进入三股杈阶段旺盛生长期，是追肥的关键时期，一般每亩用粉碎的饼肥60～80kg，腐熟的鸡粪250～300kg，复合肥50～80kg或尿素10kg、磷酸二铵25kg、硫酸钾25kg，于植株莞部一侧15cm处开一小沟（穴），将肥料撒入其中，然后覆土并浇淋透水。

（3）壮姜肥　在块茎膨大期进行，9月中旬植株出现6～8个分杈时，生姜进入根茎迅速膨大期，这时应根据植株长势，巧施1次壮姜肥。一般每亩施复合肥25～30kg或硫酸铵、硫酸钾各2～3kg。对土壤肥力充足，植株生长旺盛的，则应少施或不施氮肥，防止茎叶徒长而影响根茎膨大。

（4）根外追肥　对硼、锌等微量元素缺乏的土壤，幼苗期、开叉期和根茎膨大期，要用硫酸锌1～2kg、0.05%～0.1%硼砂

0.5～1kg 各进行一次追肥或用作叶面肥。

（三）生姜的配方施肥案例

以山东莱芜市辛庄镇下陈村生姜配方施肥为例，介绍如下。

1. 种植地概况

试验地土壤为壤质褐土，有机质含量 1.49%，碱解氮 118mg/kg，速效磷 86.1mg/kg，速效钾 169mg/kg，pH 值 7.0。

2. 品种与肥料

选择品种为面姜。供试肥料为尿素（含 N 46%）、磷酸二铵（含 N 10%，P_2O_5 44%）、硫酸钾（含 K_2O 60%）、生姜配方肥（16－4－20）、硼砂（含 B 10.5%）和硫酸锌。

3. 施肥方案

常规施肥：农户习惯施肥，施磷酸二铵 90kg/亩、尿素 75kg/亩、硫酸钾 35kg/亩。

配方施肥 1：施生姜配方肥（16－4－20）200kg/亩，追肥如下：苗肥施配方肥 50kg/亩，分枝肥施配方肥 90kg/亩，膨大肥施配方肥 60kg/亩；优化施肥、补充施用微肥。

配方施肥 2：在配方施肥 1 基础上，增施硫酸锌 2kg/亩、硼砂 1kg/亩。

4. 产量与经济效益（表4－16）

表4－16　生姜配方施肥经济效益

处理	产量（t/亩）	产值（万元/亩）	投入（万元/亩）	产投比
常规施肥	3.96	1.19	0.112	10.61
配方施肥 1	4.0	1.2	0.112	10.7
配方施肥 2	4.6	1.38	0.118	11.86

注：生姜 3.00 元/kg，优化施肥肥料 3.96 元/kg，配方肥料 3.3 元/kg，磷酸二铵 4 元/kg

第九节　水生蔬菜配方施肥技术

水生蔬菜指生长在水里可供食用的一类蔬菜，分为深水和浅水两大类。能适应深水的有莲藕、菱、莼菜等，作浅水栽培的有茭白、水芹、慈姑、荸荠等。

一、茭白

茭白又称茭笋、禾笋等，属禾本科多年生水生宿根植物。茭白由于黑穗病的寄生，分泌一种吲哚乙酸刺激素、刺激其嫩茎膨大，形成大的肉茎，即为茭白的食用部分。茭白是一种营养价值很高的蔬菜，肉质细嫩、入口轻韵、纤维素少、风味佳、无口滞感。双季茭一般在春季或夏秋季种植，可连收两季，故又称两熟茭。第一熟在当年秋季（9～10月）采收，称为秋茭；第二熟在翌年夏季（5～6月）采收，称为夏茭。

（一）茭白的需肥规律

无论单季或双季茭白，由于生育期长，植株生长茂盛，因此对肥的需求量大。秋茭植株总体上含钾量最高，含氮量次之，含磷量最低。生长期至膨大前期，植株生长旺盛，养分吸收量增加，氮、磷、钾吸收量快速增加，其中磷的吸收量低于氮和钾。钾的吸收高峰在分蘖期，氮、磷的吸收高峰孕茭膨大初期。根据试验测产，每生产1 000kg茭白约需从土壤中吸收氮（N）13.5kg、磷（P_2O_5）0.48kg、氧化钾（K_2O）4.92kg。

（二）茭白的配方施肥技术

1. 基肥

春栽新茭田，一般每亩施腐熟堆厩肥3 000kg或人粪尿或草塘泥3 000～5 000kg、过磷酸钙50kg、尿素25kg、草木灰100kg或钾肥30kg。秋栽新茭田，一般每亩施腐熟有机肥3 000kg、过磷酸钙和草木灰各50kg。

2. 追肥

（1）提苗肥　在定植后10天左右，每亩施人粪尿500kg或尿素5kg。如基肥足，植株长势好，可不施提苗肥。

（2）分蘖肥　在第一次追肥后20~30天，每亩施腐熟粪肥2 000kg或尿素20kg，以促进茭白前期分蘖和生长，分蘖后期要保持植株稳健生长，一般不宜追肥，以免增加无效分蘖。

（3）孕茭肥　这是夺取秋茭早熟、丰产的关键。施肥过早，植株还未孕茭，引起徒长，推迟结茭；施肥过迟，赶不上孕茭需要，影响产量。一般在8月15~23日，即在茭墩中的植株有10%~20%植株假茎有些发扁时追肥，每亩施入25%三元复合肥60kg，或用尿素25kg、硫酸钾15kg、过磷酸钙10kg，以促进茭肉肥大，提高产量。

秋栽新茭田，当年生长期短，故在栽植后10~15天只追肥1次，每亩施腐熟粪肥1 500~2 000kg；老茭田追肥应掌握早而重的原则。由于翌年夏茭生育期短，从萌芽到孕茭只有80~90天，为争取在盛夏高温前结茭，及时追肥至关重要。一般在2月下旬至3月下旬追肥2次，以速效有机肥为主。当老茭墩开始萌芽时，第一次追肥20天后追施第二次肥，每次每亩施人畜粪或厩肥3 000kg。在第二次追肥时，若粪肥不足，也可施用一半粪肥，另外，在粪肥中加施尿素15kg代替，但不能全部施用化肥，以防茭肉品质降低，应以腐熟有机肥为主。

（三）茭白的配方施肥案例

以杭州市余杭区塘栖镇三星村茭白种植大户姚金海茭白基地茭白配方施肥为例，介绍如下。

1. 种植地概况

试验地土壤为水稻土青紫泥田土种，质地为黏土，肥力中等，有机质含量54.5g/kg，铵态氮312mg/kg，速效磷21.9 mg/kg，速效

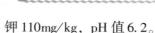

钾 110mg/kg, pH 值 6.2。

2. 品种与肥料

选择品种为双季茭白。供试肥料为茭白配方专用肥（18 -
8 - 10），尿素（含 N 46%）、碳铵（含 N 17%）、过磷酸钙（含
P_2O_5 12%）、氯化钾（含 K_2O 60%）。

3. 施肥方案

常规施肥：农户习惯施肥，施碳铵 175kg/亩、尿素 60kg/亩、
过磷酸钙 23.4kg/亩、氯化钾 25.8kg/亩。

配方施肥 1：施茭白配方肥（18 - 8 - 10）160kg/亩，3 次追
肥量为 35kg/亩、45kg/亩、50kg/亩。

配方施肥 2：施茭白配方肥（18 - 8 - 10）124kg/亩，3 次追
肥量为 40kg/亩、55kg/亩、50kg/亩；增施氮肥 34kg/亩。

4. 产量与经济效益（表 4 - 17）

表 4 - 17　茭白配方施肥经济效益

处理	产量 （kg/亩）	产值 （元/亩）	肥料成本 （元/亩）	纯收入 （元/亩）
常规施肥	1 256.8	3 393.4	419.4	2 974
配方施肥 1	1 532.8	4 138.5	392	3 746.5
配方施肥 2	1 376.5	3 716.6	473.6	3 243

注：按照 2012 年市场批发价格计算，茭白 2.70 元/kg，尿素 2.40 元/kg，碳铵
0.95 元/kg，过磷酸钙 0.65 元/kg，氯化钾 3.60 元/kg，茭白配方专用肥 2.45 元/kg

二、莲藕

莲藕是睡莲科多年生水生草本植物，是最古老的双子叶植物
之一，又具有单子叶植物的许多特征，原产于印度和中国，目前
在中国、日本和一些东南亚国家和地区普遍种植。莲藕产品鲜
藕、藕粉和莲子是公认的滋补食品，含有丰富的淀粉、蛋白质、
多种维生素和矿质营养元素，是我国优良的特色蔬菜和副食佳

品，具有很好的营养保健功能。近年来，随着我国农村种植业结构的不断调整和莲藕产品的大量迅速开发，莲藕出口创汇数量不断增加，已成为我国重要的出口蔬菜种类之一。

（一）莲藕的需肥规律

莲藕是以膨大的地下根状茎为主要产品的高效经济作物，又是需肥量较大的作物。莲藕生长发育经过 3 个阶段：萌芽生长期、旺盛生长期、盛花以后到藕膨大充实的结藕期。一般每亩莲藕大约需要从土壤中吸收纯氮（N）7.7kg，纯磷（P_2O_5）3.0kg，纯钾（K_2O）11.4kg，莲藕对氮、磷、钾纯养分的吸收比例为 2∶1∶3。

（二）莲藕的配方施肥技术

1. 基肥

藕田基肥的施用量应根据土壤肥力而定。一般土质疏松，肥沃，有机质丰富，灌排方便的田块，基肥用量要占到整个生育期总施肥量的 70%，一般氮肥的基肥用量占总量的 50% ~ 60%，钾肥的基肥用量占总量的 60% ~ 70%，磷肥、锌肥和硼肥做基肥一次性施下即可。通常以充分腐熟的优质有机肥（农家肥）为主，每亩可结合整地施入农家肥 2 500 ~ 3 000kg，以及过磷酸钙 50kg，有条件的每亩还可再施入油渣饼肥 100 ~ 150kg。一般每亩施生石灰 50 ~ 100kg，时间以莲藕长出 2 片立叶时施入为好，要与氮肥或过磷酸钙的施入时间相隔 15 天左右，以防止降低其他肥料的肥效，并补施钙、硼、锌等微肥。

2. 追肥

莲藕生长时需肥量较大，在足量施用基肥的前提下，还要做到适期科学追肥。一般莲藕整个生育期追肥 3 次，早熟品种生长期追肥 1 ~ 2 次，晚熟品种则追肥 2 ~ 3 次。

（1）发棵肥　在 1 ~ 2 片立叶（定植后 25 ~ 30 天）时施用，结合中耕除草，每亩施尿素 15kg 或腐熟人畜粪尿肥 1 500 ~

2 000kg、硫酸钾 7.5~10kg，或高氮复合肥 20~25kg。

（2）第二次在 5~6 片立叶（定植后 40~50 天，即封行时）施用，于植株封行前进行，每亩施用硫酸钾复合肥 50kg。如果栽培的是晚熟品种，在结藕前还可以追施 1 次"结藕肥"。

（3）追肥在终止叶出现时进行，这时结藕开始，即为追藕肥，每亩施高钾型复合肥 15~20kg。浅水藕田，施肥应选择晴朗无风天气的清晨或傍晚进行，每次施肥前放浅田水，将肥料溶入水中，施肥后 2 天再灌水至原来的深度，追肥后泼浇清水冲洗莲叶。对深水藕田，最好做成肥泥团施用，以防止肥料漂浮。施肥时注意不要踩伤莲鞭，以免影响结藕。

（4）叶面追肥　根外追肥一般在植株 5~6 叶期进行，可选 0.4%磷酸二氢钾溶液加 0.03%硼酸溶液进行叶面喷施。在莲藕生长期间，还可叶面喷施 0.01%~0.05%钼酸铵或钼酸苏打溶液 2 次，对莲藕抗病增产有较好的效果。

（三）莲藕的配方施肥案例

1. 湖北省武汉市蔡甸区莲藕配方施肥（表 4–18）

（1）种植地概况　试验地土壤为白散土，质地为黏土，肥力中等，有机质含量 43.2g/kg、碱解氮 72mg/kg、速效磷 12.3mg/kg、速效钾 43mg/kg，pH 值 6.6。

（2）品种与肥料　选择品种为鄂莲 5 号。供试肥料为尿素（含 N 46%）、碳铵（含 N 17%）、过磷酸钙（含 P_2O_5 12%）、氯化钾（含 K_2O 60%）、硼砂（含 B 11%）、七水硫酸锌（含 Zn 20%）。

（3）施肥方案和产量

表 4 - 18　莲藕施肥方案与产量

处理	N（kg/亩）	P_2O_5（kg/亩）	K_2O（kg/亩）	硫酸锌（kg/亩）	硼砂（g/亩）	产量（kg/亩）
空白施肥	0	0	0	0	0	473.4
常规施肥	10.8	8	6	0	0	838.2
配方施肥 1	17.5	6	11	1	133	932.6

2. 广西壮族自治区柳江县成团镇莲藕配方施肥

（1）种植地概况　试验地土壤为石灰性水稻土，质地为壤土，肥力中等，pH 值 8.1，有机质含量 3.69%、速效磷 18.33mg/kg、速效钾 188.33mg/kg。

（2）品种与肥料　选择品种为鄂莲 5 号。供试肥料为尿素（含 N 46%）、碳铵（含 N 17%）、过磷酸钙（含 P_2O_5 12%）氯化钾（含 K_2O 60%）。

（3）施肥方案和产量　按测土配方施肥"3414"最优设计方案。

推荐最经济施肥量 N 32.33 ~ 33.8kg/亩、P_2O_5 12.87 ~ 13.33 kg/亩、K_2O 13.67 ~ 14.27kg/亩，最经济产量和最大产量为 1 710 ~ 1 809kg/hm²。

第五章　主要果树测土配方施肥技术

　　土壤养分是果树营养的主要来源。土壤有效养分的数量以及土壤养分有效性相关的土壤物理和化学性状变化都会影响到果实的正常生长。通过施肥可以调节土壤的养分数量和有效性以满足果实对养分的基本需求。果实因其种类、品种以及管理方法不同，对养分的需求也会有差异。因此，了解不同果树生产中的土壤养分含量以及与土壤养分有效性有关的土壤理化性状，对于指导果树科学施肥是十分必要的。而土壤测试是了解土壤养分供应状况的必要手段。在土壤养分测试的基础上，根据不同果树的养分需求特点制订科学合理的施肥措施，有利于果品生产的高产、优质、高效。

第一节　核果类果树配方施肥技术

一、桃

　　桃，别名桃实、桃子，蔷薇科桃属落叶小乔木。主要变种有油桃、蟠桃、寿星桃、碧桃，其中油桃和蟠桃都作果树栽培，寿星桃和碧桃主要供观赏，寿星桃还可作桃的矮化砧。

　　桃原产于海拔较高，日照长、光照强的西北地区，适应于空气干燥、冬季寒冷的大陆性气候，因此，桃树喜光、耐旱、耐寒力强。温度是影响桃树分布的最主要因素，桃树定植后 2～3 年开始结果，6～7 年后进入盛果期，10～15 年时产量最高，之后进入衰老期。根据成熟期的早晚，可将桃分为早熟品种和晚熟品种。目前，在我国的华北、华东、华中和西北地区有进行规模化栽培。以华北地区为例，桃的生长发育期一年四季主要分萌芽期（3月中上旬）、开花期（3月底至4月初）、结果期（4月上中旬）、硬核期（5月中下旬）、果实膨大期（早熟品种在6月初，中晚熟品种7月上中旬）、成熟期（早熟品种5月底开始成熟，中晚熟品种一般在7月以后）及落叶休眠期（11月中下旬）。

（一）桃树的需肥特性

桃树根系较浅，侧根和须根较多。大部分根系分布在地表下10~40cm范围内。一般土壤黏重、地下水位高、土壤通透性差的土壤不宜栽培桃树。桃最适应的酸碱度为pH值5~6，pH值高于8时易发生缺锌症，低于4时易发生缺镁症。桃树具有较强的耐旱性，不耐涝，要维持桃的健康生长，土壤中含氧量应在15%以上，春季萌芽前后、春梢停长及果实采收后是根系生长高峰，此时应注意肥水管理。

桃树对养分的吸收能力比较强，在氮、磷、钾三要素中，桃树对钾的需求量最大，对氮的需求量次之，对磷的需求量较少。桃树对养分的吸收随季节而变化，新梢生长高峰后对氮、磷、钾的吸收量迅速增长。随着果实膨大对养分的吸收量继续增加，果实迅速膨大期是对养分吸收最多的时期，尤其是钾最为突出，果实采收期吸收量减少。氮的吸收一般在偏酸环境下才能进行。幼龄树与成年树有所差别，幼树以树势作为判断施肥的依据，当年生的主枝基部直径超过2cm，为旺盛，应减少施肥量，以防幼树推迟结果。成龄结果树当年生的长枝直径1~1.5cm，为中等树势。

此外，在落叶果树中桃树是对微量元素比较敏感的品种，尤其是对缺铁的反应更为突出。碳酸钙含量高和pH值高的土壤在积水时铁极易被固定。因此，必须避免桃园积水，以提高铁的速效性。

(二) 桃树的配方施肥技术

1. 桃树的施肥量

桃树施肥量以及施肥比例应以品种、树龄、树势、产量、土壤肥力、肥料性质、气候条件等因素综合分析确定。根据研究结果，8~11 年生桃树每生产 1 000kg 果实，一般需吸收氮（N）4.8~5.1kg、磷（P_2O_5）2.0kg、钾（K_2O）6.6~7.6kg，氮、磷、钾养分的吸收比例为 1：0.4：1.4 左右。根据土壤测试结果（ASI），桃树的推荐施肥建议见表 5-1 至表 5-3。

表 5-1　基于土壤有机质水平的桃树施氮推荐量（纯 N）

单位：kg/亩

土壤有机质含量水平（g/kg）			
< 10	10~20	20~30	> 30
14.0	12.0	10.0	7.0

表 5-2　基于土壤速效磷分级的桃树施磷推荐量（P_2O_5）

单位：kg/亩

土壤速效磷含量水平（mg/L）					
0~7	7~12	12~24	24~40	40~60	>60
14.0	12.0	10.0	7.0	4.0	0.0

表 5-3　基于土壤速效钾分级的桃树施钾推荐量（K_2O）

单位：kg/亩

土壤速效钾含量水平（mg/L）					
0~40	40~60	60~80	80~100	100~140	>140
14.0	12.0	10.0	7.0	4.0	0.0

2. 桃树的有机肥施用技术

优质丰产果树要求土壤有机质含量高，保水保肥能力强，养分供应稳定。有机肥施用最适宜时期是秋季落叶前 1 个月，施用量根据土壤中有机质含量和产量水平确定，根据品种差异适当调整，一般早熟品种、土壤肥沃、树龄小、树势强的施肥量要少一些；相反晚熟品种。土壤瘠薄、树龄大、树势弱的施肥量要多一些。每年施入有机肥会伤一些细根，可起到修剪根系的作用，使之发出更多的新根，同等数量的有机肥料连年施用比隔年施用增产效果明显。有机肥的施用方法主要有辐射沟法和环状沟法，施肥沟要每年变换位置，还可结合秋刨园撒施，但幼树应避免全园撒施。

3. 桃树的施肥技术

（1）基肥　桃树需要土壤通透性较好的环境，因此，基肥以有机肥为主，一般丰产园每棵桃树施优质有机肥 100 ~ 200kg 和桃树专用肥 1 ~ 3kg，混匀后即可施入土壤，也可用尿素 0.5 ~ 1kg 代替专用肥使用。施肥时期可在秋季或早春，以秋季施肥效果最佳。秋季（8 ~ 10 月份）是桃树根系第二次生长高峰期，基肥占桃树整个施肥的 50% ~ 80%。虽然在这一时期施肥会使一些根系受伤，但有一个较长的冬季恢复期，到春季花芽和叶芽萌动时，根系伤口已愈合并已长出新根，不致影响根系的吸收活动。桃树的根系浅、根幅大，施肥宜深不宜浅，常用放射状沟施基肥，以减少根系受伤。

（2）追肥

萌芽肥：在春芽萌动时进行，此时是树体器官的再造期，需要大量的营养物质，宜提前早施。肥料种类主要以全元素速效肥与有机肥配合使用。株产 35 ~ 50kg 果实的桃树，单株施优质腐熟人畜粪 40kg，尿素 0.25kg，过磷酸钙 0.15kg，氯化钾 0.4kg。此期追肥有利于促进新梢生长发育，萌芽开花整齐，提高坐果率。

花后肥：一般在花后 7 天左右每棵桃树追施专用肥 0.5 ~ 1kg。

果实膨大肥：此时果实进入第二次速生期，新梢与果实易争夺养分、水分。施肥应以氮钾肥配合施用，重施钾肥，保证桃树丰产、优质。对中晚熟品种在此次追肥后应根据树体生长情况，再进行 1~2 次追肥，每株施尿素 0.2~0.5kg。

采后肥：一般在果实采收后立即进行，每棵桃树施专用肥 0.3~0.5kg，以促根系生长，提高树势，增强桃树抗逆能力。

（3）根外追肥　为满足桃树生长发育的需求，在桃树生长的各个时期，还应根据树体和果实生长发育所需的不同养分，用化肥对水喷布叶枝花果，进行根外追肥，特别要注意喷施微肥。

初花期桃树对氮和硼的需求较多，每株除施尿素 0.2~0.5kg 外，配合叶面补充硼肥，以满足花芽萌发和花器官发育的需要，并利于授粉。在谢花后、果实膨大期和采果前 25 天，各喷 1 次 3 000 倍液稀土或 500 倍液桃树专用肥；从果实迅速膨大期起，每隔半月喷 1 次 300~350 倍液磷酸二氢钾，连喷 2 次，可显著地提高果实的含糖量和品质。采摘后补肥则主要是针对营养消耗较多的中晚熟品种和树势较弱的树，补充树体营养消耗，尽快恢复树势。结合病虫害防治，适度叶面喷施稀释度较大的 N 肥（专用 N 素叶面肥），间隔 7~10 天 1 次，进行 2~3 次。

此外，在桃树表现缺乏某种微量元素时，应及时进行叶面喷施相应的微量元素肥料，一般均可以得到不同程度的矫治。例如：叶片纵卷是桃树缺钙的典型症状之一，可以通过喷施 0.5%~1.0% 硝酸钙溶液或 0.3%~0.5% 氯化钙溶液，连续 3~4 次，加以矫治。小叶病是桃树缺锌的典型症状，可以喷施 0.2%~0.3% 硫酸锌溶液加以矫治。桃树对缺铁比较敏感，缺铁时叶片失绿，可以喷施 0.5%~1.0% 硫酸亚铁溶液加以矫治。

（三）桃树的配方施肥案例

以江苏宿迁市运河湾自然生态农园桃树配方施肥为例，介绍如下。

1. 种植地概况

试验地土壤为沙土，肥力均匀，光照条件好。

2. 品种与肥料

选择品种为霞晖 5 号。供试肥料为尿素（含 N 46%）、过磷酸钙（含 P_2O_5 12%）、硫酸钾（含 K_2O 50%）。

3. 施肥方案

空白施肥：不施任何肥料。

常规施肥：农户习惯施肥，尿素 43kg/亩，过磷酸钙 20kg/亩，硫酸钾 35kg/亩。

配方施肥：尿素 18.6kg/亩，过磷酸钙 54.6kg/亩，硫酸钾 29.5kg/亩。

尿素的 50% 做基肥，25% 做花前追肥，25% 做果实采收后追肥。过磷酸钙 35% 做基肥，20% 做硬核期追肥，30% 做果实膨大期追肥，15% 做果实采收后期追肥。硫酸钾 60% 做基肥，15% 做硬核期追肥，15% 做果实膨大期追肥，10% 做果实采收后追肥。

4. 产量与经济效益（表 5 –4）

表 5 –4　桃树配方施肥经济效益

处理	产量 （kg/亩）	产值 （元/亩）	肥料成本 （元/亩）	利润 （元/亩）
空白	1 426.7	7 133.3	0	7 133.3
常规施肥	1 698.7	8 493.3	208.1	8 285.2
配方施肥	1 877.3	9 386.7	160.2	9 226.5

注：市场价格为桃 5.00 元/kg，尿素 1.63 元/kg，过磷酸钙 0.65 元/kg，硫酸钾 3.2 元/kg

二、杏

杏属蔷薇科杏属，为多年生木本植物，在我国栽培历史悠久。杏适宜在中性或弱碱性的土壤中生长，最适宜的土壤酸碱度为 7～7.5。杏树在国内栽培范围很广，以黄河流域各省为栽培中心地区。杏树为阳性树种，深根性，喜光，耐旱又耐瘠、抗寒、抗风等，适应性强，寿命较长，可达百年以上，有"长寿树"之称，为高山、丘陵或沙漠地带的主要栽培果树。杏树全身是"宝"，用途很广经济价值很高，已成为果农特别是山区农民脱贫致富的一项重要经济来源。合理施肥可促使树体生长健壮、花芽分化，增加完全花的比例，提高坐果率，减少落果，延长结果年限，使杏园丰产、稳产。

（一）杏树的需肥特性

杏树在萌芽开花期对养分的需求量最大，在花芽分化和果实迅速膨大期，对氮、磷、钾的需求量也较多。但此期对钾和磷的需求量高于其他时期。在果实采收后，新梢又有一次旺长，也需要一定量的养分，树体对氮、钾需要量更大。

（二）杏树的配方施肥技术

1. 杏树的施肥量

生产中大多"看树施肥"，即根据树龄、树势、结果多少、土壤肥力状况、肥料质量等确定。一般杏树每亩施肥量为商品有机肥 400～500kg，氮肥（N）14～15kg、磷肥（P_2O_5）6～7kg、钾肥（K_2O）7～9kg。有机肥做基肥，氮、钾分基肥和追肥，磷肥全部基施。

2. 杏树的施肥技术

（1）基肥　施基肥是杏树得到多种元素养分的主要途径，基肥以农家肥为主，可混施部分速效氮素化肥，以加快肥效。施肥方法宜采取开沟法施入，沟深 30～50cm，沟长度根据施肥量而定，施肥量依树龄、生长势而定，进入结果期的果树，一般掌握在每亩施农家肥 2 000～3 000kg。或每亩施商品有机肥 400～500kg，尿素 10～11kg、过磷酸钙 38～44kg、硫酸钾 4～5kg。施基肥一般在入冬之前、土壤还没有结冻时进行，北方在 9 ~ 10 月施入为宜。杏树休眠期较短，根系活动较早，施基肥宜早不宜晚。

（2）追肥 又叫"补肥"，在杏树生长期间弥补基肥的不足，有利于当年壮树、高产、优质和为第二年开花结果补充养分的作用。追肥的次数和时期应根据杏树生长发育情况及土壤肥力等因素确定。杏树追肥一般分为 5 个时期。

①花前肥：也称萌芽肥，一般在萌芽前 7 ~ 10 天追施，成年结果树每棵施杏树专用肥 0.5 ~ 1.5kg 或 40% 氮、磷、钾复合肥 0.5 ~ 1.5kg，增强树势，促进新梢生长。

②花后肥：一般于开花后 7 天内追施，每棵杏树追施杏树专用肥 1 ~ 2kg 或 40% 氮、磷、钾复合肥 1 ~ 2kg，主要补充花期对营养物质的消耗，提高坐果率，促进幼果、新梢及根系的生长。

③花芽分化肥：也称果实硬核肥，此期是杏树大量消耗养分的时期，每棵杏树追施专用肥 2.5 ~ 3kg 或 40% 的氮、磷、钾复合肥 2.5 ~ 3kg，对果实膨大改善品质和提高产量都有较好的效果。

④催果肥：在果实采收前 15 ~ 20 天施入，每棵施专用肥 1.5 ~ 3kg 或 40% 的氮、磷、钾复合肥 1.5 ~ 3kg。可促进中晚熟品种果实的第二次迅速膨大，增重果实，提高产量，提高果实品质，增加含糖量。

⑤采收肥：果实采收后施入，每棵施专用肥 1 ~ 2kg 或 40% 的氮、磷、钾复合肥 1 ~ 2kg，对补充树体营养，恢复树势，增加树体内养分积累，充实枝条和提高越冬抗寒能力，为下一年丰产打好基础。

（3）根外追肥 杏树从展叶后直至落叶前均可叶面喷施。叶面喷肥虽用量小，但见效快，养分可直接被叶片吸收，只能是补充某种营养元素的不足，但不能代替土壤施肥。根外追肥要掌

测土配方科学施肥技术

握好浓度，一般在生长前期枝叶幼嫩可以用较低浓度，后期枝叶成熟，浓度可适当加大。一般在开花期和落叶前 20 天左右分别喷施 2~3 次 0.3%~0.5% 的硼砂溶液。萌芽后到落叶前可喷施 0.3%~0.5% 的尿素和 0.3%~0.5% 的磷酸二氢钾溶液。微量元素不足时可喷施微量元素肥料，喷施浓度为硫酸锌 0.3%~0.5%、硫酸亚铁 0.2%~0.3%、氯化锰 0.25%~0.3%。

三、枣

枣树为落叶灌木或乔木，我国栽培范围极广，北至辽宁的锦州、北镇一带，以山东、河北、山西、陕西、甘肃、安徽、浙江产量最多。著名品种有金丝小枣，果实小，含糖量多，产于山东乐陵、河北沧县、北京密云等地。晋枣，又名"吊枣"，主产陕西彬县。江苏的泗洪大枣，果型最大。大枣最突出的特点是维生素含量高，有"天然维生素丸"的美誉。

枣树喜温、喜光、耐旱、抗涝，对土壤适应性强，不论沙土、黏土、低凹盐碱地、山丘地均能适应，高山区也能栽培。对土壤酸碱性要求也不甚严，pH 值 5.5~8.5 均能生长良好。但以土层深厚、肥沃、疏松土壤为好。枣树施肥应根据生长周期进行，即把握好施肥时期，才能及时发挥肥效，有利于吸收，促进生长，提高产量和品质。

（一）枣树的需肥特性

枣树生长需要的营养元素有碳、氢、氧、氮、磷、钾、钙、镁、硼、铁、铜等 16 种营养元素，其中，碳、氢、氧是从空气中吸收，其余元素均不同程度地需要施肥来满足枣树正常生长的需要。枣树各个生长时期所需养分不同，从萌芽到开花期对氮的吸收较多，供氮不足时影响前期枝叶和花蕾生长发育；开花期对氮、磷、钾的吸收增多；幼果期是枣树根系生长高峰时期，果实膨大期是枣树对养分吸收的高峰期，养分不足，果实生长受到抑制，会发生严重落果；果实成熟至落叶前，树体主要进行养分的积累和贮存，根系对养分的吸收减少，但仍需要吸收一定量的养分。为减缓叶片组织的衰老过程，提高后期光合作用，可喷施含尿素的叶面肥，此外，在施肥过程中要注意氮、磷、钾三要素与中、微量元素之间的配比，因为营养元素之间存在相互抑制作用，如过量钾不利于钙的吸收，即过量钾很容易引起枣树缺钙症。

每生产 1 000kg 鲜枣，枣树需氮（N）15kg、磷（P_2O_5）10kg、钾（K_2O）13kg，对氮、磷、钾的吸收比例为 1∶0.67∶0.87。

（二）枣树的配方施肥技术

1．基肥

基肥是一年中长期供应枣树生长与结果的基础肥料，在秋季枣树落叶前后施基肥为好。施肥量一般占全年施肥量的 50%～70%，间作枣园每棵枣树施有机肥 150～250kg 和枣树专用肥 2～3kg。混匀后施入枣树根系附近的土壤，密植园或专用枣园每棵枣树施有机肥 60～120kg 和枣树专用肥 2～3kg，混匀后施入枣树根系附近的土壤，施肥方法以沟施、环状沟施、放射状沟施均可。

环状沟施法适宜于幼树，即于树冠外围挖宽和深各 40cm 左右的环形沟，将肥料与挖出的土混匀后施入沟内，用土覆盖后浇水。

放射状沟施肥法即在树冠下从树干到外围挖 6～8 条放射状施肥沟，挖宽和深各 40cm 左右，将肥料施入沟内，混入表土，然后浇水。

沟状施肥法适宜于成龄树，即在树冠下、株间和靠近行间的两侧，挖宽和深各 40cm 左右的沟，沟内施入肥料，混入表土后浇水。

全园撒施法是根据枣树水平根发达的特点，结合间作农作物施肥，将肥料均匀撒于树冠下和行间，然后翻耕，此法只能作为辅助性的施肥措施。

2. 追肥

（1）萌芽肥　在萌芽前 7～10 天施入，主要以氮为主，成龄结果树每株施 0.5～1.0kg 尿素，并配一定数量的磷、钾肥和硼肥。以利于提高开花坐果率，对提高产量和品质是十分必要的。

（2）花前肥　在枣树开花前施入，成龄枣树每株施枣树专用肥 1kg 左右或硫酸铵 0.3～0.5kg，过磷酸钙 0.5～1kg。

（3）幼果肥　以磷、钾肥为主，枣树进入幼果期成龄结枣树每株施 1.5～2.5kg 或 40% 氮、磷、钾复合肥 1.5～2.5kg，以促进果实膨大，提高产量和品质。

果实采收后，追施速效氮以迅速恢复树势，有利于翌年生长。果实采收后喷 0.5% 的尿素和 0.2% 的磷酸二氢钾溶液，也可收到同样的效果。

追肥可采用环状沟、短条状沟、穴施等方法，施入土壤 10～15cm，注意将肥料与土混匀，施后覆土，旱时应配合浇水。

3. 根外追肥

即叶面喷施，一般喷施含尿素、磷酸二氢钾及硼、铜、锰等微量元素的叶面肥，在果实膨大期每 7～10 天喷施一次，对提高产量和品质有明显效果。

（三）枣树的配方施肥案例

以河南省新郑市孟庄镇小孙庄枣园配方施肥为例，介绍如下。

1. 种植地概况

试验地土壤为沙壤土，肥力均匀，光照条件好，水解氮 52.11mg/kg，速效磷 15mg/kg，速效钾 105.3mg/kg。

2. 品种与肥料

选择品种为灰枣。供试肥料为尿素（含 N 46.3%）、过磷酸钙（含 P_2O_5 17%）和氮化钾（含 K_2O 85%）。

3. 施肥方案

9 种配方施肥换算成所用的化肥量为

① 0.65∶1.75∶0.55。

② 0.65∶3.5∶1.1。

③ 0.65∶5.25∶1.1。

④ 1.3∶3.5∶1.65。

⑤ 1.3∶5.25∶0.55。

⑥ 1.3∶1.75∶1.1。

⑦ 1.95∶5.25∶1.1。

⑧ 1.95∶1.75∶1.65。

⑨ 1.95∶3.5∶0.55。

4. 经济效益

经过 3 年持续配方施肥试验，明确了在河南新郑枣区增施 N、P、K 对红枣产量有显著的影响。N、P、K 的最经济施肥配方为 2∶1∶2。目前，新郑枣区 90% 以上的枣树树龄在 50 年以上，对于这些枣树，在配方施肥时，N、P（P_2O_5）、K（K_2O）用量选择为 0.6∶0.3∶0.6（单位 kg），每年初花期（5 月底）和幼果期（7 月中旬）施肥 2 次。

四、李

李树是蔷薇科李属，为多年生木本植物，在我国栽培分布很广。李子鲜艳美观，富香味，酸甜可口，营养丰富。每 100g 果肉中含碳水化合物 7～17g、果酸 0.16～2.29g、蛋白质 0.5g、脂肪 0.2g、胡萝卜素 0.11mg、维生素 C 1mg、钙 17mg、磷 20mg、铁 0.5mg，还有维生素 B_1、维生素 B_2、盐酸等。可供鲜食，还可加工成果脯、果酱、罐头、果酒等。

李树的根系为浅根系，大部分是吸收根，多分布在 20～40cm

的土层内，水平根的分布范围通常比冠径大 1.2 倍。具体分布范围与品种、环境条件关系较大，如在土层深厚的沙土地，垂直根系可达 6m 以上。

树体营养物质的积累与根系活动密切相关，而根系受地上部分各器官活动的制约，因此根系多呈波浪式生长。一般幼树在全年之内出现 3 次发根高峰。春季随地温上升根系开始活动，当温度适宜时出现第一次发根高峰，这次高峰主要靠消耗上一年贮存的营养物质进行。随着新梢生长，养分集中供应地上部，根系活动转入低潮。当新梢生长缓慢果实尚未迅速膨大时，此时出现第二次发根高峰，这次消耗的养分是当年叶片光合作用制造的。以后果实膨大、花芽分化而且温度过高，根系活动转入低潮。

成龄李树，全年只有 2 次发根高峰，春季根系活动后，生长缓慢，直到新梢生长快要结束时，形成第一次发根高峰，这是全年的主要发根季节，到了秋季，出现第二次发根高峰。

（一）李树的需肥特性

李树与其他果树一样，正常生长发育必需的营养元素有 16种，从土壤中吸收氮、磷、钾最多。在李树生长发育各时期需钾量最多，氮次之，磷最少。在不同的生育时期，李树对各种营养元素的需要量也有不同。李树对氮元素非常敏感，缺少时李树生长量大大减少，当氮量过多时，造成枝叶繁茂，果实着色推迟。钾元素充足时果实个大，含糖量高，风味浓香，色泽鲜艳。李树生长前期需氮较多，开花坐果后适当施磷、钾肥，果实膨大期以钾、磷养分为主，特别是钾，适当配施氮肥，果实采收后，新梢又一次生长，应适量施用氮肥，以延长叶的功能期，增加树体养分的贮存和积累。据研究，每生产 1 000kg 李子鲜果，需氮（N）1.5～1.8kg、磷（P_2O_5）0.2～0.3kg、钾（K_2O）3～7.6kg，对氮、磷、钾的吸收比例约为 1：0.25：3.21。

（二）李树的配方施肥技术

1. 李树的施肥量

李树的施肥量主要根据树体的大小确定。定植的一年生小树，每年分春秋两次施入 50kg 左右基肥，追施 0.1kg 的复合肥，以后逐年增加。待果树开花结果后每株可秋施 50kg 左右的有机肥，在花前或幼果膨大期追施氮、磷、钾等复合肥 0.5～1kg。

2. 李树的施肥技术

（1）基肥　基肥是较长时期提供给果树养分的基本肥料。秋施基肥比春施好，早秋比晚秋或冬施好。一般在 8 月下旬至 9 月施用，基肥以有机肥为主、无机肥料为辅。每棵产 50kg 以上的盛果期树，施腐熟的有机肥 150～200kg 和李树专用肥 3～4kg 或硫酸钾 0.5～1kg、尿素 0.5～1kg、过磷酸钙 2～3kg 代替专用肥。为下一年开花结果打下基础。施肥可采用环状沟、短条沟或放射沟等方法，沟深 50cm 左右，注意土肥混匀，施后覆土。成年树也可采用全园撒施、施后翻耕的方法。

（2）追肥　由于基肥多为长效型肥料，发挥肥效平稳而缓慢，当果树需肥急迫时期，必须及时补充肥料。所以，追肥又称补肥。追肥的时期和次数与气候、土质、树龄以及当年预计产量等有关。李树常用的追肥时期有花前肥、花后肥、果实硬核肥等。

①花前肥（萌芽肥）。传统生产中十分重视花前肥，但往往将基肥与开花前的追肥——花前肥合并进行施用，即基肥在 9 月份施用的前提下，视当年的产量、树势于花前 20 天追加少量的速效肥。李树要在萌芽前 7～10 天（4 月上旬）施肥，株施专用肥 0.5～1kg 或尿素 0.3～0.5kg 和硫酸钾 0.5～1kg 或 25kg 腐熟的人粪尿。

②花后肥。应在花后 7 天内施用，盛果期李树每棵施李树专用肥 1～1.5kg，生物有机肥 20kg 或尿素 0.2～0.4kg 和硫酸钾 0.5～1kg。

③果实硬核肥。应在果实硬核期施入，盛果期李树每棵施李树专用肥 1.5~2kg、生物有机肥 20~30kg 或硫酸钾 0.4~0.6kg、过磷酸钙 0.5~1kg、尿素 0.1~0.2kg。

施肥方法可采用环状沟、放射沟等方法，沟深 15~20cm，注意每次施肥要错开位置，以利提高肥料利用率。

（3）根外追肥　即叶面喷肥，根据树体营养情况，结合喷药或单行喷施，一般在果实膨大期喷施叶面肥，每 10 天左右一次，可增强李树抗病性，对提高品质和产量有较好的效果。

（三）李树的配方施肥案例

以河北省易县中独乐村李树配方施肥为例，介绍如下。

1. 种植地概况

试验地土壤为褐土，有机质 1.08%，水解氮 66.9mg/kg，速效磷 23.4mg/kg，速效钾 124.4mg/kg。

2. 品种与肥料

选择品种为 9 年生大石早生李。供试肥料为尿素（含 N 46.3%）、过磷酸钙（含 P_2O_5 17%）和氯化钾（含 K_2O 60%）。

3. 施肥方案

7 种配方施肥换算成所用的化肥量为

① 0.5 : 0.5 : 1。

② 1 : 0.5 : 1。

③ 1.5 : 0.5 : 1。

④ 1 : 0.2 : 1。

⑤ 1 : 1 : 1。

⑥ 0.5 : 0.2 : 1。

⑦ 1 : 0.5 : 1。花期喷施硼肥（0.3%）2 次。

4. 效益

经过持续配方施肥试验，明确了本地配方施肥 2、4 和 6 处理能增加产量和提高品质。

五、樱桃

樱桃属蔷薇科李属樱桃亚属，为多年生木本植物。在我国有悠久的栽培历史，除青藏高原、海南岛和台湾外，均有栽培。樱桃果实营养丰富，外观和内在品质俱佳，被誉为果中珍品，果实可以鲜食，还可加工成果汁、果酱、果脯等多种食品。樱桃的根、枝、叶、核都可入药。

（一）樱桃的需肥特性

樱桃适宜种植在土层深厚、土地结构良好、pH 值 6.5～7.5 的土壤上。樱桃从发芽到果实成熟发育时间较短，仅有 45 天左右，春梢生长和果实发育基本同步，其营养吸收具有明显特点。樱桃的枝叶生长、开花结果都集中在生长季节的前半期，花芽分化多在采果后较短时间内完成，所以，养分需求也要集中在生长季节的前半期。樱桃具有生长发育迅速、需肥集中的特点。樱桃从展叶到果实成熟前需肥量最大，采果后至花芽分化期需肥量次之，其余时间需肥量较少。樱桃对氮、钾的需求量最多，而且数量相近，对磷的需求量则少得多，氮、磷、钾的适宜比例为 10：（1.5～10）：12。另外，樱桃对中量元素钙、镁、硫的需求比例为（1.4～2.4）：（0.3～0.8）：（0.2～0.4）。这些元素对提高果实品质有着重要的作用，尤其是钙元素对防止大樱桃裂果，提高果实硬度，延长供货期，减少贮藏期生理病害，增加果实和树体的抗逆性，减轻花期冻害都有一定的作用。

研究测定，每生产 1 000 kg 果实，樱桃约需吸收氮（N）10.4kg、磷（P_2O_5）1.4kg、钾（K_2O）13.7kg。

（二）樱桃的配方施肥技术

根据樱桃树果实生长期短，具有需肥迅速、集中的特点，秋施基肥和花果期以及果实采收后追肥是必不可少的。三年生以下的幼树，应以氮肥为主，辅助适量的磷肥。三至六年生和初果期幼树，在施肥上要注意控氮、增磷、补钾。七年生以上的树进入盛果期，需要增施氮、磷、钾，在果实生长阶段补充钾肥，可提高果实的产量与品质。施肥时需要注意钾肥的选用，因为樱桃为忌氯树种，所以，钾肥必须选用硫酸钾，不能用氯化钾。

1. 基肥

基肥在秋季施用，最佳时期是 9 ~ 11 月，且以早施为好，可尽早发挥肥效，增加树体营养积累，有利于开花结果。基肥主要施用人粪尿、厩肥或猪圈粪等有机肥，可加入适量的复合肥或磷肥。一般盛果期果园每亩施腐熟优质农家肥 3 000 ~ 5 000kg 或商品有机肥 350 ~ 400kg、尿素 5kg、磷酸二铵 11 ~ 15kg、硫酸钾 4 ~ 5kg。而高产樱桃一般每株基施经过发酵的猪、鸡粪有机肥 150 ~ 200kg。施肥方法以沟施或撒施为主，施肥部位在树冠投影范围内。沟施为挖放射状沟或在树冠外围挖环状沟，沟深 20 ~ 30cm；撒施为将肥料均匀撒于树冠下，并翻深 20cm。注意施肥位置与再施肥改换位置，以利根系吸收，通过肥料利用率。

2. 追肥

对幼树和初结果树强调施足基肥，一般不追肥，对结果大树应施追肥。

（1）花期追肥　樱桃开花结果期间对营养有较高的要求。萌芽、开花需要的是贮藏的营养，做过则需要当年的营养。初花期追肥对促进开花、坐果和枝叶生长都有显著作用。此期追肥，每棵樱桃施腐熟的人粪尿 30 ~ 40kg。樱桃专用肥 1 ~ 2kg，追肥多为放射状沟施，施肥方法是树冠下开沟，沟深 20 ~ 30cm，追肥后及时灌水。

（2）采果后追肥　在采果后 10 天左右开始花芽分化，这是一次关键性追肥，对增加果树的营养积累、促进花芽分化、增强树势都有很好的作用。成龄大树每棵施腐熟的优质有机肥或生物

有机肥 $60 \sim 80kg$、樱桃专用肥 $1 \sim 1.5kg$，初结果是每棵施专用肥 $0.5 \sim 1kg$。

3. 根外施肥

叶面喷肥在整个发育时期都可进行，一般生长前期以氮肥为主，后期以磷、钾肥为主，可在叶面肥中添加 $0.3\% \sim 0.5\%$ 尿素、$0.2\% \sim 0.3\%$ 磷酸二氢钾、$0.1\% \sim 0.3\%$ 硼砂。主要根据"因缺补缺"的原则，适当补充硼、锌、镁等元素。花期喷 0.3% 硼砂溶液，可促进花器发育，提高坐果率。坐果后可喷施 0.3% 磷酸二氢钾溶液，对增加果实含糖量和着色效果明显。在整个生育期中，叶面喷施以果实膨大期喷肥效果最为突出。

（三）樱桃树的配方施肥案例

以辽宁省大连市樱桃树配方施肥为例，介绍如下。

1. 种植地概况

试验地土壤为棕壤，有机质 1.5%，碱解氮 $97.2mg/kg$，速效磷 $57.8mg/kg$，速效钾 $87.3mg/kg$。

2. 品种与肥料

选择品种为红灯。供试肥料为尿素（含 N 46.3%）、过磷酸钙（含 P_2O_5 17%）和氯化钾（含 K_2O 60%）。

3. 施肥方案

产量 1 500kg 的樱桃园，较适宜的氮、磷、钾用量和配合比例为，每亩纯 N $7.7kg$，P_2O_5 $2.2kg$，K_2O $8.56kg$，N：P：K 为 $1:0.3:1.1$。树体生长过旺的应控制氮肥用量，缺钾（$K_2O < 100$ mg/kg）的应加大钾肥投入，速效磷含量高（$P_2O_5 > 20mg/kg$）的应减少或控制磷肥。

第二节　仁果类果树配方施肥技术

一、苹果

苹果，别名滔婆、奈、奈子、频婆、平波、炒丸子、天然子，是蔷薇科苹果属植物的果实。苹果属约有 25 种。苹果树为多年生落叶果树，在我国栽培面积最大，主要分布在环渤海湾和西北黄土高原等地区。

苹果的根系主要分布在与树冠相应范围，距主干 1～1.5m 的根量占总根量的 75%～80%，垂直分布可达 3～4m，大部分集中在 0～40cm 土层内。苹果的根系在 0℃ 以上即开始活动，3～4℃ 开始生长，7～20℃ 生长最旺。当土壤温度超过 30℃，苹果的根系几乎停止生长。一般根系的生长早于枝条生长 20～25 天。苹果要求微酸性至中性的土壤，土壤 pH 值 5.5～6.7 生长良好，pH 值大于 8.0 时苹果会因诱发缺铁而失绿。在整个生长发育过程中，苹果树除了有生长周期外，还有生命周期，在生长过程中，对养分需求有一定规律。因此，对苹果树进行施肥时，要了解它的需肥特性和特点，做到因树因地合理施肥。

（一）苹果树的需肥特性

随着苹果树的萌发生长吸收氮增加，到 6 月中旬前后达到高峰，此后吸收量下降，到果实采收前后又有所回升。对磷的吸收也是随着生长的加快而增加并达到顶峰，此后一直保持到后期无明显变化。对钾的吸收是生长前期急剧增加，至果实迅速膨大时达到高峰，此后吸收量开始下降，直到生长季结束。苹果树在年周期生长发育过程中前期以吸收氮元素为主，中后期以吸收钾元素为主，对磷素的吸收全生长季比较平稳。因此，前期以施氮肥为主，中后期以施钾肥为主，磷肥随基肥施入，以保证磷的全年供应。除大量元素外，苹果树对中、微量元素钙、锌、硼、铁等比较敏感，合理施用中、微量元素肥料对苹果树有重要作用。

（二）苹果树的配方施肥技术

1. 苹果的施肥量

根据苹果树的需肥规律，土壤养分测定结果和树龄，确定施肥量，平衡施肥。一般成年果园每亩应施纯氮20kg，五氧化二磷9～15kg，氧化钾20kg，氮、磷、钾比为1：0.5：1，每亩施用量折合尿素43kg，过磷酸钙75～125kg，氯化钾33kg。幼龄果园每亩应施纯氮30kg，五氧化二磷20kg，氧化钾30kg，氮、磷、钾比为1：0.7：1，每亩施肥量折合尿素65kg，过磷酸钙166kg，氯化钾50kg。据调查，目前果园施肥中，氮、磷肥施用量过大，钾肥施用量不足，应控制氮磷肥用量，增加钾肥用量。

根据幼树和结果树的不同，苹果根据土壤测试结果（ASI方法）的推荐施肥量见表5-5至表5-7。

表5-5　基于土壤有机质水平的苹果树施氮推荐量（纯N）

单位：kg/亩

	土壤有机质含量水平（g/kg）			
	< 10	10～20	20～30	> 30
幼树	12.0	10.0	8.0	6.0
结果树	14.0	12.0	10.0	7.0

表5-6　基于土壤速效磷分级的苹果树施磷推荐量（P_2O_5）

单位：kg/亩

	土壤速效磷含量水平（mg/L）					
	0～7	7～12	12～24	24～40	40～60	> 60
幼树	12.0	10.0	7.0	4.0	2.0	0.0
结果树	14.0	12.0	10.0	9.0	7.0	4.0

表 5 – 7　基于土壤速效钾分级的苹果树施磷推荐量（P_2O_5）

单位：kg/亩

	土壤速效钾含量水平（mg/L）					
	0 ~ 40	40 ~ 60	60 ~ 80	80 ~ 100	100 ~ 140	>140
幼树	12.0	10.0	7.0	4.0	2.0	0.0
结果树	15.0	13.0	11.0	9.0	7.0	3.0

2. 苹果的配方施肥技术

（1）基肥　基肥是果园最主要的施肥方式，应遵循"早、饱、全、深、匀"的技术要求，基肥可在秋季、冬季和春季施用，以秋季果实采收后（9月下旬至10月底）立即施用为好。秋施基肥正值果树根系第二或第三次生长高峰期，因施肥引起的伤根易愈合，折断一些细小根，起到根系修复作用，可促新根。此时果树地上部新生器官已渐趋停止生长，其吸收的养分以积累贮藏为主，可提高树体营养水平和细胞液浓度，有利越冬和来年果树萌芽开花，新梢早期生长。冬季施肥，气温已低，一则伤根不易愈合，也不易发生新根；二则养分吸收少，不利来年果树生长。春施基肥，肥效发挥缓慢，常不能满足早春生长需要，还往往导致后期枝梢再次生长影响花芽分化和果实发育。因此，苹果的基肥宜在秋季早施。

基肥主要以农家肥为主，配合部分速效化肥。按生产1kg苹果应施1.5 ~ 2.0kg优质农家肥进行计算，幼龄果园每年每株施农家肥料50 ~ 100kg。随着树龄和结果量的增加而增加，每亩产量2 000kg以上的果园，每亩施农家肥料量要达到"几斤果几斤肥"的要求。配合尿素30kg，过磷酸钙80kg。施肥时幼树采用"环状沟施法"，结合扩盘进行，沟宽20 ~ 30cm，沟深20 ~ 30cm，逐年向外扩展。成龄树采用"放射沟"或"条沟"施肥法，沟宽30 ~ 40cm，沟深30 ~ 40cm，施肥后覆土。

（2）追肥　基肥发挥肥效平稳缓慢，当果树急需时必须及时补充，才能满足果树生长发育的需要。追肥既是当年壮树、高产、优质的需要，又给来年生长结果打下基础，是果树施肥不可缺少的环节。追肥次数一般为 2～4 次，沙质土壤宜少量多次。盛果期壮年树或长势弱的树体也要多次追肥。追肥应遵循"适、浅、巧、匀"的技术要求，适宜的追肥时期如下。

①花前追肥。萌芽开花需要消耗大量营养，但早春温度低，树体吸收能力较弱，主要消耗树体贮存的养分。此期追施应视年前施肥情况和树体长势而定，年前（秋季）基肥充足，树体长势强，可不施或推迟到花后施。对于弱树、老树和结果过多的树应重视这次追肥，以促进萌芽开花整齐，提高坐果率。一般每株施高浓度复合（2：1：1 型）1～1.5kg，若年前（秋季）未施基肥或基肥数量不足，宜有机肥与化肥配合施用。

②花后追肥。在落花后坐果期施肥。此时，幼果和新梢生长加速需要较多营养物质朴充，一般施用高浓度高氮高钾复合肥（2：1：2 型），每株 1～1.5kg，这次肥与花前肥可以互补，如花前肥充足，树势强也可少施或不施。

③果实膨大和花芽分化期追肥。此期部分新梢停止生长，新的花芽开始分化，这次追肥有利果实肥大和花芽分化，既可保证当年优质、高产，又为来年结果打下基础，对克服大小年也有作用。此期需要较多的钾素养分供应，宜选用高钾低磷复合肥，每株施 2kg 左右。

④果实生长后期追肥。这次肥主要解决果实发育与花芽分化两者需肥的矛盾。这次肥对于晚熟品种尤为重要。据研究，果体内钾和碳化合物含量高，则果实着色好。因此，此期追肥也应重视增施钾肥，每株施用高钾复合肥 1kg 左右。在生产上也有与基肥结合施用。

（3）根外施肥　在果树营养生长期，以喷施氮肥为主，浓度应偏低，如尿素为 0.3%～0.5%；生长季后期，以喷磷、钾肥为主，浓度可偏高，如喷施 0.5% 磷酸二氢钾，0.5%～0.7% 尿素。花期可喷 0.2%～0.3% 氮、硼肥、钙或光合微肥。

全年果园叶面喷施进行 2～3 次，主要补充磷、钾大量元素、钙、镁中量元素和硼、铁、锰、锌等微量元素。缺钙时，可在果实膨大期喷施 0.3%～0.5% 硝酸钙溶液，连续 4 次，或在苹果补钙关键临界期（落花后第三周至第五周）连喷 2 次钙 600～800 倍液，间隔 10 天，能有效地防治苹果苦痘病。缺锌时，在盛花期 3 周左右，当树体出现小叶病症状时，喷施 0.2% 硫酸锌和 3%～5% 尿素混合液，可使病枝基本恢复正常。此外，在采果前 30 天（套袋果内袋除后）用钙 600～800 倍液加磷酸二氢钾 300 倍液喷施 1 次，可提高肥料利用率，也利于维持微量元素的平衡，防止苹果缺钙痘斑病和苦痘病等病害的发生。

（三）苹果树的配方施肥案例

以贵州威宁县黑石头镇和雪山镇苹果配方施肥为例，介绍如下。

1. 种植地概况

黑石头镇和雪山镇试验地土壤为黄棕壤和紫色壤土，有机质为 12.53g/kg、14.63g/kg、碱解氮 103.76mg/kg、160.94mg/kg、速效磷 0.378mg/kg、2.265mg/kg、速效钾 117.05mg/kg、251.1mg/kg，pH 值为 6.7 和 5.53。

2. 品种与肥料

选择品种为红富士。供试肥料为有机肥（腐熟厩肥）、尿素（含 N 46.3%）、过磷酸钙（含 P_2O_5 17%）和硫酸钾（含 K_2O 50%）。

3. 施肥方案

按测土配方施肥"3414"最优设计方案。于秋、冬季每亩施 2 000kg 有机肥作为基肥，50% 氮肥与有机肥混合施入，50%

做追肥（萌芽肥追施 40%，5 月底至 6 月初追施 10%）；磷肥全部与有机肥混合施入；50% 钾肥做基肥与有机肥混合施入，50% 做追肥（5 月底至 6 初追施 10%，7 月底至 8 月初追施 40%）。

4. 经济效益

雪山镇果园 15 年生红富士苹果树的最佳施肥量为氮 14.08 kg/亩、磷 7.03kg/亩、钾 5.73kg/亩，最高产量为 3 533.25kg/亩。黑石头镇苹果最佳施肥量为氮 14.15kg/亩；磷 7kg/亩；钾 5.75kg/亩，最高产量为 3 585kg/亩，而 N：P：K 也是 2：1：1，比较适宜 N、P、K 的最经济施肥配方为 2：1：2。

二、梨

梨原产于我国，为我国主要果树之一，分布遍及全国，栽培历史悠久。我国主要栽培品种有 4 大系列 25 个品种，其他各地的优良品种 26 个。梨树属蔷薇科梨属，为多年生植物。通常是一种落叶乔木，极少数品种为常绿。叶片多呈卵形，大小因品种不同而各异。花为白色或略带黄色、粉红色，有 5 瓣。果实形状有圆形的，也有基部较细尾部较粗的，即俗称的"梨形"；不同品种的果皮颜色大相径庭，有黄色、绿色、黄中带绿、绿中带黄、黄褐色、绿褐色、红褐色、褐色，个别品种亦有紫红色；野生梨的果径较小，在 1～4cm，人工培植的品种果径可达 8cm，长度可达 18cm。

（一）梨树的需肥特性

梨树的施肥量较大，施肥时应坚持"平衡施肥、估产施肥、增施有机肥"的原则。梨树对主要养分的需求以氮、钾最多，钙次之，磷相对较少，需要较高的硼。梨树对氮、磷、钾三要素的吸收随季节变化较大，在春季萌芽至开花坐果期需要大量的氮、钾和一定数量的磷，是养分吸收的第一个高峰期；在果实迅速膨大期，对氮、钾吸收进入第二个高峰；对磷的吸收在整个生育期起伏不大，较为平稳。梨坐果后对钙较敏感，盛花后到成熟对钙的吸收量较大，若缺钙易发生"黑底木栓斑"、"首秸青"等生理病害。

每生产 1 000kg 梨，需吸收氮（N）3 ~ 5kg、磷（P_2O_5）2 ~ 3kg、钾（K_2O）4.5 ~ 5kg，其氮、磷、钾比例为 1 : 0.63 : 1.19。

（二）梨树的配方施肥技术

在需肥时期，前期大量消耗氮肥，这是确定施肥量的依据。

1. 基肥

基肥以有机肥为主，配合梨树专用肥料。秋季是施基肥的最佳时间，早熟品种在果实采收后进行；中晚熟的品种在果实采收前进行。基肥的施用量占全年施肥量的比例分别为氮 51%、磷 85%、钾 41%。成年梨树施肥量一般每棵施腐熟的优质有机肥 80 ~ 160kg 和梨树专用肥 2 ~ 3kg，初结果树每棵施优质有机肥 60 ~ 100kg 和梨树专用肥 1 ~ 2kg，一至五年生的幼树每棵施优质有机肥 30 ~ 60kg 和梨树专用肥 0.5 ~ 1.5kg。施肥方法以环状沟施或放射状沟施为主，沟深一般为 50cm，肥与土混匀后施入，不可长期使用一种方式施肥，各种方法应交替使用，使肥料尽量与更多的树根接触，以利于梨树吸收。

2. 追肥

追肥的施用时期因品种、树势的不同有一定的差异，一般在萌芽前、花后、果实膨大期进行。

（1）萌芽前追肥 萌芽前 10 天左右（3 月中下旬）进行追肥，此期追肥应以速效性氮肥为主，适当配合磷肥，用量为全年氮肥总用量的 30% 左右，盛果期的成年树每棵可追施梨树专用肥 1kg 或尿素 1kg，对促进新梢健壮生长和增强树势有明显效果。在施肥的同时，要灌透水，以促进养分的吸收，灌水后要及时盖窝。

（2）花后追肥 在梨树落花后进行追肥，用量为全年用量的 20% ~ 25%，盛果期的成年树每棵追施梨树专用肥 1 ~ 1.5kg 或尿素和硫酸钾各 0.5 ~ 1kg，对提高坐果率、促幼果生长有明显作用。

（3）果实膨大期追肥　果实膨大期是果实增重的关键时期，盛果期梨树每棵追施梨树专用肥 2 ~ 3kg，对果实膨大有促进作用。

追肥可采用环状沟或放射状沟、穴施，肥与土混匀后施入沟内，沟深一般为 15 ~ 20cm，注意每次施肥要变换施肥部位，尽量使肥料接触更多的树根，以便树根吸收。

3. 根外施肥

把化肥配成适当的浓度，用喷雾器喷到树冠、叶、枝上。叶面喷施吸收快，肥料利用率高，可以在一定程度上克服生长高峰的养分竞争，是急救的最好措施。尤其是缺少微量元素的梨园，喷肥效果最为理想。一般叶面喷肥为 0.2% 尿素，从春季到秋季每 15 天左右喷施 1 次磷酸二氢钾、锌、硼、锰、铜、铁、钙的叶面肥，对增强树势、预防因缺素而引起的生理病害、提高产量、提高品质有显著效果。有时喷肥和喷药也可一起进行。为提高效果，最好在无风晴天早或晚喷肥，避免在中午喷肥，以防高温引起药害。由于品种、地理气候条件的差异，注意第一次喷肥时先试验后再大面积喷用。

（三）梨树的配方施肥案例

甘肃省平凉市泾川县王村乡墩台村梨树配方施肥。

1. 种植地概况

试验地土壤为黄绵土，土层深厚，土壤有机质为 1%，pH 值为 6.5 ~ 6.8。

2. 品种与肥料

选择品种为六年生黄金梨。供试肥料为有机肥（腐熟农家肥）、尿素（N 46%）、过磷酸钙（P_2O_5 12%）和硫酸钾

（K_2O 60%）。

3. 施肥方案

配方施肥方案：有机肥（腐熟农家肥）与过磷酸钙于 10 月 25 日一次性施入做基肥；尿素分两次追施，分别在花前 4 月 5 日（施入量为尿素总量的 40%）和果实膨大期 6 月 20 日（施入量为尿素总量的 60%）；钾肥在果实膨大期与尿素同时追施。

常规施肥方案：农家肥（有机肥）于 10 月 25 日左右施入（50 kg/株），花前追尿素（1.5 kg/株），6 月 20 日追复合肥，均采用环状沟施方法。

4. 产量与品质

高产优质条件：每株施有机肥 75kg + 尿素 2.0～3.0kg + 过磷酸钙 4.0～5.0kg + 钾肥 0.75kg。

三、山楂

山楂，别名红果子、棠棣子、鼠查、赤爪实、山里红果、酸枣、鼻涕团、山里果子、映山红果、海红、羊棣，为蔷薇科山楂属多年生木本植物。山楂原产我国，是我国特有的树种之一，已有 3 000 多年的栽培历史。分布广，主产于华北及河南、山东、辽宁、江苏、陕西、安徽等地。

（一）山楂的需肥特性

山楂树根系发达，主要分布在地表下 10～60cm 土层内，根系的水平范围为树冠的 2～3 倍，适应性强，喜肥喜水，结果早，寿命长，产量高，每棵山楂树每年可产 30～60kg 果实。山楂树生长发育所需的主要营养元素有氮、磷、钾、碳、氢、氧、钙、镁、硫、铁、硼、铜、锌、钼等。养分吸收量较大的时期主要有萌芽期、开花期、果实膨大期，这 3 个时期应适时施肥，以满足山楂树的生育期的营养需要。

（二）山楂树配方施肥技术

1. 山楂树的施肥量

目前，我国山楂生产施肥水平不高，在施肥时应根据树龄、产量、生长状况和土壤肥力、地势、气候、农业技术、肥料种类等综合因素确定一般的施肥量，并通过具体生产实践逐步调整。山西晋城陈沟乡西头村施肥量掌握在"产1kg山楂，施圈粪2kg"；而山东泰安栏沟村在间种的情况下，一般采用"斤顶斤，挑顶挑"的施肥量，就是产多少山楂施多少粗圈肥。两村的农业技术不同，施肥量不同，但均获连年丰产的效果。

山楂对微量元素肥料的需要量较少，主要靠有机肥和土壤提供，如有机肥施用较多，可不施或少施微量元素肥料，有机肥施用较少的可适当施用微量元素肥料，实际的微肥用量以具体的肥料计做基肥施用量：硼砂每亩用量0.25～0.5kg，硫酸锌每亩用量2～4kg，硫酸锰每亩用量1～2kg，硫酸亚铁每亩用量5～10kg（应配合优质的有机肥一起施用，用量比为有机肥与铁肥5∶1）。微肥也可进行叶面喷施，喷施的浓度根据叶的老化程度控制在0.1%～0.5%，叶嫩时宜稀，叶较老时可浓一些。

2. 山楂树的施肥技术

（1）基肥　基肥是山楂生长期间需要的基础肥料。一般结合秋翻施入，在果实采摘后至土壤结冻前及时施入，以早施为好，这样可促进树体对养分的吸收积累，有利于花芽的分化。基肥的施用主要以有机肥为主，配合一定量的化学肥料。具体施用量应根据果树的大小及山楂的产量确定，一般幼树每株施优质有机肥50～75kg和山楂树专用肥1～2kg，混匀后施入。结果成龄树每株施优质有机肥150～300kg和山楂树专用肥2～3kg或碳酸氢铵3.5～5kg、过磷酸钙2～3kg。可采用环状沟施、放射状沟施、条施等方法施入土壤。注意不可离树太近，先将化学肥料与有机肥或土壤进行适度混合后再施入沟内，以免烧根。

（2）追肥　追肥要"巧"，针对性要强。合理追肥对克服山楂结果的大小年现象、防止徒长和衰弱都有一定的作用。根据生长季节、各生长时期的山楂需肥情况及时补给所需要的营养元素，从而保证当年产量，又为翌年生长和结果奠定基础。大年树宜加强后期追肥；小年树则应加强前期追肥，促进新梢生长和提高坐果率，促进花芽形成；弱树应以前期追施速效性氮肥为主，前期、后期相结合。山楂树追肥时期主要有萌芽肥、花期肥、果实膨大期肥。每株成龄树每次追施山楂树专用肥0.5～1.5kg。可采用条状沟、放射状沟等方法进行追肥。每次追肥后应浇水。目前，我国山楂产区较为重视前期追肥，特别是花前追肥。

（3）根外追肥　根外追肥也叫叶面喷肥，用喷雾器喷到叶片、新梢及果实上。在整个生长期都可进行叶面喷施含尿素、磷酸二氢钾、硼、锌、锰、钼等元素的叶面肥，对增强树势，促进果实膨大，促进果实成熟，提高产量和果实品质都有较明显的效果。

此外，叶面喷施可与农药混合喷雾，但在生产应用之前，应进行喷药次数、浓度、时间肥料种类等小面积试验，获得经验之后才能大面积推广。根外追肥应选空气湿润的无风天气进行。在干燥多风的情况下，水分蒸发快，肥料浓度易升高，引起药害。如果必须进行，则需降低肥料浓度。一天之内，以早晨露水未干或傍晚日落时喷肥较好。

（三）山楂的配方施肥案例

以湖北利川市山楂树配方施肥为例，介绍如下。

1. 种植地概况

试验地土壤碱解氮39.45mg/kg，速效磷5.7mg/kg，速效钾44.1mg/kg，pH值为6.7和5.53。

2. 品种与肥料

选择品种为大金星。供试肥料为果树专用肥（10－7－5），磷酸二铵（含 N18%，P_2O_5 12%），尿素（含 N 46%），硫酸钾（含 K_2O 60%）。

3. 施肥方案

常规施肥：氮（N）4.2kg，纯磷（P_2O_5）2.9kg，比例为 1：0.69。

配方施肥 1：氮（N）5.45kg，纯磷（P_2O_5）2.85kg，纯钾（K_2O）5.18kg，比例为 1：0.52：0.95。

配方施肥 2：气（N）10.9kg，纯磷（P_2O_5）5.7kg，纯钾（K_2O）10.35kg，比例为 1：0.52：0.95。

4. 结论

配方施肥后山楂产量高、糖度高、硬度大，经济效益高。

四、枇杷

枇杷，古名芦稿，又名金丸、芦枝，是薇蕨科苹果亚科的一个属，为常绿小乔木。树冠呈圆状，树干颇短，一般树高 3～4m。叶厚，深绿色，背面有绒毛，边缘呈锯齿状。枇杷原产中国东南部，因果子形状似琵琶乐器而得名。枇杷树型颇美，而且生长迅速，叶绿茂盛，在不少地方被栽种为园艺观赏植物。

枇杷属亚热带常绿木本果树，原产我国四川、陕西、湖南、湖北、浙江等省，长江以南各省多作果树栽培，江苏洞庭及福建云霄都是枇杷的有名产地。适宜在 pH 值 6.6～7.0 的土壤中生长。

（一）枇杷的需肥特性

枇杷树正常生长发育需要吸收 16 种必需的营养元素，其中从土壤中吸收氮、磷、钾三要素较多，其他养分较少。枇杷树根系较浅，扩展能力也较弱，大多根垂直分布在 10～50cm 土层中；根的水平分布，不论是粗根、细根或须根都密集在离树干 100～160cm 周围。由于根群分布既浅又狭，吸肥力弱，施肥不足树体容易衰弱，抗旱、抗风能力均差。因此，在施肥时应注意结合深翻深施肥以引导树根向深层发展。成龄树对钾的需要量最大，其次是氮、磷。

枇杷是喜钾果树。从开花到果实膨大期是枇杷树吸收养分最多的时期，尤其是对钾、磷的吸收增加较多。在各生育期中若养分供应不足，会对枇杷生产带来不良影响。后期若供氮过多，果实的原有味道变淡。适量供钾可提高产量，改善品质，增强树势，提高抗逆能力。但供钾过量时，会造成果肉较硬且变酸，在施肥中应注意适量供给养分。生产试验表明，每生产 1 000kg 鲜果，需吸收氮（N）1.1kg、磷（P_2O_5）0.4kg、钾（K_2O）3.2kg，其比例为 1∶0.36∶2.91。

（二）枇杷的配方施肥技术

枇杷幼树施肥的目的是促进树的生长，以保障土壤在周年内不缺养分。根据其全年生长、四季抽梢的特点，一般幼树宜薄肥勤施，年施肥 5~6 次，于各次抽梢萌发前施一次促梢肥，隔 15 天左右嫩梢展叶后再施一次壮梢肥，施肥量依定植时施肥多少和土壤肥力差别而定。一般每株每次施用腐熟的稀人粪尿 10~20kg 和枇杷专用肥 0.3~0.6kg。

成年结果树施肥，一般每亩施氮（N）10~20kg、磷（P_2O_5）8~15kg、钾（K_2O）10~20kg，分 3 次施入。第一次施采果肥，在 5~6 月枇杷采果后至夏梢萌发前施入，主要是恢复树势，促进夏梢抽发，充实结果母枝，促进花芽分化，为花穗发育打好基础。每株施腐熟的有机肥 40~50kg、枇杷专用肥 2kg 或尿素 0.5kg、过磷酸钙 2kg。深树冠滴水线外挖环状沟施入。第二次施促花肥，在 9~10 月枇杷开花前施入，主要促使花蕾健壮，开花正常和提高树体抗寒力，提高结果率。每株施腐熟的人粪尿 50kg、枇杷专用肥 1.5~2kg 或硫酸钾 1kg，过磷酸钙 1kg，第三次施壮果肥，在翌年 2~3 月定果后施入，促进幼果迅速膨大，

· 236 ·

提高产量和品质。每株施专用肥 3 ~ 4kg 或尿素 1kg，过磷酸钙 1kg，硫酸钾 1.5kg。

在土壤施肥的同时，可对枇杷树进行叶面喷肥，一般用叶面肥和 0.3% 的尿素、0.2% ~ 0.4% 的磷酸二氢钾混合喷施，可增强树势，提高产量和品质。

由于各地气候、品种、土壤肥力和栽培习惯不同，施肥时期也不完全一致，但作用和目标基本一致。长江流域一般年施春肥、夏肥、秋肥共 3 次，华南地区则加施 1 次冬肥，这是根据气候和枇杷的生长特点不同，而采取因地制宜的施肥办法。台湾枇杷也采取 4 次施肥制，分别于 1 ~ 2 月、4 ~ 5 月、6 月和 10 ~ 12 月施肥，每株施氮、磷、钾复合肥 3kg。

施肥方法有沟施、面施、随灌溉水施入等。沟施是结果枇杷园最常用的施肥方法，幼年树在树冠外围挖环状沟，施肥后覆土；成年结果树则多采用以树干为中心的放射状沟施或行间条状沟施，施肥后要覆土，以减少肥分损失，提高肥效。

（三）枇杷的配方施肥案例

以安徽省歙县深渡镇枇杷产区枇杷配方施肥为例，介绍如下。

1. 种植地概况

试验地土壤为扁石黄红土，有机质 17.9g/kg，全氮 1.41 g/kg，速效磷 15.7mg/kg，速效钾 127mg/kg，pH 值为 6.7 和 5.53。

2. 品种与肥料

选择品种为大红袍。供试肥料为中标企业生产的 45%（18 - 12 - 15）枇杷专用配方肥，国产 45% 普通复合肥（15 - 15 - 15），国产硼砂（含 B11%）。

3. 施肥方案

不施肥：硼砂 2kg。

常规施肥：每亩年施 45% 普通复合肥（15 - 15 - 15）102kg，

其中：春肥 30kg、硼砂 2kg；采果肥 50kg，花前肥 22kg。

配方施肥：每亩年施 45%（18－12－15）枇杷专用配方肥120kg、硼砂 2kg。其中：春肥每亩施用 36kg、硼砂 2kg；采果肥每亩施用 60kg；花前肥每亩施用 24kg。

4. 结论

配方施肥的平均单株鲜果产量 30.1kg，折合每亩产量 1 204kg，每亩比常规和不施肥分别增产 224kg 和 544kg，分别增产 22.9%和 82.4%。

第三节　浆果类果树配方施肥技术

一、猕猴桃

猕猴桃属猕猴桃科猕猴桃属，为落叶性藤本果树，在我国分布很广，其中，中华猕猴桃在河南、陕西、湖南等省栽培最多。猕猴桃果实营养丰富，富含维生素 C 和多种营养物质，是世界上著名的保健果品。猕猴桃树枝梢的年生长量远比一般果树大，而且枝粗叶大，结果较早而多，进入成熟后，一株树地上与地下部分干重的比例约为 1.8∶1。每年植株的生长、发育、结果等都要从土壤中吸收大量营养，并通过修剪和采果从树体中消耗掉，而土壤中可供养分有限，因此，需要通过施肥向土壤补充树体生长发育所需的营养。因此，了解猕猴桃的营养特性，做到科学施肥，是实现猕猴桃优质高产的基础。

（一）猕猴桃的需肥特性

猕猴桃对各类矿质元素需要量大，其正常生长需要氮、磷、钾、镁、锌、铜、铁、锰等 16 种必需的营养元素，从土壤中吸收氮、磷、钾最多。从萌芽后，在叶片展开、叶面扩大、开花和果实发育等不同生育期，对各种营养元素的吸收量差异很大。

氮、磷、钾的吸收在叶片至坐果期的一段时间主要来自上半年树体贮藏的养分，而从土壤中吸收的养分较少。果实发育期养分吸收量显著增加，尤其对磷、钾吸收量较大。落叶前仍要吸收一定量的养分。猕猴桃的根系在 2～3 月为第一次生长高峰；在落花后和第一次新梢停止生长时为第二次生长高峰；第三次生长高峰是在果实采收后，养分用于充实根系和枝条，根系又一次进入生长高峰期。施肥采用秋季肥、春季肥和夏初肥等措施，以满足猕猴桃树对营养元素的需求。

猕猴桃适应温暖湿润的微酸性土壤，最怕黏重、强酸性或碱性、排水不良、过分干旱、瘠薄的土壤。更重要的是猕猴桃对氯有特殊的喜好，一般作物为 0.025% 左右，而猕猴桃为 0.8%～3.0%，氯的含量是一般作物的 30～120 倍。尤其是在钾缺乏时，对氯有更大的需求量。分析表明，每生产 1 000kg 鲜果，猕猴桃树需要氮（N）8.4kg，磷（P_2O_5）0.24kg，钾（K_2O）3.2kg。

（二）猕猴桃的配方施肥技术

猕猴桃树的施肥原则是以腐熟的优质有机肥为主、无机肥为辅，充分满足猕猴桃树对各种营养元素的需求，增强土壤肥力。对猕猴桃树的施肥量应根据目标产量、树龄大小、土壤肥力状况、需肥特性等因素来确定，一般采用基肥、追肥和叶面喷肥（根外追肥）等方式施肥。

1. 基肥

猕猴桃树一般在秋施基肥，采果后早施比较有利。根据各品种成熟期的不同，施肥时期为 10～11 月，早施基肥辅以适当灌溉，对加速恢复和维持叶片的功能、延缓叶片衰老、增长叶的寿命、保持较强的光合生产能力具有重要作用。基肥以有机肥（如厩肥、堆肥、饼肥、人粪尿等）为主，施肥量占全年总施肥量的60%，如果在冬、春施可适当减少。一般每株幼树施有机肥50kg，加过磷酸钙和氯化钾各 0.25kg；成年树每株施厩肥 50～

75kg，加过磷酸钙 1kg 和氯化钾 0.5kg。可采用行间、株间开深沟或穴施等方法，沟深 50 ~ 60cm，宽 40cm，将肥与土混匀，施入沟内并及时浇水。

2. 追肥

追肥应根据猕猴桃根系生长特点和地上部生长物候期及时追肥，过早或过晚都不利于树体正常的生长和结果。

（1）萌芽肥 早春追施萌芽肥，猕猴桃树在结果前 3 年，每次追肥量要小于成龄树，追肥次数要多。一般在 2 ~ 3 月萌芽前后施用，每棵每次追施腐熟人粪尿 15 ~ 20kg 或猕猴桃专用肥 1 ~ 1.5kg 或尿素 0.2 ~ 0.3kg、过磷酸钙 0.2 ~ 0.3kg、氯化钾各 0.1 ~ 0.2kg。进入盛果期的成龄树，一般每棵追施猕猴桃专用肥 0.5 ~ 1kg 或有机肥 20 ~ 30kg、过磷酸钙 0.4 ~ 0.6kg、氯化钾 0.2 ~ 0.4kg。

（2）花后追施促果肥 猕猴桃树在落花后 30 ~ 40 天是果实迅速膨大期，一般四年生猕猴桃树可冲施专用肥 0.2 ~ 0.4kg 或 40%氮、磷、钾复合肥 0.2 ~ 0.5kg，施后全园浇水一次。

（3）盛夏追施壮果肥 一般在落花后的 6 ~ 8 月，这一阶段幼果迅速膨大，新梢生长和花芽分化都需要大量养分，可根据树势、结果量酌情追肥 1 ~ 2 次。该期施肥以氮、磷、钾肥配合施用。幼树每棵施有机肥 30kg、过磷酸钙和硫酸钾各 0.15kg，成年树每棵施有机肥 30 ~ 40kg、过磷酸钙 0.6kg、氯化钾 0.3kg。此外，还要注意观察是否有缺素症状，以便及时调整。

3. 根外施肥

猕猴桃树从展叶至采果前均可进行叶面喷施，常用的叶面喷施肥料种类和浓度如下：尿素 0.3% ~ 0.5%，硫酸亚铁 0.3% ~ 0.5%，硼酸或硼砂 0.1% ~ 0.3%，硫酸钾 0.5% ~ 1%，硫酸钙 0.3% ~ 0.4%，硫酸锌 0.5% ~ 1%，草木灰 1% ~ 5%，氯化钾 0.3%。叶面喷肥最好在阴天或晴天的早晨或傍晚无风时进行。

（三）猕猴桃的配方施肥案例

以广东省和平县阳明镇龙湖村猕猴桃配方施肥为例，介绍如下。

1. 种植地概况

试验地土壤为红壤土，有机质 2.51%，全氮 0.0389%，速效磷 0.046%，pH 值为 5.1。

2. 品种与肥料

选择品种为武植 3 号。供试肥料为尿素（含 N 46%），过磷酸钙（含 P_2O_5 12%），硫酸钾（含 K_2O 33%）。

3. 施肥方案

按测土配方施肥"3414"最优设计方案。从产量、品质和经济效益方面综合来看，最佳处理方案为每亩氮、磷、钾肥施用量分别为 100～105kg、135～140kg、170～175kg，N：P_2O_5：K_2O 为 1：2.47：1.5，N：P：K 为 1：（0.3～0.35）：（0.7～0.8）。

二、石榴

石榴属石榴科石榴属，为多年生木本植物。石榴在我国栽培历史悠久，全国各地都有栽培。石榴的果实外观艳美，籽粒汁多酸甜，营养丰富。除鲜食外，石榴还可加工成果汁、果酒等。石榴树对二氧化硫、铅、蒸汽吸附能力强，对周围空气有净化作用，有利于环境保护。

（一）石榴的需肥特性

石榴生长发育需要 16 种必需的营养元素，从土壤中吸收氮、磷、钾最多。对氮最为敏感，整个生育期由少至多逐渐增加，至果实采收后急剧下降，以新梢快速生长期和果实膨大期吸收最多；磷在开花后至果实采收期吸收比较多，吸收期比氮、钾都短；钾在开花后迅速增加，以果实膨大期至采收期吸收最多，采

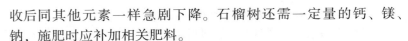

收后同其他元素一样急剧下降。石榴树还需一定量的钙、镁、钠，施肥时应补加相关肥料。

（二）石榴的配方施肥技术

1. 石榴的施肥量

石榴树施肥禁止使用未腐熟的人粪尿和垃圾肥，施肥量按目标产量、树龄和土壤肥力等因素而定。密植石榴园可按每生产1 000kg 石榴果实，施腐熟的优质有机肥2 000kg 和氮（N）20 ~ 25kg 计算，再配入适量的磷、钾肥。稀植石榴园可按株施肥，分为基施、追施和根外追施3 种方式施肥。

2. 石榴的施肥技术

（1）基肥 石榴树宜在秋季采果后立即施肥为好。一般幼树每棵施腐熟的优质有机肥（也可施生物有机肥）10kg 和石榴树专用肥0.2 ~ 0.5kg，初结果树每棵施腐熟优质有机肥或生物有机肥20 ~ 25kg、石榴树专用肥0.3 ~ 0.8kg。成龄大树每棵施腐熟优质有机肥或生物有机肥50 ~ 80kg、石榴树专用肥2 ~ 2.5kg 或尿素0.3 ~ 0.6kg、过磷酸钙2 ~ 4kg，可采用放射状、环状沟、条状沟或全园撒施等方法。

（2）追肥 石榴树开花前，每棵成龄结果石榴树施石榴树专用肥0.5 ~ 0.6kg 或尿素0.4 ~ 0.6kg。石榴树开花后，每棵成龄结果树施石榴专用肥1.5 ~ 2.5kg 或尿素0.5kg、过磷酸钙1 ~ 2kg、硫酸钾0.5 ~ 1kg。在果实膨大初期，每棵成龄结果树施石榴树专用肥2 ~ 3.5kg 或40% 氮、磷、钾复合肥1.5 ~ 2kg、尿素0.5kg、磷酸二铵1 ~ 1.5kg、硫酸钾0.6 ~ 1kg。

（3）根外追肥 应根据树体营养状况进行，在整个生长生育期可喷施叶面肥，并在叶面肥稀释液中加入0.3% ~ 0.5% 的尿素。在果实膨大期喷施时再加入0.2% ~ 0.4% 的磷酸二氢钾，每7 ~ 12 天喷施1 次。气温干燥时，在10：00 前和16：00 后喷施较好。根外追肥作用迅速，见效快，省肥效果好，对增强树势和提高品质、提高产量都有较好效果。

（三）石榴的配方施肥案例

以江苏省徐州市贾汪区贾汪镇石榴的配方施肥为例，介绍如下。

1. 种植地概况

试验地土壤为山红土，有机质 2.51%，全氮 0.0389%，速效磷 0.046%，pH 值为 5.1。

2. 品种与肥料

选择品种为当地石榴品种。供试肥料为尿素（含 N 46%），过磷酸钙（含 P_2O_5 12%），硫酸钾（含 K_2O 33%）。

3. 施肥方案

2005 年 4 月 16 日花前期按氮：磷为 2：1 施用，氮磷总量分别为 0.3kg/株、0.6kg/株、0.9kg/株、1.2kg/株；7 月 2 日幼果期按氮：磷：钾为 1：1：1 施用，氮、磷、钾总量分别为 0.3kg/株、0.6kg/株、0.9kg/株、1.2kg/株。在花前按氮：磷为 2：1 施肥 0.6kg/株、幼果期按氮：磷：钾为 1：1：1 施肥 0.6kg/株，单株产量、折合总产、经济效益均最高，分别为 5.97kg/株、5 910.3kg/hm²、12 687.7元/hm²，氮、磷、钾比例适度，肥量适中，适宜推广。

三、葡萄

葡萄别名草龙珠、蒲桃、山葫芦、李桃、美国黑提等，葡萄属普通科植物葡萄的果实，为落叶的多年生攀援植物，是世界最古老的植物之一。在我国长江流域以北各地均有种植，主要产区有新疆、甘肃、山西、河北、山东等。

葡萄喜光性强，适宜种植范围广，但更适宜降水量小、有浇水条件、土层深厚的地区栽种。葡萄一般栽后 2～3 年开始结果，3～4 年可达到丰产期，经济结果时期较长，盛果期在正常管理条件下可维持 20～30 年。树体年周期性活动分为树液流动期、萌芽和新梢生长期、开花坐果期、浆果生长期、浆果成熟期、落叶和休眠期。

葡萄是深根性果树，根系比较发达，为肉质根，通常在土壤中的垂直分布最密集的范围是 20～80cm 土层，水平分布主要在距根干90cm 区域内。春季萌芽后，当土壤温度达 12～13℃时，根开始生长，根系最适宜的生长温度是 15～25℃，土温超过 32℃时根系生长缓慢。一般葡萄的根系在春夏季（5～6 月）和秋季（9～10 月）各有一次生长高峰。土温适宜时根系可周年生长而无休眠期。根据生长期长短和浆果成熟期早晚，可将葡萄品种分为早、中、晚熟，早熟品种从萌芽生长到浆果成熟为 100～130 天，中熟品种为 130～150 天，晚熟品种在 150 天以上。根据葡萄的品种特性和栽培条件，适时适量地合理施肥、强化肥水管理，是实现优质高产的重要条件。

（一）葡萄的需肥特性

从春季葡萄萌芽开始展叶至开花前后，对氮需要量最大；从新梢开始生长至果实成熟均吸收磷，浆果膨大期吸收量最多；葡萄在整个生长期都吸收钾，是喜钾浆果。在浆果生长之前，对氮、磷、钾的需要量较大，果实膨大至采收期植株对氮、磷、钾的吸收达到高峰。此阶段供肥不足时会对葡萄产量影响较大。尤其是开花、授粉、坐果、果实膨大期，对磷、钾的需要量较大，对硼的需要量也相对较多。

（二）葡萄的配方施肥技术

1. 葡萄的施肥量

葡萄为喜肥果树，对养分吸收量大。据研究，每生产 1 000kg 果实（五年生）葡萄需吸收氮（N）6.0kg、磷（P_2O_5）3.6kg、钾（K_2O）7.2kg，其吸收比为 1：0.6：1.2。

根据土壤测试结果（ASI 方法），葡萄的推荐施肥建议见表

5 – 8 至表 5 – 10。

表 5 – 8　基于土壤有机质水平的葡萄施氮推荐量（纯 N）

单位：kg/亩

土壤有机质含量水平（g/kg）			
< 10	10 ~ 20	20 ~ 30	> 30
15. 0	14. 0	13. 0	12. 0

表 5 – 9　基于土壤速效磷分级的葡萄施磷推荐量（P_2O_5）

单位：kg/亩

土壤速效磷含量水平（mg/L）					
0 ~ 7	7 ~ 12	12 ~ 24	24 ~ 40	40 ~ 60	> 60
12. 0	10. 0	8. 0	6. 0	4. 0	0. 0

表 5 – 10　基于土壤速效钾分级的葡萄施钾推荐量（K_2O）

单位：kg/亩

土壤速效钾含量水平（mg/L）					
0 ~ 40	40 ~ 60	60 ~ 80	80 ~ 100	100 ~ 140	> 140
13. 0	11. 0	9. 0	7. 0	4. 0	0. 0

2. 葡萄园有机肥的施用

提高土壤有机质含量是保证葡萄优质、稳产、高产的重要措施，优质丰产果园要求活土层厚度（60cm），土壤有机质含量高，保水保肥能力强，养分供应稳定。根据各地经验，腐熟的鸡粪、纯羊粪可按葡萄产量与施有机肥量之比为 1：1 的标准（"斤果斤肥"原则）施用；厩肥（猪、牛圈肥）养分全、肥效长，应掌握在 1kg 果 2 ~ 3kg 肥的标准施用；商品有机肥或生物有机肥等高浓度肥料可按 1/2 或 1/3 比例酌减；丰产优质葡萄园有机肥的施用量以不超过3t/亩为好。

早熟品种、土壤肥沃、树龄小、树势强的，施肥量要少一些；相反，晚熟品种、土壤瘠薄、树龄大、树势弱的施肥量要多一些。有机肥施用最适宜时期是果实采收后、秋季落叶前1个月。每年施入有机肥会伤一些细根，可起到修剪根系的作用，使之发出更多的新根，同等数量的有机肥料连年施用比隔年施用增产效果明显。

3. 葡萄的配方施肥技术

（1）基肥　以有机肥为主，同时配施化肥。南方为10～12月，如有肥源宜早不宜迟；北方宜在葡萄收获后或落叶前施用，而且越早越好。一般每亩施农家肥3 000～3 500kg或商品有机肥400～450kg、磷酸二铵15～17kg、尿素6kg、硫酸钾5～6kg。而幼龄树每株施有机肥20～30kg，初结果树每株30～50kg，成龄果树每株50～100kg。每100kg有机肥混入养分配方为1∶1∶1型复合肥（总养分45%）1～2kg。施用基肥采用盘状法，在树盘内从里向外逐渐加深将土取出，近根处深15cm，远根处深30～40cm，将有机肥撒于盘内，与土混匀，将取出的土盖在上面，也可在树的两侧距树干60～80cm处开挖一条宽、深各60cm的沟，施入肥料，与土拌匀后将沟填平。每年交叉位置。

（2）追肥　一般2～3次。新梢萌芽至开花前进行第一次追肥，一般每株施2∶2∶1型复合肥（总养分45%）1～1.5kg，开小沟施入。如果上年秋季未施基肥，则应补施有机肥。这次肥主要是促进新梢发芽、抽枝、开花、坐果。开花期每亩施尿素13～14kg，硫酸钾7～8kg。

如果果穗多，坐果多，可在浆果生长之前（7月上旬）第二次追肥，每株施高钾复合肥1kg左右，以减少落果，提高坐果率。幼果膨大期每亩施尿素10～11kg、硫酸钾4～6kg。

进入浆果生长期，进行第三次追肥。此时果实膨大增重和新的花芽分化，均要消耗大量养分。此期需肥量大，且以氮、钾养分为主，应选用2：1：2型复合肥，每株2kg左右。收获后，进行第四次追肥，一般可与基肥结合进行。

（3）根外施肥 葡萄是对微量元素硼、锰、锌、铁缺乏比较敏感的果树之一。开花前喷0.2%～0.5%的硼砂溶液能提高坐果率。坐果期与果实生长期喷3～4次0.3%的磷酸二氢钾或过磷酸钙溶液或0.05%～0.1%硫酸锰溶液，有提高产量、增进品质的效果。对缺铁失绿葡萄，重复喷施硫酸亚铁和柠檬酸铁、尿素铁等均有良好效果。当植株移栽根系尚未完全恢复时，喷施0.2%～0.3%尿素可提高成活率，缩短缓苗期。

（三）葡萄的配方施肥案例

以河南省中牟县官渡镇的葡萄配方施肥为例，介绍如下。

1. 种植地概况

试验地土壤为沙壤土，有机质0.45%，碱解氮20.5mg/kg，有效磷19mg/kg，速效钾100mg/kg，pH值8.5。

2. 品种与肥料

选择品种为五年生矢富罗莎。供试肥料为尿素（含N 46%），过磷酸钙（含$P_2O_5$12%），硫酸钾（含K_2O 50%）。

3. 施肥方案

4种配方施肥换算成所用的化肥量氮：磷：钾为

① 1：0.5：1.2。

② 1：0.5：1.5。

③ 1：0.5：1.5（比②多施50%）。

④ 1：0.5：1.5。

4. 产量及经济效益（表5－11）

表5－11　葡萄配方施肥经济效益

处理	产量（kg/亩）	产值（元/亩）	投入（元/亩）	产投比
空白	1 153.4	9 227.2	0	0
配方施肥1	1 384.5	11 076	112	16.51
配方施肥2	1 684.5	13 476	156.8	27.10
配方施肥3	1 751.2	14 009.6	235.2	20.33
配方施肥4	1 768.98	14 151.84	322.1	15.29

注：46%尿素2.2元/kg，12%过磷酸钙0.6元/kg，50%硫酸钾2.8元/kg。当年销售葡萄平均价格为8.00元/kg

四、柿

柿树属柿树科柿属，为多年生木本植物。柿树在我国分布较广，但以黄河流域的山东、河北、河南、山西、陕西等较多，占总产量的70%～80%。柿的果实色泽艳丽，甘甜多汁，具有较高的营养价值。据分析，每100g鲜果中，含糖及淀粉12～18g、蛋白质1.2g、脂肪0.2g、维生素C 30mg、维生素B_1 10mg、烟酸0.2mg以及胡萝卜素、磷、铁、钙等。除供鲜食外，柿树还可以制成柿饼、柿干、柿汁、柿脯、柿酒、柿醋等，也可再加工成糕点和风味小吃等。另外，柿果还具有一定的药用价值。

（一）柿树的需肥特性

柿树正常生长发育必需的营养元素有16种，但需要量较多的是氮、磷、钾。柿树生长、结果过程需钾量较多，尤其是果实膨大时需钾量更大。当钾元素供应不足时，果实发育受到限制，果实变小；但钾肥过多则果皮粗糙，肉质粗硬，外观不美，品质不佳；在果实膨大后期，应满足柿树钾肥的供应，同时注意在此期内少施磷肥，磷肥过多反而会抑制柿树生长。不同的树龄需肥量不同。柿树是深根性果树，直根发达，细根很少，对肥效反应迟钝，因此施肥时间应提前。柿树根的细胞渗透压低，施肥浓度要低，应少施多次。柿树根外皮含有大量单宁，受伤后愈合能力差，施肥时应尽量避免伤根。

柿树不同品种对土壤酸碱度有较强的适应能力，由碱性到酸性均能很好生长。分析柿树每年新形成的枝、叶、根、果所含的氮、磷、钾分别为氮（N）213.6g、磷（P_2O_5）57.6g、钾（K_2O）183.2g，其氮、磷、钾的比例约为1∶0.27∶0.86。每生产1 000kg果实，大约需要氮（N）8.3kg，磷（P_2O_5）2.5kg，钾6.7kg，氮、磷、钾的比例约为1∶0.3∶0.8。由此可见，柿树对氮的需求量较大。

（二）柿树的配方施肥技术

柿树根深，喜阳不耐阴，因此，栽培柿树应选择土层深厚的平坦地和缓坡的阳坡。如地下水位过高或土层瘠薄，根系分布浅，易引起树势早衰，病虫滋生。

1. 基肥

9月中下旬采果前为最佳施肥期，幼龄期柿树营养生长旺盛，生殖生长尚未开始，每株平均施柿树专用肥0.5～0.8kg或硫酸铵0.2～0.3kg、过磷酸钙0.3～0.4kg、有机肥5kg、硫酸钾0.3～0.4kg。

初结果柿树营养生长开始缓慢，生殖生长迅速增强，每株施有机肥20kg、柿树专用肥0.9～1.5kg或硫酸铵1～2kg、过磷酸钙1～1.3kg、硫酸钾0.2～0.5kg。

盛果期柿树，营养生长和生殖生长相对平衡，每株施有机肥50kg、柿树专用肥2～3kg或硫酸铵2～4kg、过磷酸钙2～3kg、硫酸钾0.8～1.6kg。随树龄增大，可适当加大磷、钾施用量。

2. 追肥

一般分2次追肥，即花前肥和促果肥。花前肥在5月上旬施入，盛果期柿树一般每株施柿树专用肥 0.5～1kg、生物有机肥 20～30kg 或氮、磷、钾比例为 1：0.5：0.5 的 40% 氮、磷、钾复合肥 0.5～1kg。促果肥在 7 月上旬施入，盛果期柿树一般每株施柿树专用肥 1～1.5kg、生物有机肥 20～30kg 或氮、磷、钾比例为 1：0.67：0.67 的 40% 复合肥 1～1.2kg、有机肥 20～30kg。

3. 根外追肥

在果实膨大期内，喷施含尿素、磷酸二氢钾、硼、锌、铁等元素的氨基酸叶面肥，每 7～12 天喷施 1 次，对增强树势、提高产量和品质有明显效果。

（三）柿树的配方施肥案例

以福建省永定县柿树配方施肥为例，介绍如下。

1. 种植地概况

试验地土壤为泥质岩红壤，有机质 53.4g/kg，碱解氮 47.9mg/kg，有效磷 28.3mg/kg，速效钾 32mg/kg，pH 值 4.8。

2. 品种与肥料

选择品种为永定红柿。供试肥料为复合肥（15-15-15），尿素（含 N 46%），过磷酸钙（含 P_2O_5 12%），硫酸钾（含 K_2O 50%）。

3. 施肥方案

4 种配方施肥换算成所用的化肥量氮：磷：钾为

①1：0.5：1.2。

②1：0.5：1.5。

③1：0.5：1.5（比②多施 50%）。

④1：0.5：1.5。推荐最高产量施肥量为 N 12.1kg/亩、P_2O_5 5.9kg/亩、K_2O 12.1kg/亩，产量为 2 240kg/hm²。推荐施肥效益最大施肥量为 N 12kg/亩、$P_2O_5$6kg/亩、K_2O 10kg/亩。

第四节 坚果类果树配方施肥技术

一、核桃

核桃属核桃科核桃属，为多年生木本植物。原产于中国，栽培历史悠久。别名核桃仁、山核桃、胡核桃、羌桃、胡桃肉、万岁子、长寿果。核桃与扁桃、榛子、腰果并称为"世界四大干果"，既可以生食、炒食，也可榨油。主要产于河北、山西等山地，现全国各地均有栽培。

（一）核桃的需肥特性

核桃树是多年生木本果树，适应性强，适于中性土壤（pH值6.5~7.5），分布在华北、西北、西南各省。核桃树结果年限长，树体高大，根系深，侧根水平伸展较远，可达10~12m，根冠比为2左右。成年树根最深可达6m，须根多，根系的垂直分布主要集中在20~60cm的土层中，约占总根量的80%。核桃树喜肥，供肥不足时对产量和品质影响较大。

核桃树对氮、钾养分需要量较大，其次是钙、镁、磷。生产试验表明，每1 000 kg核桃果实中需要施氮（N）42.2kg、磷（P_2O_5）13.3kg、钾（K_2O）15.2kg，氮、磷、钾的比例为1：0.32：0.36。氮素可以增加核桃出仁率，磷、钾养分能增加产量，还能提高核桃品质。核桃落花后对钙吸收量较大，果实形成期对镁需求量较大。

（二）核桃的配方施肥技术

核桃树结果年限长，施肥应结合深翻改土进行，以秋季采收后施基肥为主，并适时进行追肥。

1. **基肥**

成龄结果树每棵施优质有机肥100~200kg和核桃树专用肥

2 ~ 4kg。基肥的施入时期可在春秋两季进行，以早施效果较好。秋季应在采收后落叶前完成。

2. 追肥

核桃树追肥一般分 3 次进行。第一次在萌芽开花前，每棵施核桃专用肥 1 ~ 2kg 或尿素 1 ~ 1.5kg、硼砂 0.3 ~ 0.5kg，可提高坐果率，促进果实发育，结合深翻改土进行施肥。第二次在落花后，果实开始形成和膨大期，是养分需要量最多的时期，每棵核桃树施专用肥 3 ~ 4kg 或尿素 0.5 ~ 1kg、过磷酸钙 1 ~ 1.5kg、硫酸钾 1 ~ 1.5kg、硫酸镁 0.5 ~ 1kg。开沟后结合灌水进行。第三次在果实硬核期进行，每棵施核桃专用肥 1 ~ 2kg 或尿素 0.5 ~ 1kg、硫酸镁 0.5 ~ 1kg，有利于果仁发育，提高产量和品质，可采用条状沟、放射状沟、穴施等方法施肥。

3. 根外追肥

根据树势而定，一般在整个生育期内都可喷施含尿素、磷酸二氢钾、硼、锌等元素的氨基酸叶面肥，每 8 ~ 15 天 1 次，可增强树势，提高坐果率，减少落果，预防小叶病等生理病害，对提高产品质量和增加产量都有效果。

(三) 核桃的配方施肥案例

以新疆维吾尔自治区阿克苏市库木巴什乡核桃配方施肥为例，介绍如下。

1. 种植地概况

试验地土壤为潮土性灌淤土，有机质 9.68g/kg，碱解氮 40.38mg/kg，有效磷 13.55mg/kg，速效钾 132.9mg/kg。

2. 品种与肥料

选择品种为新早丰。供试肥料为尿素（含 N 46%），重过磷酸钙（含 P_2O_5 42%），硫酸钾（含 K_2O 40%）。

3. 施肥方案

采用 "3414" 最优回归设计。每株推荐最佳施肥量：六年

生核桃为氮肥 1.47kg、磷肥 0.69kg 和钾肥 0.56kg，八年生核桃
为氮肥 2.35kg、磷肥 1.1kg 和钾肥 0.45kg。

二、板栗

板栗，别名栗子、毛栗。山毛榉科栗属乔木或灌木的总称，
有 8~9 种，原生于北半球温带地区。板栗不仅含有大量淀粉，
而且含有蛋白质、脂肪、B 族维生素等多种营养成分，素有 "干
果之王" 的美称。栗子可代粮，与枣、柿子并称为 "铁杆庄稼"
"木本粮食"，是一种价廉物美、富有营养的滋补品及补养良药。

（一）板栗的需肥特性

板栗树是我国主要干果木本树种之一，分布很广，主要产区
集中在黄河流域的华北、西北地区及长江流域各省，尤以河北省
栽培较多。板栗树生长迅速，适应性强，抗旱，耐瘠薄，产量稳
定，寿命长，一年栽树，百年受益。合理施肥是促进树体健壮、
增强抗边性、延长结果年限和提高产量的重要措施，板栗树需肥
量较多，是需要氮、钾较多的果树，在开花结果期还需要较高
的硼。

氮元素在萌芽、开花、新梢生长和果实膨大期吸收量逐渐增
加，直到采收前还有上升，以新梢快速生长期和果实膨大期吸收
量最多。磷自开花后到 9 月下旬采收期吸收比较多，磷的吸收期
比氮、钾都短，吸收量也较少。钾在开花后吸收量开始增加，在
果实膨大期至采收期吸收量最多，采收后急剧下降。近年发现板
栗树对镁敏感，需求量大，尤其是果实发育期缺镁相当普遍，应
注意施含镁肥料。板栗根系发达，而且新生根多有外生菌根，在
土壤 pH 值 5.5~7.0 的良好条件时菌根多，能提高板栗对磷、钙
养分的吸收，施肥应考虑这一特点。每生产 1 000kg 板栗果实需
吸收氮（N）14.7kg、磷（P_2O_5）7kg、钾（K_2O）12.5kg，其吸
收的比例为 1：0.48：0.85。

（二）板栗的配方施肥技术

1. 基肥

以秋季采果前后施入为好，也可在春季萌芽前施入，不能过晚。基肥用量一般按每生产 1kg 板栗施优质有机肥 8～10kg 计，或初结果幼龄板栗树每棵施优质有机肥 50～60kg 和板栗树专用肥 0.5～1.5kg，成龄大树每棵施优质有机肥 150～250kg 和板栗专用肥 2～3kg。施肥方法一般采用放射沟状、条状沟、穴施或全园撒施等，注意将肥土混合，施后浇水。

2. 追肥

追肥一般分 2 次进行。第一次在新梢速长期（4 月下旬至 5 月上旬），第二次在果实膨大期（7～8 月）。一至五年生的幼树每亩施板栗专用肥 2～3kg，六至十年生的初结果树每棵追施板栗专用肥 1～2.0kg，十一年以上的成龄板栗大树每棵追施板栗专用肥 2～5kg。追肥方法以放射状沟法为好，在距主干 15～30cm 处开沟，向外挖 5～7 条放射状沟，沟宽 20～30cm（里窄外宽），沟深 10～30cm（里深外浅），长度要超过树冠外缘，注意肥土混合均匀，施后浇水。

3. 根外追肥

在整个生育期内均可喷施含有磷酸二氢钾、尿素、硫酸镁、硼砂及微量元素的叶面肥，一般每 10 天左右 1 次，以增强树势，促进果实膨大，增加产量和提高品质。

（三）板栗的配方施肥案例

以湖南株洲县龙风乡板栗配方施肥为例，介绍如下。

1. 种植地概况

试验地土壤为红壤，肥力中等，pH 值 5.63。

2. 品种与肥料

选择品种为石丰、青扎、铁粒头、九家种。供试肥料为复合肥（15－15－15），尿素（含 N 46%），过磷酸钙（含 P_2O_5 12%），氯化钾（含 K_2O 60%）。

3. 施肥方案

根据土壤养分、预计产量和肥料养分含量以及肥料的利用率来推荐的 3 个配方施肥处理。推荐最佳每株施尿素 0.37kg，过磷酸钙 0.64kg，氯化钾 0.25kg 的效果最好。

三、银杏

银杏，也称白果；银杏树，也称白果树、公孙树，为落叶乔木。寿命长，可达数百年，甚至千余年。银杏树在我国各地均有栽培，日本也有栽培。

（一）银杏的需肥特性

银杏是喜肥而又耐肥的树种，科学施肥是银杏管理中的一个重要环节。银杏生长发育、开花结果的各个阶段，需要从土壤中吸收氮、磷、钾等 16 种大、中、微量元素，其中对氮、磷、钾需求较多，主要来源是利用树体内上一年贮藏的养分，从土壤中吸收量较少。

新梢旺长期在 4 月 20 日至 6 月底，是吸收营养元素最多的时期，以氮最多，其次是钾，磷最少。果实采收至落叶期在 9 月中旬至 11 月中旬，树体仍然吸收一部分营养元素，但其吸收量明显减少。总之，银杏对营养元素的吸收从萌芽前开始，对氮的吸收高峰在 6~8 月，对钾的吸收高峰在 7~8 月，对磷的吸收在各生产期比较均匀。

（二）银杏的配方施肥技术

1. 银杏的施肥量

一般情况下，根据产量预测，每产 1kg 种实，冬、春两季各施入 1kg 有机肥，夏、秋季各施入种子产量 5% 的化肥。

目前，确定施肥量较好的方法是叶分析法，即根据叶片内各种元素的含量，判断树体的营养水平。再根据叶分析的结果，作为施肥种类及数量的参数，有针对性地调整营养元素的比例和用量，以满足银杏树体正常生长和结果的需要。生长健壮、结果正常的银杏树，9月上旬叶片养分含量见表5－12，叶分析是一种较新的营养诊断技术，当前生产中应用不多。目前，生产中银杏施肥量的确定，大都是根据实践经验。

表5－12　银杏正常叶片的养分含量

叶片部位	养分含量（%）			
	还原糖	全氮	粗蛋白	全磷
长枝上的叶片	13.8	1.81	11.5	0.016
短枝上叶片	11.2	1.27	7.94	0.078

2. 银杏的配方施肥技术

银杏树一生中的需肥情况，是随树龄、产量、树势、物候期、土壤肥力和肥料种类等条件的变化而变化的，因此，其施肥量受多种因素的控制。各地总结了"三看"施肥的经验：一是看天施肥，即根据天气情况决定施肥时间、肥料种类和施肥数量；二是看地施肥，即根据土壤类型、土壤贫瘠程度和含水量决定施肥的种类和数量；三是看枝施肥，即根据树龄大小、生长强弱和发育时期决定施肥数量、肥料种类和施肥方法。其基本原则是幼树少施，大树多施；贫瘠地多施，肥沃地少施。

（1）基肥　银杏树施基肥一般在果实采收前或采收后施用，一般产银杏75～80kg的结果树，施腐熟的有机肥或生物有机肥80～150kg、银杏专用肥2～3kg，初结果树和幼龄树可适当减少施肥量。施肥方法一般采用集中穴施，即在树冠滴水线内或树盘内挖60cm，直径约50cm的施肥穴，一般幼树每棵挖1～2个穴，初结果树每棵2～4个穴，盛果期的大树每棵4～6个穴，施肥穴要每年轮换位置，将有机肥料与表土混合均匀后填入穴内，然后浇水。也可采用环状沟、条状沟、放射状沟施肥。条状沟施是在树冠外围两侧（东西或南北方向）各挖一条施肥沟，沟的深度和宽度各为40cm，沟的长度依树冠大小而定，条状沟的方向可隔年轮换。环状沟放射施是在树冠投影外侧，挖探20cm、宽40cm的环状沟，施肥后覆土，这种施肥方法适用于幼树。

（2）追肥　采叶园一般一年追肥3次。第一次在发芽前10天左右，为长叶肥，每亩施银杏专用肥40～50kg或尿素50kg；第二次在5月中旬新梢生长高峰前，施肥量与第一次相同；第三次在8月上旬，每亩施银杏专用肥50kg或氮、磷、钾含量45%的复合肥50kg。施肥方法是在树的行间5cm深的条沟，将肥施入沟内，然后覆土、浇水。

结果前幼树一般一年追2次肥。第一次在5月中旬，每亩施银杏专用肥20～50kg或尿素20～50kg；第二次在8月下旬至9月上旬，施肥量与第一次相同。

结果银杏树一般每年追肥4次。第一次在发芽前10天左右，为长叶肥，每亩施银杏专用肥30～50kg或尿素30～50kg、每棵施专用肥1～2.5kg、腐熟的人粪尿100kg左右；第二次在5月上中旬，新梢生长高峰前7天左右，每亩施银杏专用肥80～100kg或尿素30～50kg、过磷酸钙40～50kg、氯化钾15～25kg、每棵施专用肥2.5～5kg；第三次在7月下旬至8月上旬，每亩施银杏专用肥30～40kg或45%氮、磷、钾复合肥30～45kg、每棵施专用肥1～3kg；第四次在9月上旬，每亩施银杏专用肥35～45kg或45%氮、磷、钾复合肥35～45kg、每棵用专用肥1～3kg。

幼树的施肥方法是将肥料撒于树盘，然后进行浅中耕、浇水；结果树追肥是从树冠外沿内至树冠1/2的范围内，开多条放射沟，沟深10～15cm，施肥后覆土整平，然后浇水。

（3）根外追肥　在展叶后至落叶前20天左右，均可喷施氨基酸叶面肥，并在氨基酸叶面肥的稀释液中加入0.3%磷酸二氢钾，每10～15天喷施1次，对增强树势、防止早衰、提高产量和品质都有较好的作用。

（三）银杏的配方施肥案例

以湖北省安陆市王义贞镇银杏配方施肥为例，介绍如下。

1. 种植地概况

试验地土壤为黄褐土，土壤有机质含量 1.21%，氮 5.13mg/kg，速效磷 44.54mg/kg，速效钾 58.96mg/kg。

2. 品种与肥料

选择品种为安陆 1 号。供试肥料为尿素（含 N 46%），过磷酸钙（含 P_2O_5 14%），氯化钾（含 K_2O 50%）。

3. 施肥方案

4 种配方施肥换算成所用的化肥量氮∶磷∶钾为

① 4∶1∶1。

② 5∶2∶2。

③ 5∶3∶2。

④ 6∶2∶2。

经过试验，氮、磷、钾的配比为③和④时对叶用林的增长效果最佳。

第五节　柑果类果树配方施肥技术

一、柑橘

柑橘，属芸香科柑橘亚科，是热带、亚热带常绿果树（除枳外），用作经济栽培的有枳、柑橘和金柑 3 个属。我国和世界其他国家栽培的柑橘主要是柑橘属。而中国是柑橘的重要原产地之一，有 4 000 多年的栽培历史，柑橘资源丰富，优良品种繁多。

柑橘长寿、丰产稳产、经济效益高，是我国南方果树的最主要的树种，对果农脱贫致富、农村经济发展起着重大作用。

（一）柑橘的需肥特性

柑橘为常绿果树，一年有多次抽梢，结果早、挂果时间长，结果量多，需肥量大，一般为落叶果树的 2 倍。新梢对氮、磷、钾的吸收从春季开始逐渐增长，氮元素不可施用过量；否则，根部会受到伤害。夏季是枝梢生长和果实膨大时期，需肥量达到吸收高峰。秋季根系再次进入生长高峰，为补充树体营养，仍需大量养分。随着气温降低生长量逐渐减少，需肥量随之减少，入冬后吸收基本停止。果实对磷吸收高峰在 8 ~ 9 月，氮、钾的吸收高峰在 9 ~ 10 月，以后趋于平缓。

（二）柑橘的配方施肥技术

1. 柑橘的施肥量

一般每亩产 3 000kg 的柑橘园，应施氮（N）25 ~ 30kg、磷（P_2O_5）10 ~ 15kg、钾（K_2O）25 ~ 28kg 和柑橘专用肥 170 ~ 212kg。每亩产 3 500 ~ 5 000kg 的柑橘园，应施氮（N）40 ~ 60kg、磷（P_2O_5）30 ~ 45kg、钾（K_2O）30 ~ 45kg 和柑橘专用肥 290 ~ 450kg。与其他果树比较，柑橘要求氮多，而磷、钾相对较少。

根据幼树和结果树的不同，根据土壤测试结果（ASl 方法）的柑橘推荐施肥建议见表 5 – 13 至表 5 – 15。

表 5 – 13　基于土壤有机质水平的柑橘施氮推荐量（纯 N）

单位：kg/亩

	土壤有机质含量水平（g/kg）			
	< 10	10 ~ 20	20 ~ 30	> 30
幼树	12.0	10.0	7.0	5.0
结果树	20.0	18.0	16.0	12.0

表 5 - 14　基于土壤速效磷分级的柑橘施磷推荐量（P_2O_5）

单位：kg/亩

	土壤速效磷含量水平（mg/L）					
	0 ~ 7	7 ~ 12	12 ~ 24	24 ~ 40	40 ~ 60	>60
幼树	11.0	9.0	7.0	4.0	0.0	0.0
结果树	14.0	12.0	10.0	7.0	4.0	0.0

表 5 - 15　基于土壤速效钾分级的柑橘施钾推荐量（P_2O_5）

单位：kg/亩

	土壤速效钾含量水平（mg/L）					
	0 ~ 40	40 ~ 60	60 ~ 80	80 ~ 100	100 ~ 140	>140
幼树	12.0	10.0	7.0	4.0	2.0	0.0
结果树	15.0	13.0	11.0	9.0	7.0	3.0

2. 柑橘的施肥技术

根据需肥特点，树龄、树势、土壤供肥状况等因素确定合理的施肥量。柑橘除果实挂树贮藏或晚熟品种可以在采果前施肥外，一般采前不宜施肥，尤其是氮肥，否则会严重影响果实贮藏品质。

（1）基肥　也称之为采果肥。柑橘挂果期很长，一般为 6 ~ 8 个月，在结果期内，消耗养分很多，树势开始衰弱。为了恢复树势，促进花芽分比，充实结果母枝，提高抗寒能力，为来年结果打下基础，采果后必须及时施肥。施肥时期为 10 月下旬至 12 月中旬。此时气温下降，根条活动差，吸收力弱，应以有机肥为主，每株施优质有机肥 50 ~ 100kg、尿素 0.3 ~ 0.5kg、过磷酸钙 0.5 ~ 1kg。

（2）追肥　追肥是调节营养生长与生殖生长平衡的重要手段，根据柑橘营养特点，一般从抽生梢至果实成熟分 3 次追肥。

促肥花又称花前肥。从春梢萌动至花前进行，主要是为保证开花质量和春梢生长质量。每株施有机肥 30 ~ 50kg，2 : 1 : 1 型复合肥 1～1.5kg。施肥时间为 2 月下旬至 3 月上旬。

稳果肥又称花后肥。在落花后坐果期进行，主要是提高坐果率和控制夏梢突发。此期（5～6 月）要避免大量施用氮肥，否则会刺激夏梢突发，引起大量落果。因此，除树势弱的橘园，一般不采用土壤施肥。为了保果，多采用叶面喷施 0.3% 尿素 + 0.2% 磷酸二氢钾 + 激素（10mg/kg 2，4-D 或 50～100mg/kg 萘乙酸），10～15 天喷 1 次，连续 2～3 次能取得良好效果。

壮果肥在果实膨大期进行。此期正值果实不断膨大，秋梢抽生和花芽分化，是影响柑橘当年和来年产量的重要时期，必须保证有充足的营养供应。此期施肥应以化肥为主，为改善果实品质和提高贮藏性能，要重视增施钾肥，一般可选用氮、磷、钾养分比例为 2：1：2 型高浓度复合肥，每株 2kg 左右。

以上为柑橘的一般施肥原则，在生产实践中，必须因地制宜灵活掌握。密植柑橘，棵小，根浅，多采用勤施薄施，花多，果多、梢弱，可随时增施；结果少而新梢长势好的橘树，为防止营养生长过旺，可以少施；早施品种应提早施肥，晚熟品种可推迟施肥。

（三）柑橘的配方施肥案例

浙江省永康市古岭果蔬专业合作社柑橘配方施肥。

1. 种植地概况

试验地土壤为砂质黄壤，土壤有机质含量 27.2 g/kg，全氮 1.18 g/kg，速效磷 59.25 mg/kg，速效钾 95 mg/kg，pH 值为 5.1。

2. 品种与肥料

选择品种为十五年生枳砧兴津早熟温州蜜柑。供试肥料为菜饼、米糠、碳酸氢铵、钙镁磷肥、氯化钾、熟石灰。该园处理前 1 年施肥 2 次，即采果肥和壮果肥，不施春肥。采果肥以 1 份碳铵 +1 份过磷酸钙 +0.3 份氯化钾的复混肥每株 1～1.5kg，壮果肥在 6 月下旬施 45% 复合肥（15：15：15）0.5～0.75kg。

3. 施肥方案 (表5－16)

表5－16　配方施肥方案

单位：株

处理	菜饼 (kg)	米糠 (kg)	钙镁磷肥 (kg)	碳酸氢铵 (kg)	氯化钾 (kg)	熟石灰 (kg)
1	1.0		0.75	0.75	0.15	0.20
2	1.5		0.75	0.75	0.15	0.20
3	2.0		0.75	0.75	0.15	0.20
4		1.0	0.75	0.75	0.15	0.20
5		1.5	0.75	0.75	0.15	0.20
6		2.0	0.75	0.75	0.15	0.20
7	1.5		0.75	0.75	0.15	0.20
CK	不施春肥					

4. 结论

早熟温州蜜柑在春芽萌动期适施配方肥料（有机肥＋氮磷钾混合肥＋适量石灰）能促进果实生长发育，比对照提早转色成熟10天左右。配方施肥明显提高果实品质和可溶性固状物（TSS）含量，1~6号配方组合在成熟期TSS比对照10.5%提高1.61%，且果肉细嫩化渣，明显优于对照。

二、脐橙

脐橙是多年生高产果树，在广西、浙江、福建、江西、湖南、湖北、安徽、四川、重庆等地有栽培。

(一) 脐橙的需肥特性

脐橙是多年生高产果树，每年从树上采摘大量果实时，取走了从土壤中吸收、转化、贮藏于果实中的各种营养元素，而土壤中这些营养元素含量都有一定限度，若不及时加以补充，势必造成贫乏。土壤中某些必需元素尤其是大量消耗的元素供给不足时，就会影响树势、产量和果实品质；严重缺乏时，会引起各类缺素症状的发生，甚至植株死亡。因此，根据树龄、树势、物候期、产量状况、品质要求及土壤现状等不同条件产生的树体营养实际需要而进行的经济有效的施肥，是最有效的补充各类营养元素的措施。

脐橙生长结果需要的营养元素有 16 种。按矿质元素的需要量，可分为大量元素（氮、磷、钾）、中量元素（钙、镁、硫）和微量元素（硼、锌、铁、铜、锰、钼）。这些营养元素在脐橙生理上各有其重要作用，且元素间不能互为代替。据研究，每生产 1 000 kg 脐橙鲜果需氮（N）4.5kg、磷（P_2O_5）2.3kg、钾（K_2O）3.4kg，氮、磷、钾的比例为 1∶0.51∶0.76。

（二）脐橙的配方施肥技术

综合土壤、树况、天气的不同情况及变化，采用腐熟有机肥与无机肥结合，以腐熟有机肥为主；氮、磷、钾三要素与其他营养元素结合，提倡叶片营养诊断、配方施肥；正确掌握施肥量、施肥时期和方法，提高肥料利用率，防止产生肥害。

1. 当年定植幼树施肥

当年定植幼树，以保成活、长树为主要目的，但根系又不发达。施肥方法上多采用勤施薄施，少量多次。从定植成活后半个月开始，至 8 月中旬止，每隔 10～15 天追施 1 次稀薄腐熟有机水肥加脐橙专用肥，秋冬季节结合扩穴改土适当重施 1 次基肥。

2. 结果前幼树施肥

结果期的幼树扩大树冠是主要目的，为投产做准备。施肥以有机肥为主，适当增施氮肥，辅以磷、钾肥。施肥时期，每次新梢抽生前 7～10 天施促梢肥，新梢剪后追施 1～2 次壮梢肥，秋冬季深施 1 次基肥。具体施肥量：促梢肥每株施腐熟有机肥（或生物有机肥）1～1.5kg 和脐橙专用肥 0.2～0.3kg，基肥每株深施腐熟饼肥 2～5kg 和脐橙专用肥 1～2.5kg。

3. 初结果树施肥

初结果期脐橙树，既要继续扩大树冠，又要形成一定产量，因其结果母枝以早秋梢为主，故施肥要以壮果攻梢肥为重点，施肥量随树龄和结果量的增加而逐年增多。具体施肥量：春芽肥每株施脐橙专用肥 0.2～0.4kg，壮果攻梢肥每株施腐熟饼肥（或生物有机肥）2～3kg 和脐橙专用肥 0.3～0.5kg，基肥每株深施腐熟饼肥 2～5kg 和脐橙专用肥 1～2kg。

4. 成年果树施肥

成年脐橙园视施肥时间不同，全年施肥 2～3 次。一般采果后施基肥，2 月中下旬至 3 月上旬施芽前肥（也有的将基肥和芽前肥一同施用），6 月下旬至 7 月上旬施攻秋梢壮果肥。具体施肥量（以每株产 60kg 以上的树为例）：基肥每株施腐熟有机肥（或生物有机肥）4～5kg 和脐橙专用肥 0.5～1.5kg；基肥与春芽肥一同施用的，以腐熟有机肥（或生物有机肥）为主，配合氮、磷、钾肥，每株施腐熟有机饼肥或生物有机肥 5～6kg 和脐橙专用肥 0.3～0.5kg。壮果肥以有机肥和无机肥深混施，每株施腐熟饼肥（或生物有机肥）4～5kg 和脐橙专用肥 0.3～0.5kg。

5. 施肥方法

采用条状、放射状沟或环状沟施，沟深 50～60cm，沟底施入粗有机物（植物秸秆等）20～35kg，上层施入腐熟有机饼肥（或生物有机肥）3～5kg、脐橙专用肥 0.5～1.5kg。无论脐橙幼龄树还是成年树，8 月上旬以后，应当停止施入速效性氮肥，改用有机肥料代替，防止因氮肥过多抽生晚秋梢或影响果实着色。

（1）条状沟施　在树冠滴水线外缘，于相对两侧开条状施肥沟将肥料、土拌匀施入沟内，每次更换位置。

（2）环状沟施　沿树冠滴水线外缘相对两侧开环状施肥沟，将肥、土拌匀施入沟内，每次更换位置。

（3）放射状沟施　在树冠投影范围内距树干一定距离处开

始,向外开挖4~6条内浅外深、呈放射状的施肥沟,将肥、土拌匀施入沟内,每次更换位置。

(4)穴状施肥 在树冠投影范围内挖若干施肥穴,将肥、土拌匀施入穴内,每次更换位置。

(5)水肥浇施 腐熟有机肥对水稀释后,浇施于树冠范围内。肥料可选用枯饼、人畜粪尿等,浇施前必须完全腐热;水肥浇施必须严格掌握肥料使用浓度,防止浓度过高造成肥害。以腐熟饼肥为例,建议使用浓度1%左右,最高不超过1.5%;有机水肥中可适当添加尿素、复合肥等速效化肥。化肥浓度应控制在0.5%以下。采用水肥浇施的,为防止根系上浮,成年大树每次水肥浇施量不少于50kg,幼树浇透为止。为减少水肥流失、使水肥能够深入渗透,也可于树冠滴水线外缘两侧开挖深15~20cm的条状或环状沟,水肥浇入沟内,待其完全下渗后,覆一层薄土以减少蒸发。如此多次后,最终将施肥沟完全填满。

6. 根外追肥

可在橙树春梢、秋梢转绿期尤其是在果实膨大期,喷施农海牌氢基酸叶面肥,每10天左右喷一次。常用根外追肥使用浓度:尿素0.2%~0.3%(尿素中缩二尿含量<0.25),硫酸锌0.2%,硫酸镁0.05%~0.2%,硼砂0.1%~0.2%,磷酸二氢钾0.2%~0.3%,钼酸铵0.05%~0.1%。采用根外追肥,一是要注意严格控制使用浓度和肥料种类;二是切忌高温时节进行,以免灼伤叶、果表皮。

(三)脐橙的配方施肥案例

以福建省三明市脐橙配方施肥为例,介绍如下。

1. 种植地概况

试验地土壤为山地红壤灰红泥土,土壤有机质含量26.3g/kg,速效氮17.5g/kg,速效磷59.25mg/kg,速效钾68mg/kg,pH值5.6。

2. 品种与肥料

选择品种为九年生拗贺尔脐橙。供试肥料为复合肥（15 – 15 – 15），柑橘专用肥（15 – 5 – 12）。

3. 施肥方案

习惯施肥区：每小区（8 株）施有机肥 10kg，施复合肥（15 – 15 – 15）15kg。其中，采后肥（11 ~ 12 月），施有机肥 10kg；花前肥（2 月中下旬），施复合肥（15 – 15 – 15）5kg；壮果肥（6 月底至 7 月上旬），施复合肥（15 – 15 – 15）10kg。

配方施肥区：每小区（8 株）施有机肥 30kg，生石灰 2.5kg，柑橘专用肥（15 – 5 – 12）16kg。其中，采后肥（11 ~ 12 月），施有机肥 30kg，生石灰 2.5kg，柑橘专用肥 6kg；花前肥（2 月中下旬），施柑橘专用肥 4kg；壮果肥（6 月底至 7 月上旬），施柑橘专用肥 6kg。

4. 产量与效益

根据市场价格，有机肥 0.72 元/kg，复合肥（15 – 15 – 15）3.2 元/kg，柑橘专用肥（15 – 5 – 12）2.0 元/kg，脐橙 2.6 元/kg。测土配方施肥区平均亩产值为 5 826.6 元，比习惯施肥区增加 366.6 元；测土配方施肥区亩用肥料成本 546 元，比习惯施肥区 552 元减少肥料成本 6 元。测土配方施肥区比习惯施肥区每亩增收节支 372.6 元。

参考文献

白由路，杨俐苹，金继运．2007．测土配方施肥原理与实践：基于高效土壤养分测试技术［M］．北京：中国农业出版社．

蔡桢妹．2007．菠菜平衡施肥数学模型初探［J］．现代农业科技，6：5-6.

陈晨，刘汝亮，李友宏．2009．平衡施肥对芹菜产量和品质的影响［J］．长江蔬菜，8：57-59.

陈冬梅．1997．西瓜配方施肥新技术［J］．河南科技，11：11.

陈涛，巩小玲．2010．配方施肥对黄金梨生长结果的影响［J］．农业科技通讯，6：91-93.

陈益．2007．芋头氮、磷、钾肥三因子优化组合试验研究［J］．上海农业科技，1：72，82.

陈志滨．2011．露地栽培佛手瓜高产施肥技术［J］．中国园艺文摘，12：136-137.

陈祖瑶，杨华，郑元红，等．2012．威宁红富士苹果测土配方施肥效应研究［J］．江西农业学报，24（6）：105-107.

程学元，程振勇，宋小顺，等．2013．配方施肥对新乡市夏玉米产量及肥料利用率的影响［J］．河南科技学院学报，41（4）：4-7.

崔亚胜．2012．番茄需肥特征及测土配方施肥技术［J］．现代农业科技，21：135.

邓孝祺．2013．花椰菜测土配方施肥"3414"试验初报［J］．农业科技通讯，7：132-135.

方腾，冯海金，黄合跃．2015．烤烟测土配方施肥研究［J］．安徽农业科学，43（23）：94－95．

冯武焕，孙升学，于世锋．2007．韭菜精准施肥技术研究［J］．土壤肥料科学，23（5）：246－248．

古松，陈久爱，梅再胜，等．2015．提高长江流域豇豆制种产值的几项技术措施［J］．长江蔬菜，5：51－52．

韩香平．2007．黄瓜配方施肥［J］．土肥科技，2：35．

郝连菊，张萌，顾静炜，等．2010．甜樱桃测土配方施肥技术［J］．北方果树，3：39－40．

侯立志，郑建渠，陈晔，等．2004．浅析丝瓜施肥技术及效益［J］．上海农业科技，1：77－78．

黄春源，刘东海，吴玉妹，等．2013．猕猴桃测土配方施肥试验初报［J］．中国园艺文摘，3：3－5．

黄淑文，于宝海．2015．黄瓜配方施肥田间试验［J］．河北农业，6：28－29．

李桂芹．2014．优化施肥对莱芜生姜产量的影响［J］．现代农业科技，11：85－86．

李洪文，李春莲，叶和生，等．2015．蚕豆测土配方施肥指标体系初报［J］．中国农学通报，31（36）：78－86．

李会彬，赵玉靖，王丽宏，等．2013．冀西北高原食用南瓜平衡施肥研究［J］．北方园艺，13：197－199．

李继明，赵丽娟．2009．干旱区豌豆配方施肥试验研究［J］．甘肃农业科技，2：17－19．

李培亮，王家英，肖建华，等．2010莲藕测土配方施肥肥料效应试验示范［J］．湖北农业科学，49（12）：3 018－3 021．

李晓河，吴俊中，郑海东．2011测土配方施肥萝卜"3414"肥料效应的研究［J］．广东农业科学，11：80－81．

李晓良．2014．麻豌豆测土配方施肥试验［J］．农业开发与装备，

2：69 - 70.

梁家作，熊柳梅，王益奎，等.2011. 桂蔬一号黑皮冬瓜氮、磷、钾优化施肥模式研究 ［J］. 南方农业学报，42（3）：291 - 294.

林玲，韦永海.2010. 莴苣测土配方施肥法与常规施肥法的比较试验 ［J］. 广西农学报，25（4）：29 - 31.

林仁昌.2017. 红柿平衡施肥实验研究 ［J］. 绿色科技，7：67 - 68.

林致钎，邓孝祺.2014. 脐橙测土配方施肥试验报告 ［J］. 现代园艺，2：4 - 5.

凌国宏.2014. 枇杷施用专用配方肥试验研究 ［J］. 安徽农学通报，20（7）：73，99.

刘开明，付朝玉，潘桂莲.2010. 辣椒测土配方施肥"3414"肥效试验研究 ［J］. 中国园艺文摘，5：18 - 20.

刘秀艳.2011. 胡萝卜测土配方施肥"3414"试验 ［J］. 北方园艺，13：66.

龙增群，符汝监，张法李，等.2011. 肇庆市豇豆测土配方施肥效应研究 ［J］. 现代农业科技，3：6.

雒景吾.2008. 西瓜配方施肥技术 ［J］. 中国农技推广，5：31.

马柏林，庄迎春，罗桂杰.2010. 桃树测土配方施肥技术研究 ［J］. 现代农业科技，17：111，114.

马宁，刘杰英，贾瑞琳，等.2010. 甘肃中部半干旱雨养生态区甜荞麦施肥优化数学模型研究 ［J］. 干旱地区农业研究，28（6）：108 - 111.

莫增军.2009. 测土配方施肥技术在甘蔗上的应用研究 ［J］. 广西农业科学，40（7）：877 - 880.

宁凤荣.2011. 彰武县花生测土配方施肥试验 ［J］. 现代农业科技，5：60，63.

潘金梅 . 2015. 西瓜施肥关键技术 ［J］. 甘肃农业科技，5：85－86.

彭继伟 . 2012. 大葱无公害施肥技术 ［J］. 河南农业，7：12.

平立燕，韦祖华，罗向琼 . 2011. 油菜配方施肥的效果 ［J］. 农技服务，28（9）：1 300－1 301.

乔宝营，朱运钦，黄海帆，等 . 2008. 大棚葡萄配方施肥技术研究 ［J］. 北方园艺，3：106－107.

乔乃妮，陈霞 . 2010. 苦瓜施肥技术 ［J］. 农技服务，（7）：855.

任亮，任稳江 . 2013. 旱地全膜覆土平作穴播大豆配方施肥试验研究 ［J］. 现代农业科技，4：36－37.

孙倩倩，赵欢，吕慧峰，等 . 2010. 平衡施肥对芋头产量、品质和经济效益的影响 ［J］. 长江蔬菜，（2）：55－60.

孙志强 . 2013. 甘蓝类蔬菜优质高产施肥管理 ［J］. 蔬菜，6：65－66.

王博，赵志浩，魏新田 . 2013. 苦瓜的需肥特点及施肥建议 ［J］. 现代农业科技，10：229.

王秀芬，王玉梅，王凤玲 . 2007. 测土配方施肥技术在石榴上的应用试验 ［J］. 现代农业科技，22：9.

王义 . 2010. 大豆区域性施肥模式初探 ［J］. 农业科技通讯，12：76－78.

王玉华 . 2010. 渭源县马铃薯配方施肥研究初报 ［J］. 甘肃农业科技，10：29－31.

文加斌，周瑜，李霞 . 2015. 洋葱测土配方施肥同田对比试验 ［J］. 云南农业，9：39－41.

邢素芝，汪建飞，张子学 . 2004. 设施无公害菜豆平衡施肥技术方案 ［J］. 安徽技术师范学院学报，18（2）：1－4.

徐法君，齐辉，张敏，等 . 2005. 氮钾营养对西葫芦品质的影响 ［J］. 北方园艺，5：56－57.

许念芳，刘少军，兰成云，等 . 2014. 氮、磷、钾配方施肥对山药产量的影响 ［J］. 山东农业科学，46（11）：79 – 82.

薛兆银 . 2011. 固镇县棉花配方施肥对比示范试验 ［J］. 现代农业科技，3：25.

杨爱琴 . 2015. 郎溪县水稻配方肥大田对比试验 ［J］. 现代农业科技，24：27，29.

杨继刚，李正强，龙兴智，等 . 2010. 丽江雪桃测土配方施肥技术应用 ［J］. 农业科技通讯，11：63 – 65.

杨金祥 . 2013. 配方施肥与习惯施肥同田对比试验 ［J］. 现代农业科技，7：77，79.

杨立妹 . 2014. 洱海湖滨区蚕豆作物测土配方施肥与有机钼肥试验研究 ［J］. 现代农业科技，19：71 – 72.

叶美欢，李凌增，卢菊荣，等 . 2015. 南瓜采用测土配方施肥技术的效果探讨 ［J］. 广西农学报，30（1）：22 – 23，27.

余明志，肖方扬 . 2014. 尤溪县台溪乡茶树配方施肥技术及其效果 ［J］. 福建茶叶，2：18 – 19.

曾广巧，彭春苗，韦美拉，等 . 2009. 莲藕 "3414" 肥料回归试验和施肥推荐 ［J］. 长江蔬菜，6：40 – 42.

曾祥彬 . 2013. 大葱施肥对比试验研究 ［J］. 基层农技推广，12：36 – 37.

詹成 . 2011. 双季茭白施肥技术 ［J］. 上海蔬菜，4：63.

张福锁，陈新平，陈清 . 2009. 中国主要作物施肥指南 ［M］. 北京：中国农业大学出版社 .

张福锁 . 2011. 测土配方施肥技术 ［M］. 北京：中国农业大学出版社 .

张洪昌，赵春山 . 2010. 作物专用肥配方与施肥技术 ［M］. 北京：中国农业出版社 .

张小红，王自忠 . 2009. 会宁县谷子配方施肥试验初报 ［J］. 甘

　　肃农业科技，9：23－25.

张小叶.2014.凉州区饲用型甜高粱配方施肥试验初报［J］.甘
　　肃农业科技，8：28－30.

郑羡清.2013.结球甘蓝氮、磷、钾肥施肥效应研究［J］.现代
　　农业科技，18：78，81.

周凯，胡德平，石梅，等.2009.无公害西瓜施肥配方筛选试验
　　［J］.贵州农业科学，37（1）：147－148.

周邵翠，白莲，马开华，等.2010.元谋县干热河谷测土配方施
　　肥菜豆"3414"肥料效应试验［J］.绿色科技，7：69－71.

朱徐燕，沈建国，庞英华，等.2013.菱白配方专用肥肥效比较
　　试验［J］.中国园艺文摘，5：18－20.

邹彬，刑素丽.2014.农作物测土配方施肥技术［M］.石家庄：
　　河北科学技术出版社.

附　　录

附录1　主要作物单位产量养分吸收量

附表1　主要作物单位产量所吸收的养分量

作物	收获物	形成100kg经济产量所吸收的养分量（kg）		
		氮（N）	磷（P_2O_5）	钾（K_2O）
水稻	籽粒	2.25	1.1	2.7
冬小麦	籽粒	3	1.25	2.5
春小麦	籽粒	3	1	2.5
大麦	籽粒	2.7	0.9	2.2
玉米	籽粒	2.57	0.86	2.14
谷子	籽粒	2.5	1.25	1.75
高粱	籽粒	2.6	1.3	1.3
甘薯	鲜块根	0.35	0.18	0.55
马铃薯	鲜块根	0.5	0.2	1.06
大豆	豆粒	7.2	1.8	4
豌豆	豆粒	3.09	0.86	2.86
花生	荚果	6.8	1.3	3.8
棉花	籽棉	5	1.8	4
油菜	菜籽	5.8	2.5	4.3
芝麻	籽粒	8.23	2.07	4.41

作物	收获物	形成100kg经济产量所吸收的养分量（kg）		
		氮（N）	磷（P_2O_5）	钾（K_2O）
烟草	鲜叶	4.1	0.7	1.1
大麻	纤维	8	2.3	5
甜菜	块根	0.4	0.15	0.6
甘蔗	茎	0.19	0.07	0.3
黄瓜	果实	0.4	0.35	0.55
架芸豆	果实	0.81	0.23	0.68
茄子	果实	0.3	0.1	0.4
番茄	果实	0.45	0.5	0.5
胡萝卜	块根	0.31	0.1	0.5
萝卜	块根	0.6	0.31	0.5
卷心菜	叶球	0.41	0.05	0.38
洋葱	葱头	0.27	0.12	0.23
芹菜	全株	0.16	0.08	0.42
菠菜	全株	0.36	0.18	0.52
大葱	全株	0.3	0.12	0.4
柑橘（温州蜜橘）	果实	0.6	0.11	0.4
苹果（国光）	果实	0.3	0.08	0.32
梨（廿世纪）	果实	0.47	0.23	0.48
柿（富有）	果实	0.59	0.14	0.54
葡萄（玫瑰露）	果实	0.6	0.3	0.72
桃（白凤）	果实	0.48	0.2	0.76

附录2　主要有机肥的养分含量

附表2　主要有机肥的养分含量　　　　　　单位:%

代码	名称	风干基			鲜基		
		N	P	K	N	P	K
A	粪尿类	4.689	0.802	3.011	0.605	0.175	0.411
A01	人粪尿	9.973	1.421	2.794	0.643	0.106	0.187
A02	人粪	6.357	1.239	1.482	1.159	0.261	0.304
A03	人尿	24.591	1.609	5.819	0.526	0.038	0.136
A04	猪粪	2.09	0.817	1.082	0.547	0.245	0.294
A05	猪尿	12.126	1.522	10.679	0.166	0.022	0.157
A06	猪粪尿	3.773	1.095	2.495	0.238	0.074	0.171
A07	马粪	1.347	0.434	1.247	0.437	0.134	0.381
A09	马粪尿	2.552	0.419	2.815	0.378	0.077	0.573
A10	牛粪	1.56	0.382	0.898	0.383	0.095	0.231
A11	牛尿	10.3	0.64	18.871	0.501	0.017	0.906
A12	牛粪尿	2.462	0.563	2.888	0.351	0.082	0.421
A19	羊粪	2.317	0.457	1.284	1.014	0.216	0.532
A22	兔粪	2.115	0.675	1.71	0.874	0.297	0.653
A24	鸡粪	2.137	0.879	1.525	1.032	0.413	0.717
A25	鸭粪	1.642	0.787	1.259	0.714	0.364	0.547
A26	鹅粪	1.599	0.609	1.651	0.536	0.215	0.517
A28	蚕沙	2.331	0.302	1.894	1.184	0.154	0.974
B	堆沤肥类	0.925	0.316	1.278	0.429	0.137	0.487
B01	堆肥	0.636	0.216	1.048	0.347	0.111	0.399
B02	沤肥	0.635	0.25	1.466	0.296	0.121	0.191

（续表）

代码	名称	风干基			鲜基		
		N	P	K	N	P	K
B04	凼肥	0.386	0.186	2.007	0.23	0.098	0.772
B05	猪圈粪	0.958	0.443	0.95	0.376	0.155	0.298
B06	马厩肥	1.07	0.321	1.163	0.454	0.137	0.505
B07	牛栏粪	1.299	0.325	1.82	0.5	0.131	0.72
B10	羊圈粪	1.262	0.27	1.333	0.782	0.154	0.74
B16	土粪	0.375	0.201	1.339	0.146	0.12	0.083
C	秸秆类	1.051	0.141	1.482	0.347	0.046	0.539
C01	水稻秸秆	0.826	0.119	1.708	0.302	0.044	0.663
C02	小麦秸秆	0.617	0.071	1.017	0.314	0.04	0.653
C03	大麦秸秆	0.509	0.076	1.268	0.157	0.038	0.546
C04	玉米秸秆	0.869	0.133	1.112	0.298	0.043	0.384
C06	大豆秸秆	1.633	0.17	1.056	0.577	0.063	0.368
C07	油菜秸秆	0.816	0.14	1.857	0.266	0.039	0.607
C08	花生秸秆	1.658	0.149	0.99	0.572	0.056	0.357
C12	马铃薯藤	2.403	0.247	3.581	0.31	0.032	0.461
C13	甘薯滕	2.131	0.256	2.75	0.35	0.045	0.484
C14	烟草秆	1.295	0.151	1.656	0.368	0.038	0.453
C27	胡豆秆	2.215	0.204	1.466	0.482	0.051	0.303
C29	甘蔗茎叶	1.001	0.128	1.005	0.359	0.046	0.374
D	绿肥类	2.417	0.274	2.083	0.524	0.057	0.434
D01	紫云英	3.085	0.301	2.065	0.391	0.042	0.269
D02	苕子	3.047	0.289	2.141	0.632	0.061	0.438
D05	草木樨	1.375	0.144	1.134	0.26	0.036	0.44
D06	豌豆	2.47	0.241	1.719	0.614	0.059	0.428

（续表）

代码	名称	风干基			鲜基		
		N	P	K	N	P	K
D07	箭舌豌豆	1.846	0.187	1.285	0.652	0.07	0.478
D08	蚕豆	2.392	0.27	1.419	0.473	0.048	0.305
D09	萝卜菜	2.233	0.347	2.463	0.366	0.055	0.414
D17	紫穗槐	2.706	0.269	1.271	0.903	0.09	0.457
D18	三叶草	2.836	0.293	2.544	0.643	0.059	0.589
D22	满江红	2.901	0.359	2.287	0.233	0.029	0.175
D23	水花生	2.505	0.289	5.01	0.342	0.041	0.713
D25	水葫芦	2.301	0.43	3.862	0.214	0.037	0.365
D26	紫茎泽兰	1.541	0.248	2.316	0.39	0.063	0.581
D28	篙枝	2.522	0.315	3.042	0.644	0.094	0.809
D32	黄荆	2.558	0.301	1.686	0.878	0.099	0.576
D33	马桑	1.896	0.19	0.839	0.653	0.066	0.284
D45	山青	2.334	0.268	1.858	—	—	—
D49	茅草	0.749	0.109	0.755	0.385	0.054	0.381
D52	松毛	0.924	0.094	0.448	0.407	0.042	0.195
E	杂肥类	0.761	0.54	3.737	0.253	0.433	2.427
E02	泥肥	0.239	0.247	1.62	0.183	0.102	1.53
E03	肥土	0.555	0.142	1.433	0.207	0.099	0.836
F	饼肥	0.428	0.519	0.828	2.946	0.459	0.677
F01	豆饼	6.684	0.44	1.186	4.838	0.521	1.338
F02	菜籽饼	5.25	0.799	1.042	5.195	0.853	1.116
F03	花生饼	6.915	0.547	0.962	4.123	0.367	0.801
F05	芝麻饼	5.079	0.731	0.564	4.969	1.043	0.778
F06	茶籽饼	2.926	0.488	1.216	1.225	0.2	0.845

（续表）

代码	名称	风干基			鲜基		
		N	P	K	N	P	K
F09	棉籽饼	4.293	0.541	0.76	5.514	0.967	1.243
F18	酒渣	2.867	0.33	0.35	0.714	0.09	0.104
F32	木薯渣	0.475	0.054	0.247	0.106	0.011	0.051
G	海肥类	2.513	0.579	1.528	1.178	0.332	0.399
H	农用废渣液	0.882	0.348	1.135	0.317	0.173	0.788
H01	城市垃圾	0.319	0.175	1.344	0.275	0.117	1.072
I	腐殖酸类	0.956	0.231	1.104	0.438	0.105	0.609
I01	褐煤	0.876	0.138	0.95	0.366	0.04	0.514
J	沼气发酵肥	6.231	1.167	4.455	0.283	0.113	0.136
J01	沼渣	12.924	1.828	9.886	0.109	0.019	0.088
J02	沼液	1.866	0.755	0.835	0.499	0.216	0.203

附录3　配方施肥效应田间试验

一、试验目的

　　肥料效应田间试验是获得各种作物最佳施肥品种、施肥比例、施肥数量、施肥时期、施肥方法的根本途径，也是筛选、验证土壤养分测试方法、建立施肥指标体系的基本环节。通过田间试验，掌握各个施肥单元不同作物优化施肥数量，基、追肥分配比例，施肥时期和施肥方法；摸清土壤养分校正系数、土壤供肥能力、不同作物养分吸收量和肥料利用率等基本参数；构建作物施肥模型，为施肥分区和肥料配方设计提供依据。

二、试验设计

肥料效应田间试验设计，取决于试验目的。本规范推荐采用"3414"方案设计，在具体实施过程中可根据研究目的选用"3414"完全实施方案或部分实施方案。对于蔬菜、果树等经济作物，可根据作物特点设计试验方案。

1."3414"完全实施方案

"3414"方案设计吸收了回归最优设计处理少、效率高的优点，是目前应用较为广泛的肥料效应田间试验方案（附表3）。"3414"是指氮、磷、钾3个因素、4个水平、14个处理。4个水平的含义：0水平指不施肥，2水平指当地推荐施肥量，1水平（指施肥不足）＝2水平×0.5，3水平（指过量施肥）＝2水平×1.5。为便于汇总，同一作物、同一区域内施肥量要保持一致。如果需要研究有机肥料和中、微量元素肥料效应，可在此基础上增加处理。

附表3　"3414"试验方案处理（推荐方案）

试验编号	处理	N	P	K
1	$N_0P_0K_0$	0	0	0
2	$N_0P_2K_2$	0	2	2
3	$N_1P_2K_2$	1	2	2
4	$N_2P_0K_2$	2	0	2
5	$N_2P_1K_2$	2	1	2
6	$N_2P_2K_2$	2	2	2
7	$N_2P_3K_2$	2	3	2
8	$N_2P_2K_0$	2	2	0
9	$N_2P_2K_1$	2	2	1
10	$N_2P_2K_3$	2	2	3

（续表）

试验编号	处理	N	P	K
11	$N_3P_2K_2$	3	2	2
12	$N_1P_1K_2$	1	1	2
13	$N_1P_2K_1$	1	2	1
14	$N_2P_1K_1$	2	1	1

该方案可应用 14 个处理进行氮、磷、钾三元二次效应方程拟合，还可分别进行氮、磷、钾中任意二元或一元效应方程拟合。

例如，进行氮、磷二元效应方程拟合时，可选用处理 2~7、11、12，求得在以 K_2 水平为基础的氮、磷二元二次效应方程；选用处理 2、3、6、11 可求得在 P_2K_2 水平为基础的氮肥效应方程；选用处理 4、5、6、7 可求得在 N_2K_2 水平为基础的磷肥效应方程；选用处理 6、8、9、10 可求得在 N_2P_2 水平为基础的钾肥效应方程。此外，通过处理 1，可以获得基础地力产量，即空白区产量。

其具体操作参照有关试验设计与统计技术资料。

2. "3414" 部分实施方案

试验氮、磷、钾某一个或两个养分的效应，或因其他原因无法实施 "3414" 完全实施方案，可在 "3414" 方案中选择相关处理，即 "3414" 的部分实施方案。这样既保持了测土配方施肥田间试验总体设计的完整性，又考虑到不同区域土壤养分特点和不同试验目的要求，满足不同层次的需要。如有些区域重点要试验氮、磷效果，可在 K_2 做肥底的基础上进行氮、磷二元肥料效应试验，但应设置 3 次重复。具体处理及其与 "3414" 方案处理编号对应列于附表 4。

附表 4　氮、磷二元二次肥料试验设计与 "3414" 方案处理编号对应表

处理编号	"3414" 方案处理编号	处理	N	P	K
1	1	$N_0 P_0 K_0$	0	0	0
2	2	$N_0 P_2 K_2$	0	2	2
3	3	$N_1 P_2 K_2$	1	2	2
4	4	$N_2 P_0 K_2$	2	0	2
5	5	$N_2 P_1 K_2$	2	1	2
6	6	$N_2 P_2 K_2$	2	2	2
7	7	$N_2 P_3 K_2$	2	3	2
8	11	$N_3 P_2 K_2$	3	2	2
9	12	$N_1 P_1 K_2$	1	1	2

上述方案也可分别建立氮、磷一元效应方程。

在肥料试验中，为了取得土壤养分供应量、作物吸收养分量、土壤养分丰缺指标等参数，一般把试验设计为 5 个处理：空白对照（CK）、无氮区（PK）、无磷区（NK）、无钾区（NP）和氮、磷、钾区（NPK）。这 5 个处理分别是 "3414" 完全实施方案中的处理 1、2、4、8 和 6（附表 5）。如要获得有机肥料的效应，可增加有机肥处理区（M）；试验某种中（微）量元素的效应，在 NPK 基础上，进行加与不加该中（微）量元素处理的比较。试验要求测试土壤养分和植株养分含量，进行考种和计产。试验设计中，氮、磷、钾、有机肥等用量应接近肥料效应函数计算的最高产量施肥量或用其他方法推荐的合理用量。

附表5　常规5处理试验设计与"3414"方案处理编号对应表

	"3414"方案处理编号	处理	N	P	K
空白对照	1	$N_0P_0K_0$	0	0	0
无氮区	2	$N_0P_2K_2$	0	2	2
无磷区	4	$N_2P_0K_2$	2	0	2
无钾区	8	$N_2P_2K_0$	2	2	0
氮、磷、钾区	6	$N_2P_2K_2$	2	2	2

三、试验实施

1. 试验地选择

试验地应选择平坦、整齐、肥力均匀，具有代表性的不同肥力水平的地块；坡地应选择坡度平缓、肥力差异较小的田块；试验地应避开道路、堆肥场所等特殊地块。

2. 试验作物品种选择

田间试验应选择当地主栽作物品种或拟推广品种。

3. 试验准备

整地、设置保护行、试验地区划；小区应单灌单排，避免串灌串排；试验前采集土壤样品；依测试项目不同，分别制备新鲜或风干土样。

4. 试验重复与小区排列

为保证试验精度，减少人为因素、土壤肥力和气候因素的影响，田间试验一般设3～4个重复（或区组）。采用随机区组排列，区组内土壤、地形等条件应相对一致，区组间允许有差异。同一生长季、同一作物、同类试验在10个以上时可采用多点无重复设计。

小区面积：大田作物和露地蔬菜作物小区面积一般为20～$50m^2$，密植作物可小些，中耕作物可大些；设施蔬菜作物一般为

$20 \sim 30m^2$，至少 5 行。小区宽度：密植作物不小于 3m，中耕作物不小于 4m。多年生果树类选择土壤肥力差异小的地块和树龄相同、株形和产量相对一致的成年果树进行试验，每个处理不少于 4 株，以树冠投影区计算小区面积。

　　5. 试验记载与测试

　　参照肥料效应鉴定田间试验技术规程（NY/T 497—2002）执行，试验前采集基础土样进行测定，收获期采集植株样品，进行考种和生物与经济产量测定。必要时进行植株分析，每个县每种作物应按高、中、低肥力分别各取不少于 1 组"3414"试验中 1、2、4、8、6 处理的植株样品；有条件的地区，采集"3414"试验中所有处理的植株样品。

　　测土配方施肥田间试验结果汇总表见附表 1。

　　四、试验统计分析

　　常规试验和回归试验的统计分析方法参见肥料效应鉴定田间试验技术规程（NY/T 497—2002）或其他专业书籍，相关统计程序可在中国肥料信息网（http：//www. natesc. gov. cn/sfb/Tf-gjHgfx. htm）下载或应用。

附录4　农作物缺素症诊断方法口诀

　　作物营养要平衡，营养失衡把病生，病症发生早诊断，准确判断好矫正。

　　缺素判断并不难，根茎叶花细观察，简单介绍供参考，结合土测很重要。

　　缺氮抑制苗生长，老叶先黄新叶薄，根小茎细多木质，花迟果落不正常。

　　缺磷株小分蘖少，新叶暗绿老叶紫，主根软弱侧根稀，花少

测土配方科学施肥技术

果迟种粒小。

缺钾株矮生长慢，老叶尖缘卷枯焦，根系易烂茎纤细，种果畸形不饱满。

缺锌节短株矮小，新叶黄白肉变薄，棉花叶缘上翘起，桃梨小叶或簇叶。

缺硼顶叶绉缩卷，腋芽丛生花蕾落，块根空心根尖死，花而不实最典型。

缺钼株矮幼叶黄，老叶肉厚卷下方，豆类枝稀根瘤少，小麦迟迟不灌浆。

缺锰失绿株变形，幼叶黄白褐斑生，茎弱黄老多木质，花果稀少重量轻。

缺钙未老株先衰，幼叶边黄卷枯黏，根尖细脆腐烂死，茄果烂脐株萎蔫。

缺镁后期植株黄，老叶脉间变褐亡，花色苍白受抑制，根茎生长不正常。

缺硫幼叶先变黄，叶尖焦枯茎基红，根系暗褐白根少，成熟迟缓结实稀。

缺铁失绿先顶端，果树林木最严重，幼叶脉间先黄化，全叶变白难矫正。

缺铜变形株发黄，禾谷叶黄幼尖蔫，根茎不良树冒胶，抽穗困难芒不全。